油田开发的项目
管理及海外施工管理

宋　海　编著

吉林科学技术出版社

图书在版编目（CIP）数据

油田开发的项目管理及海外施工管理 ／ 宋海编著
. -- 长春 ：吉林科学技术出版社，2019.8
ISBN 978-7-5578-5885-8

Ⅰ．①油… Ⅱ．①宋… Ⅲ．①油田开发－项目管理②
油田工程－施工管理 Ⅳ．① TE34 ② TE4

中国版本图书馆 CIP 数据核字（2019）第 167276 号

油田开发的项目管理及海外施工管理

编　著	宋　海
出 版 人	李　梁
责任编辑	杨超然
封面设计	刘　华
制　版	王　朋
开　本	185mm×260mm
字　数	210 千字
印　张	14
版　次	2019 年 8 月第 1 版
印　次	2019 年 8 月第 1 次印刷
出　版	吉林科学技术出版社
发　行	吉林科学技术出版社
地　址	长春市福祉大路 5788 号出版集团 A 座
邮　编	130118

发行部电话／传真　0431—81629529　　81629530　　81629531
　　　　　　　　　　81629532　　81629533　　81629534

储运部电话　0431—86059116

编辑部电话　0431—81629517

网　址　www.jlstp.net

印　刷　北京宝莲鸿图科技有限公司

书　号　ISBN 978-7-5578-5885-8

定　价　60.00 元

编委会

主　编

宋　海　海洋石油工程股份有限公司

前　言

随着社会的进步、经济的发展，尤其是现代工业在世界各国的推动，能源需求不断上涨，油气资源的供给就成为世界各国首要解决的问题之一。围绕着油气资源获得的国家行为不断地增多，由此而引发的国家间摩擦、战争等也在不断升级。世界不安定的根源就在于获得资源。中国在经济快速发展时期也不可避免遇到油气资源的供给安全问题。

本书共七章，包括了油田开发基础，油田开发的项目管理体系、油田开发工程项目管理、油田工程项目的一体化管理、海外油田平台工程施工项目管理、国内海洋石油工程项目的实施、海外油田工程项目施工管理实例等内容，为我国油气田等能源的开发与进出口贸易经营管理提供了相应的理论指导与支持。

目　录

第一章　油田开发基础

第一节　油　藏

一、油藏

油藏是指油在单一圈闭中具有同一压力系统的基本聚集。如果在一个圈闭中只聚集了石油，称为油藏；只聚集了天然气，称为气藏。一个油藏中含有几个含油砂层时，称为多层油藏。

（一）表征参数

1. 这是水和油的外部分界线。对气顶来说，称为气顶边缘。

2. 它是油和水的内部分界线，一般情况下，在此线以内只有油，而没有可流动的水。

3. 含油面积：含油边缘所圈定的面积称为含油面积。

4. 边水和底水：在含油边缘内的下部支托着油藏的水，称为底水；在含油边缘以外衬托着油藏的水，称为边水。

5. 含油（气）高度：指油、水接触面与油藏最高点的海拔高差。

（二）基本分类

油藏的分类方法很多，根据油藏成因的不同把油藏分为三类：

1. 构造油藏：由构造变形（如褶皱）或断裂形成的构造圈闭中的油气聚集。属于此类的油气藏有：背斜油气藏、断层遮挡油气藏、断块油气藏、构造裂隙油气藏以及少见的向斜油气藏。

2. 地层油藏：在地层不整合遮挡圈闭和地层超覆圈闭中聚集油气形成的油气藏被称为地层油气藏。

3. 岩性油藏：油（气）聚集在由于沉积条件的改变导致储集层岩性发生横向变化而形成的岩性尖灭和砂岩透镜体圈闭中，称为岩性油（气）藏。其中常见的有砂岩透镜体、岩性尖灭和生物礁块油（气）藏。

（三）富集规律

油藏的形成和分布基本受延长组生油凹陷的控制，三角洲体系是形成生、储、盖成油配置的有利地质框架，三角洲水下河道、河口坝砂体是油气富集的重要场所。储油砂体沿上倾侧变致密层（即岩性圈闭）是成藏的主要圈闭类型，即油藏的形成基础受控于砂体的发育，并具有以下 3 个特点：1. 生、储、盖组合叠加发育；2. 储层发育物性相对较好；3. 相带变化是形成圈闭的重要条件。

二、油藏工程

油藏工程是一门以油层物理、油气层渗流力学为基础，从事油田开发设计和工程分析方法的综合性石油技术科学。它的任务是：研究油藏（包括气藏）开发过程中油、气、水的运动规律和驱替机理，拟定相应的工程措施，以求合理地提高开采速度和采收率。随着大型高产油的发现，出现了深井压力计、高压取样器等研究油、气、水在地下状态的仪器和设备，对油藏岩心的研究，了解油藏和油等的物理性质及其随压力、温度的流动机理，20 世纪 40 年代形成了油、气、水在油层中的渗流理论，出现科学开发油田的概念，逐渐应用人工补给油藏能量合理驱替油气等开发方法。

（一）特点

1. 是一门高度综合的技术学科。
2. 具有整体性、连续性、长期性。

（二）开发设计

油藏工程的主要工作内容。对于油田开发方案要分析是否采用了适合油藏特点的最有效的开采机理，最合理的井网，最有效的控制开采过程中水油比、气油比的方法；比较逐年原油采出量及所能达到的采收率和投资、油田建设工作量和所需材料，原油成本和利润。从众多的方案中选出符合油田开发方针、能获得最高的原油采收率和最大经济效益的方案。

（三）动态分析

油田投入生产后，地下油、气、水的分布便不断发生变化。通过生产记录和测试资料，综合分析油井压力、产量和油藏中剩余油的分布状况等预测未来动态，提供日常生产和调整开发设计的主要依据。具体内容有：1. 通过油田生产实况，不断地加深对油藏的认识，核对、补充同开发地质和油藏工程有关的各项基础资料，进一步核算地质储量；2. 查明分区分层油、气、水饱和度和地层压力变化，研究油、气、水在储层内部的运动状况；3. 分析影响采收率的各项因素，预测油藏的可采储量；4. 根据已有的开采历史，预测未来生产状况和开发效果。

油藏开发动态分析要依据全部生产井和注入井的生产历史和测试资料。油田上专门为监测开采动态而布置的各种观察井，检查油、气、水饱和度状况的检查井，以及各种开发试验区（井组）所取得的资料，则是分析开发效果的重要补充和检验。取全、取准这些基础资料是油田开采管理中一项重要内容。

（四）方案调整

油田开发进行到一定阶段，为了增加可采储量，提高开发效果，必须根据新出现的情况，调整油田开发方案，包括：1. 制定新的配产配注方案，调整各层的注、采状况，对不同的油层分别采取控制和改造措施，提高开发效果；2. 钻加密井，通过开发方案的调整，以提高油田的采油速度和采收率（油田采收率为注入剂体积波及系数与驱油效率的乘积）。

驱油效率在所波及的那一部分储层中，注入剂能驱出的油量与该部分储层中原油地质储量的比值。注入剂确定后，驱油效率主要取决于储层及其原油的物理性质，通常可用相对渗透率曲线表示。要提高驱油效率，须从改善注入剂的物理化学性质着手，目前还处在研究试验阶段。

体积波及系数注入剂所波及的储层体积与储层总体积之比，其值受油层的非均质性、油的流度（渗透率与原油地下黏度的比值）与注入剂的流度的比值、生产井和注入井的分布状况等的影响。在非均质多油层油藏中。体积波及系数由面积波及系数和厚度波及系数组成。注水开发过程中所采取的一切调整措施，都是为了提高体积波及系数来改善注水开发效果。

（五）研究方法

油藏工程的研究工作就是应用油、气藏地质模型和以往的开采数据，模拟分析或拟合油藏地下动态和开采过程，预测未来的开采状况。据此确定各阶段的开发措施和部署方案。经常应用的方法有：

经验统计法依据已开发油田大量的生产数据，研究油田开发过程的基本规律，预测未来的油藏动态。常用的有产量衰减曲线法、水驱特征曲线法等。

物质平衡法把物质守恒概念应用于石油生产。根据油藏的原始状态，以及油、气、水在地下条件的物理性质、相态变化和热力学参数，结合生产数据，预测油藏未来的变化。

渗流力学法依据简化的地质模型。用渗流力学方法对油藏的未来生产情况进行预测。

物理模拟法将油藏或者它的局部按比例缩小，依据相似原理和相似准数，制成实体模型。除了模型形态，参数和油藏相似外，还要求做到流体力学上的相似。此法多用于进行渗流物理机理研究，并为油藏数值模拟提供必要的参数。

数值模拟法通过数值方法求解描述油田开发动态的偏微分方程（组），来研究油田开发的物理过程和变化规律。业已应用电子计算机研究各种非均质油层三维三相多井系统的渗流，多相多组分三维渗流，碳酸盐岩双重介质渗流，以及研究三次采油机理以提高石油采收率等。数值模拟法已广泛应用于开发分析和动态预测。

在引入数值模拟方法以后，油藏工程作为一门技术科学，从定性研究走向定量研究阶段，标志这一学科的成熟。但是由于研究的对象是一个地质上的实体——油藏，因此，用油藏工程方法分析油藏动态的结果，不能不受对地质情况认识程度的影响，而常常出现多解性。数值模拟中的物理和数学问题，已取得进展，遗留的问题也有希望解决，要精确描述油藏的地质结构，以及有关参数在空间上的变化，还需要综合分析地质、物探、测井、试井和生产数据等，进行较深入的工作。

三、油藏经营管理

（一）油藏经营管理的概念及发展

油藏经营管理是指有效的利用各种资源，制定和实施油藏经营开发，寻求最佳经营方案，把油田开发技术和经营管理技术相结合，实现企业经济效益的最优化。自从20世纪70年代以后，国外石油公司在油藏经营管理方面，主要开展的是以项目管理为主，多专业共同协调配合的方式。其中，70年代以前为第一阶段，主要是以油藏工程为核心的油藏管理阶段。70~90年代为第二阶段，主要是以油藏与地质技术人员的密切合作为主要特点的油藏管理发展的第二阶段。2000年后至今为第三阶段，随着钻井、采油（气）工艺、地面技术工程以及其他各专业（如财务、计划等）管理在油藏勘探开发中的融合应用，进入到以多专业协同为最主要特色的现代油藏经营管理阶段。

（二）油藏经营管理的特点

油藏经营管理始于油田的发现，终于油田的废弃，是寻求最佳经营方案的过程，是制定和实施优化经营策略的过程，它具有3个显著特点：

1. 工作长期性。油田油藏单元从勘探阶段算起，经过开发、投产、一、二、三次采油，直到报废，一般都要经过几十年甚至上百年。

2. 技术复杂性。人们只能长期观察和接触到储层中比例极其微小的部分，而真正的复杂性还表现为：油藏剩余油分布的复杂性、油藏开发的不可逆转性、油藏动态响应具有滞后性、地下形式的多变性。

3. 管理综合性。油藏管理需要物化探、测录固、地质、工程、采油、井下作业、地面建设、动态监测等各专业人员和设备的密切协作。

（三）油藏经营管理模式

1. 油藏经营管理的组织形式

传统的组织形式，按专业分为相应的勘探、开发、生产技术等部门，由于受部门管理界线限制，企业员工仅局限于本部门内的工作，部门之间的横向联系比较薄弱。油藏经营管理形式打破了过去部门之间的工作界限，形成了由多学科专业人员组成的油藏经营团组。

油藏经营管理是一项复杂的极具综合力的管理活动，需要多学科协同人员组成油藏经营管理团组密切合作。团组的专业人员包括：技术、管理、操作等各种专业人员。这种组织形式强调多学科间的协同作用，加强了专业间的横向联系，使专业人员在不同领域、不同层次上进行互补，同时还要对相关的专业工作予以配合，从而求得整体业绩大于局部业绩之和的效果。这种团组类似于公司内部的若干子公司，他们具有较大的决策经营权，同时也承担一定的经营风险。

2. 油藏经营管理的工作模式

传统油藏开发模式为单一直线进程的工作模式。地质勘探人员完成勘探部署后将其交给油藏工程师，然后油藏工程师再交给钻井、采油、地质工程师。各专业人员仅限于参与本部门的工作、部门间的横向交流，联系较少。这种直线转接工作模式，存在由于单个环节的失误而影响到整体油藏开发。

油藏经营管理工作模式为矩阵并行式，它把油藏开发过程中的地质开发、石油工程、方案设计、动态分析、经营管理和投资效益评价视为系统工程，形成能够独立开发、经营管理的油藏单元。多学科专业人员共同参与油田开发的各项决策，实现地质——工程—经济——经营管理的协同化，取得最佳的油田开发经营效益。

3. 油藏经营管理的运作模式

油藏经营管理的运作模式是，成立油藏经营管理区，可管辖一个或几个油藏经营管理单元。管辖多个单元时，每个经营管理单元投入产出能够独立核算和计量。它包括设定目标和策略、实施计划、计划的执行和监控、开发方案不断的修订和调整，经济效益的评价等环节。油藏经营的过程是一个动态的、不断变化的过程。不同的油藏开发有不同的具体策略，但都应具有一个整体性的灵活可调的经营管理计划。

第二节　油气市场与战略储备

一、全球油气市场格局

当前，国际能源格局正在酝酿重大调整。石油输出国组织（欧佩克）和俄罗斯、墨西哥等产油国联合减产协议履约率去年创下 20 年新高，推动全球原油价格企稳回升。随着技术进步和页岩革命的深化，美国页岩油产量飙升，成为国际石油市场上的重要卖家。中国超越美国成为全球最大的一次能源消费国，去年中国原油进口量首次超过美国，成为全球最大的原油进口国，对全球原油贸易格局产生了深远影响，引领原油贸易重心加速东移。尤其是上海原油期货的推出，将增强中国在国际油市的定价权。

（一）美国跻身重要原油出口国

从去年初起，欧佩克与非欧佩克开始执行减产协议。在沙特大规模减产的带动下，2017 年欧佩克参与减产的 11 个产油国平均原油产量为 2977 万桶 / 日，较减产基数下降

120 万桶 / 日，减产履约率高达 100%，个别月份甚至实现超额减产，可谓 20 多年来欧佩克执行减产效果最好的一次。与此同时，俄罗斯、哈萨克斯坦、墨西哥等非欧佩克产油国协同减产，实际产量下降幅度超过 30 万桶 / 日。减产协议的有效执行，推动了国际油价整体上扬。

国际油价的上升，使美国的页岩油生产企业盈利空间增大。业内专家对有代表性的石油公司经营情况综合分析后认为，当前美国页岩油的生产成本，包括矿权购置成本，钻井、完井、油田基础设施和运营成本，以及股东分红、融资利息等在内的完全成本约为 55 美元 / 桶。

在国际油价高企和政府鼓励下，美国各石油公司开足马力大幅增产。埃克森美孚和雪佛龙等美国主要石油生产商，10 年前将重点业务转至国外油田，留下规模较小的生产商开发美国页岩油。如今，这些石油巨头开始回国收购页岩企业和矿权，将更多投资转回国内，从事油气生产。美国油田服务公司贝克休斯的统计数据显示，截至 2017 年年底，美国石油活跃钻井数已攀升至 751 座，是上年低点 316 座的一倍多。同时，技术进步也使油气勘探开采的效率大为提升。几年前，一所油井的钻探周期长达 1 个月，如今可缩短至一周。

美国能源信息署的统计显示，2017 年 12 月份美国的页岩油产量为 631.4 万桶 / 日，为有史以来页岩油月度产量峰值，比 15 个月前的 515.4 万桶 / 日大幅增加了 116 万桶 / 日。二叠盆地、伊格尔福特和巴肯是美国页岩油产量增长的重点地区。其中，二叠盆地是美国第一大页岩油产区，其产量占全美页岩油总产量的 40% 强，也是本轮低油价以来全美唯一产量持续增长的页岩油产区。统计数据显示，2017 年美国原油产量比上年攀升 15%，达到 971 万桶 / 日，超过美国历史上 1970 年 960 万桶 / 天的历史峰值。美国政府预计，到 2019 年年底，美国日均产油量将达到 1100 万桶，或登顶全球最大产油国。

随着原油产量回升和出口基础设施不断改善，美国的原油出口不断增长，跻身世界主要原油出口国行列。数据显示，2016 年美国原油出口量为 52 万桶 / 日，比上年增长 6.2 万桶 / 日。到了 2017 年，美国原油出口量翻番，迅速飙升至 105 万桶 / 日。如今，美国已成为美洲地区第五大原油出口国。机构预测，2018 年美国原油产量将同比增加 80 万桶 / 日。

（二）全球油气勘探走出低谷

2014 年油价下跌以来，为应对低油价，全球主要石油公司普遍采取向核心业务聚焦策略，大幅削减投资，作业钻井量明显下降。2017 年随着油价逐渐回升，全球油气勘探走出低谷，钻机作业量"止跌回升"。统计显示，去年全球从事油气钻探作业的钻机总数平均超过 2000 台，较上年出现较大幅度增长。2017 年美国页岩油气并购金额达到 220 亿美元。勘探工作量和并购金额的增长，表明全球油气勘探迎来了春天。业内预计，2018 年全球油气上游投资将实现增长，有望超过 4000 亿美元。

但是，目前常规油气发现量面临下滑。在作业钻机数量和勘探作业量大幅降低的影响下，近几年全球常规油气发现的新增储量大幅减少。美国能源调查公司雷斯塔能源最新发布的报告显示，2017 年全球新发现常规油气储量只有不到 70 亿桶油当量，再创新低。据估算，2017 年全球常规油气储量替代率已降至 11%。也就是说，去年全球新增探明可采储量仅为当年开采消耗储量的约九分之一。在 2012 年时，全球常规油气的储量替代率还能达到 50%，2006 年时曾为 100%，早些时候更是高于 100%。由此可见，全球常规油气剩余储量已从 10 多年前越采越多转变为越采越少。而且，不仅总量在减少，新发现的常规油气田规模也在变小。数据显示，2017 年海洋油气平均发现规模为 1 亿桶石油当量，2012 年时这一数字为 1.5 亿桶石油当量。2017 年新发现的 70 亿桶石油当量中，有约 10 亿桶石油当量在可预见的未来难以实现商业生产。

与常规油气形成鲜明对比的是，非常规油气勘探开发持续推进。目前，美国境内的油气钻探活动仍旧由页岩油气主导。以去年 12 月份为例，美国境内从事油气钻探活动的作业钻机数量为 930 台，同比增加了约 45%。其中，从事页岩油气钻探的占比超过 80%，达 757 台，同比增幅超过 50%。页岩油气钻机数量的增加带来了油气勘探开发作业量的回升。目前，美国的页岩油气产量在全美油气总产量中的占比分别达到了 62% 和 73%。

此外，在阿根廷，被业界公认为是近 10 年来最具开发潜力的瓦卡穆尔塔页岩区勘探工作顺利推进。目前，该区内三分之一的区域已经验证，预计拥有近 30 亿桶页岩油和 95 亿桶石油当量的页岩气资源，另外三分之二区域的资源潜力仍有待进一步验证。在中国，南方地区页岩气的勘探开发工作逐步推进，涪陵页岩气田已有 200 多口气井投产，"可燃冰"开发在南海神狐海域取得重要突破。

（三）原油贸易重心加速东移

作为全球最大的一次能源消费国，中国的能源消费结构不断优化，对石油天然气的需求不断提升。2017 年，随着炼油能力的扩张，加之中石油云南炼厂和中海油惠州二期项目投产、山东民营企业进口原油使用权增加，中国原油进口量维持了过去几年的高增长态势，同比增长 10.1%，攀升至 4.2 亿吨，折合 850 万桶 / 日。中国原油对外依存度进一步攀升至 68.5%，创历史最高水平。同期，美国原油进口 793 万桶 / 日，中国正式超越美国成为全球最大的原油进口国，引领全球原油贸易重心加速东移。

在国际油气合作方面，中国积极推进中亚—俄罗斯、中东、非洲、美洲和亚太五大油气合作区开发建设，与周边国家已基本形成东北、西北、西南、海上四大油气输送通道格局和油气上下游产业链深层次全面合作模式。2017 年，中国从中东进口原油连续四年下降，中东原油占中国进口原油总量的比例为 43%，较上年下降 4.7 个百分点。从美洲和欧亚地区进口的原油则呈现快速增长态势。俄罗斯连续两年成为中国最大的原油进口来源国，占进口总额的 14%。随着中美两国能源领域的合作深化，未来中美之间原油贸易合作还将再上一个台阶，美洲将取代非洲成为亚太以及中国第二大原油进口来源地。

与此同时，在参与国际能源领域治理方面。中国不断深化双边、多边能源合作，不断扩大在国际能源事务中的话语权和影响力。目前，中国—东盟清洁能源能力建设计划已启动，推动成立了中国—阿盟清洁能源中心和中国—中东欧（16+1）能源项目对话与合作中心。从 2015 年开始，中国举办"国际能源变革论坛"，积极推动全球绿色发展和治理。中国率先批准《巴黎协定》，承诺在应对气候变化问题上做出努力，对加快该协定早日生效起到了决定性的作用。2018 年 2 月 9 日，中国还宣布，上海国际能源交易中心将于 3 月 26 日挂牌交易原油期货。上海国际能源交易中心原油期货以人民币计价，有利于形成反映中国和亚太地区石油市场供需关系的价格体系，是中国参与国际能源治理的重要抓手。美国华尔街日报刊文认为，上海原油期货的推出，将提升中国的原油定价权。

二、战略石油储备

所谓战略石油储备，是应对短期石油供应冲击（大规模减少或中断）的有效途径之一。它本身服务于国家能源安全，以保障原油的不断供给为目的，同时具有平抑国内油价异常波动的功能。

（一）起源

战略石油储备制度起源于 1973 年。当时，由于欧佩克石油生产国对西方发达国家搞石油禁运，发达国家联手成立了国际能源署。成员国纷纷储备石油，以应对石油危机。当时国际能源署要求成员国至少要储备 60 天的石油，主要是原油。

20 世纪 80 年代第二次石油危机后，他们又规定增加到 90 天，主要包括政府储备和企业储备两种形式。当前世界上只有为数不多的国家战略石油储备达到 90 天以上。

（二）现状

战略石油储备是能源战略的重要组成部分。世界众多发达国家都把石油储备作为一项重要战略加以部署实施。当前存在战略储备与平准库存两种石油储备，战略石油储备是在战争或自然灾难时以保障国家石油的不间断供给为目的。而以平抑油价波动为目的的石油储备是平准库存。战略储备体系应该考虑市场化的因素，但战略储备体系本身是服务于国家能源安全的，几乎不盈利。

（三）意义

战略储备的主要经济作用是通过向市场释放储备油来减轻市场心理压力，从而降低石油价格不断上涨的可能，达到减轻石油供应对整体经济冲击的程度。对石油进口国而言，战略储备是对付石油供应短缺而设置的头道防线，但其真正的作用不在于弥补损失的进口量，而在于抑制油价的上涨。此外，战略石油储备还有以下作用：

1. 可以给调整经济增长方式，特别是能源消费方式争取时间。

2. 可以起到一种威慑作用，使人为的供应冲击不至于发生或频繁发生。在石油输出国组织欧佩克交替实行"减产保价"和"增产抑价"的政策时，战略储备能够使进口国的经济和政治稳定，不会受到人为石油供应冲击的影响。

从 1996 年起，我国就已经成为石油和石油产品净进口国。当前，我国的石油和石油产品进口已占全部供应量的 1/3。国家信息中心 2008 年 9 月 22 日发表了题为《2000 年以来中国能源经济形势分析》的报告，国内石油消费量到2010年和2020年将分别增加到4.25亿吨和5.72亿吨，对进口石油的依存度将达到55%和66%。

（四）运行机制

1973年巴以战争导致中东石油供应中断，石油价格猛涨，引发世界性石油危机，一度造成美国石油进口中断，给经济带来巨大损失。1974年11月，在美国等西方市场经济国家的倡导下，国际能源机构（简称IEA）成立，其主要职能是协调成员国的石油储备行动。1975年，美国国会通过了《能源政策和储备法》（简称EPCA），授权能源部建设和管理战略石油储备系统，并明确了战略石油储备的目标、管理和运作机制。

1. 企业储备——企业商业储备超过政府战略储备

美国的石油储备分为政府战略储备和企业商业储备。尽管，美国政府战略石油储备规模居世界首位，但企业石油储备远远超过政府储备。当前，全国的石油储备相当于150天进口量，政府储备为53天进口量，仅占1/3。

美国的企业石油储备完全是市场行为，既没有法律规定企业储备石油的义务，政府也不干预企业的储备和投放活动，企业根据市场供求和实力自主决定石油储备量和投放时机。政府主要通过公布石油供求信息来引导企业，免除石油进口关税和进口许可费等政策也起到鼓励企业增加石油储备的作用。

2. 政府储备——政府战略石油储备的功能是防止石油禁运和供应中断

联邦政府的战略储备是非军事用项目，其目标是防止石油禁运和中断石油供应，平时不轻易动用。中断石油供应是指某些石油输出国的石油出口突然中止或急剧下降，导致国际石油供应量在短期内出现日平均供应量减少数百万桶的情况。国际能源组织把某个或某些成员国石油供应缺口达到7%以上，作为实行紧急石油分享计划的主要量化指标。

根据EPCA，联邦政府向市场投放战略储备的方式主要有三种。一是全面动用。当石油进口中断和国内石油产品供应中断，以及遭遇破坏或者不可抗逆的原因造成的"严重能源供应中断"，导致相当范围和时间内石油产品供应大幅减少，价格严重上涨，对国民经济产生严重负面影响时，可以全面动用战略储备。二是有限动用。当出现大范围和较长时间的石油中断供应时，可以部分动用战略石油储备。但动用总量不能超过3000万桶，动用时间不能超过60天，储备石油低于5亿桶时不能利用。三是测试性动用。主要是为了防止在紧急动用时发生故障，测试储备设施系统是否能够正常运行，测试动用总量不得超过500万桶。全面动用和有限动用都需要总统决定，测试性动用和分配授权能源部部长决策。

还有一种轮库形式的动用。通常，轮库是解决因油品品质或短期内区域性能源短缺造成的石油供应企业交货问题，用联邦储备与企业储备进行临时交换。如，2000年美国西部地区的石油天然气紧缺，克林顿总统批准用2300万桶储备石油与企业轮库，并要求企业在2001年3月以前归还。

自建立石油战略储备以来25年间，美国政府仅在1991年海湾战争期间以直接销售的方式向市场投放了3300万桶储备原油。1985~1990年间，进行了两次试销售；1996~2000年间，进行了4次轮库。

3. 适时调整——根据综合因素适时调整战略石油储备规模

决定战略石油储备量时主要考虑进口绝对量、经济对石油价格的敏感性和储备成本等因素，同时还要考虑石油中断的可能性。EPCA授权的最大联邦战略储备规模为10亿桶，计划储量是7亿桶原油和200万桶加热油。从1977年正式储油开始，1994年达到最高储存量5.92亿桶，1985年达到相当于114天进口量的最高储备天数。当前，联邦战略储备的实际储量是5.67亿桶，相当于53天进口量。

政府和国会根据国内需求和国际局势适时调整战略石油储备量。冷战结束后，美国政府放松了石油储备。"9·11事件"以后，石油储备受到重视，布什总统于同年11月宣布要增加战略石油储备，2005年已达到EPCA规定的计划储量。

4. 市场化运作——政府所有决策，市场化运作

美国战略石油储备的运行机制可以概括为：政府所有决策，市场化运作。战略石油储备由联邦政府所有，从建设储库、采购石油到日常运行管理费用均由联邦财政支付。联邦财政设有专门的石油储备基金预算和账户，基金的数量由国会批准，只有总统才有权下令启动战略储备。战略储备的决策程序是由能源部、财政部和白宫预算办公室会商，向总统提出方案；总统同意后，再向国会提出建议，由国会批准，才能生效。增加石油储备的预算是由财政部门一次拨给战略储备办公室。销售石油回收资金的使用不必经国会批准，可以用来补充石油储备。如果扩大储备规模，追加资金需经过国会讨论批准。

由于战略储备量比较大，其采购和投放可能影响石油市场价格。为了避免对市场价格的冲击，战略石油的采购和投放基本上采取市场招标机制。储备石油一部分来自政府招标采购，还有一部分是以联邦石油资源的租金征收来的。招标采购中，40%来自于墨西哥国家石油公司签订的长期供应合同，其余是市场现货招标采购。通常选择价格低迷时采购，即要避免引起市场价格波动，又要防止造成石油储备资金损失。

战略石油储备的投放也采取招标机制，政府向石油公司招标，再由石油公司按市场价格销售，回收资金交财政部的石油储备基金专门账户，用来补充石油储备。

战略石油储备系统的运行管理方式是，政府制定规划和政策，委托民间机构管理站点日常运行。联邦战略石油储备办公室设在能源部华盛顿总部，由一位能源部部长助理主管，负责储备政策和规划；设在新奥尔良的项目管理办公室负责具体项目的实施、运行管理。石油战略储备办公室与民间公司签订管理和运行合同，由其负责站点的日常运行、维护和安全保护。

5. 成本效益分析——根据成本效益分析确定石油战略储备技术路线和储备量

政府在确定石油储备技术方案和储备量时，要进行成本效益分析。石油储备的效益是

中断石油供应可能带来的损失。据美国能源部的分析，石油价格增长 1 倍，GDP 将下降 2.5% 左右；每桶石油价格上升 10 美元，将给美国经济造成 1 年 500 亿美元的损失，经济增长率将减少约 0.5 个百分点。石油储备的成本包括四个方面：储备设施的一次性投入，采购石油所需资金，运行维护费用等。

美国具有得天独厚的石油储备条件。墨西哥湾附近的路易斯安那州和得克萨斯州境内集中分布着 500 多个盐穹，靠近石油化工产业带。联邦政府利用这些盐穹建成了四个大型储备基地，既邻近码头，又距大型炼厂不远，还有发达的管道设施可以快捷地把储油传输到用户手中。盐穹储油技术是当前世界上成本最低的石油储藏技术，在美国修建盐穹储库的成本大约是每桶容积 1.5 美元；每桶储备石油的日常运行和维护费用是 25 美分。如果采用地上储罐设施，每桶容量的设施投入需要 15~18 美元，至少是盐穹的 10 倍。美国政府用于战略石油储备投资共约 200 亿美元，其中 40 亿用来修建储油设施，160 亿用来采购石油。每年的日常运行和管理费用约为 1.6~1.7 亿美元。

（五）各国比较

美国的战略石油储备体系是一种比较典型的模式，IEA 成员国因地制宜建立其石油储备体系，各有千秋。为了广泛借鉴国际经验，重点介绍日本、德国和法国的石油储备模式，与美国模式进行比较。

1. 多层次的石油储备体系，多样化的民间储备运作机制

IEA 成员国的石油储备体系都是由政府和民间储备组成的，政府战略储备只是石油储备的一部分。政府战略储备管理体制大同小异，企业储备的管理和运行机制差别较大。

美国的石油储备体系分为两个层次：政府战略储备和企业商业储备。政府和民间储备体系相对独立，企业储备完全市场化运作。

日本、德国和法国的石油储备体系不同于美国，可以分为三个层次：政府储备、法定企业储备和企业商业储备。法定企业储备是法律规定的企业储备任务，政府对法定储备进行不同程度的干预。德国的石油储备体系分三个层次：政府战略储备、政府参与的企业储备联盟，以及企业储备。法律规定了政府和储备联盟的储备义务。政府战略储备由联邦财政支付，承担 17 天储量。储备联盟是德国石油储备的主体，由大型炼油企业、石油进口、销售公司和使用石油发电厂组成，承担 90 天的储备义务。储备联盟根据联邦政府的指令投放石油，储备费用来自银行贷款和消费者交纳的储备税。另外，德国的法律还规定石油炼厂要保持 15 天的储备，石油进口公司和使用石油的发电厂保持 30 天的储备量，政府不干预企业储备的投放，费用也由企业自己承担。

日本的石油储备分三个层次：国家石油储备、法定企业储备和企业商业储备。20 世纪 50 年代，日本的有关法律就规定了企业的石油储备义务。1974 年日本加入 IEA，建立了政府石油储备。政府建立石油专门账户，通过征收石油税筹集储备资金。根据日本石油储备法，一定规模以上的炼厂、销售商和进口商都要按规定比例承担石油储备任务，企业

向市场投放储备石油时要经过通产省批准。政府为法定企业储备提供低息贷款、加速折旧等政策。法律规定以外的企业商业性储备由企业自理。

法国是最早建立企业石油储备制度的国家，以法定企业储备为主。早在 1925 年，法国的石油法就规定，在发放进口原油、石油副产品的经营许可证时，要求经营者有前 12 个月经营量的储备能力。1993 年实施的新石油法规定，每个石油经营者都要承担应急石油储备义务，并维持上一年原油和油品消费量 26% 的储量，相当于 95 天的储备量。法国的战略石油储备专业委员会（简称 CPSSP）代表政府负责制定储备政策和战略储备地区分布计划，向石油公司征收建立和维护石油储备的费用等，并代理一部分企业的石油储备任务。1998 年 CPSSP 管理和支配 950 万吨战略石油储备，占全国储备义务的 58%。CPSSP 并不具体运行和管理石油储备站点，而是委托石油公司和安全储备管理有限责任公司运作管理。

综上所述，各国分配法定企业储备义务的主要方式，一是按经营石油企业的规模分配储备义务，如，日本。二是根据销售额或消费额按比例分摊储备义务，如，德国和法国。法定企业储备的管理和运作机制有三种。日本模式：政府规划指导下，规模以上企业分散储备。德国模式：企业组成联盟，统一规划和布点，集中筹集资金和运行管理。法国模式：政府授权专门机构代理部分法定企业储备。

2. 石油储备规模与一次能源结构和石油进口依存度有关

根据国际能源机构的研究和规定，成员国应该保持相当于 90 天进口石油量的储备（包括公共和私人部门的储备）。但是，实际上各国的石油储备总量都超过了 90 天。各国的石油储备模式与一次能源结构、石油资源分布和进口依存度有密切关系。总的来看，一次能源中石油比例越高、石油进口依存度越大，石油储备的规模就越大。

首先，石油储备规模直接与进口依存度挂钩。美国的石油消费量约占世界供应量的 1/3，进口依存度为 60% 左右，其石油储备规模与石油进口量挂钩。日、德、法的石油进口依存度在 98% 以上，石油储备规模与消费量挂钩。

其次，石油在一次能源中的比例越高储备天数越多。如表所示，日本的石油消费占一次能源的 52%，而且国内几乎没有石油资源，石油中断的可能性和造成的损失最大，因此，日本的石油储备天数最多，政府储备的比例也较大。

再次，石油储备集中程度与石油储备条件、大用户的集中程度有关。美国具有得天独厚的石油储备条件：有相对集中的石化产业带，在靠近石化产业带的墨西哥湾附近两个州境内集中分布着大量盐穹。因此，联邦政府集中建设了 4 个储油基地。日本的石油主要靠进口，国土又是狭长岛屿，炼厂分散在沿海地区，因此，采取分散储备的模式。

（六）中国储备

1. 中国石油供应能力和石油安全的三个特点

（1）石油消费总量将出现大幅度增长。2020 年的石油消费量至少比 2000 年翻一番，将达到4.5~6.1亿吨。中国石油消费占世界消费总量的比重也将进一步提高。

（2）政府政策与石油消耗的关系。即使在相同汽车保有量的情况下，由于采取不同的政策措施，2020年的石油消费量将有十分明显的差异。如果政策得当，石油消费量可减少到4.5亿吨；如果不对现行政策做出相应调整，2020年的石油消费量可能达到6.1亿吨，从而对我国的石油供应和石油安全带来更为严峻的挑战。

（3）节能空间。

2. 首次公布战略石油储备数据

2014年11月23日，中国国家统计局（NBS）表示，国家石油储备一期工程已经完成，在4个国家石油储备基地储备原油1243万吨，相当于大约9100万桶。

摩根大通分析师在研究报告中称，由于此前油价暴跌，自2015年年初以来，中国已经利用低油价之机加速建立战略石油储备。今年中国加倍买入石油，如今中国有可能已接近填满其战略石油储备。摩根大通认为，停止为石油战略储备进口石油可能将抹掉中国约15%的进口。

海关总署数据显示，2015年，我国原油进口量为33550万吨，净进口量达到33263万吨。中国原油进口较10年前增长了1倍多，并已超越美国成为全球最大石油进口国。中国的石油市场对国际油价有着重要的影响力。

人民日报海外版报道称，面对储备量的不足，中国正在加快提高石油储备。相比于2014年公布的1243万吨原油储备量，2015年年中的原油储备规模增长了约110%，建成的石油储备基地也从4个增加到8个。

第三节　油田开发及工程项目管理

一、油田开发

一个含油构造经过初探发现其具有工业油气流以后，紧接着就要进行详探并逐步投入开发。所谓油田开发，就是依据详探成果和必要的生产性开发试验，在综合研究的基础上对具有工业价值的油田，按照国家对原油生产的要求，从油田的实际情况和生产规律出发，制定出合理的开发方案并对油田进行建设和投产，使油田按预定的生产能力和经济效果长期生产，直至开发结束的全过程。

（一）概述

一个油田的正规开发一般要经历三个阶段：

1. 开发前的准备阶段，包括详探和开发试验等。

2. 开发设计和投产，其中包括油层研究和评价，全面布置开发井，制定和实施射孔方案和注采方案。

3. 方案的调整和完善。

油田开发方案的制定和实施是油田开发的中心环节，必须切实地、完整地对各种可行的方案进行详细和全面对比，然后确定出符合实际、技术上先进、经济上优越的方案来。在实际上，虽然尽努力使油田开发方案趋于完善，但由于油田开发前不可能把油田地质情况都认识得很清楚，这就不可避免地在油田投产以后，会在某些问题上出现一些原来估计不足之处，其生产动态与方案不吻合，加上国家对油田不断提出新要求，因而在油田开发过程中必须不断进行调整。所以整个油田开发的过程也就是一个不断重新认识和不断调整的过程。

（二）方针和原则

1. 油田开发方针是编制和实施油田开发方案的重要依据。正确的油田开发方针是根据国民经济对石油工业的要求和油田开发的长期经验总结制定出来的。

（1）进行区域性勘探，以多种有效手段，尽快探明含油有利地区，找出原油富集规律，确定重点开发地区和主要油层。

（2）必须实行勘探、开发、建设和投产并举，即通常所说的边勘探、边建设、边生产的"三边方针"。

（3）为了使油田能长期高产稳产，应在稀井高产的原则下，实行早期内部强化注水、强化采油，使其高产稳产。

2. 在编制一个油田的开发方案时，必须依照国家对石油生产的总方针，针对所开发油田的情况和所掌握的工艺技术手段与建设能力制定具体的开发原则与具体技术政策和界限。这些原则是：

（1）油田开发要以注水为纲，实行早期内部切割注水和分层注水，以保持油层压力，实现油井长期自喷开采，使生产管理主动。

（2）油田开发初期，应采用较大的井距，合理布置井网。同时在油田上应先开辟生产试验区，比较详细地掌握油田的静态和动态特征，从而指导全油田更有效地进行加密钻探和合理地投入开发。

（3）大力开展油田的地质研究，合理和严格地划分开发层系，选择合理的注水方式和合理布置井网，既要发挥各类油层的生产潜力，又要为后期调整留有余地。

（4）尽量采用最先进的开采技术。如在采油工艺方面，大力发展和采用分层观测、分层采油、分层注水、分层改造和分层调整控制等工艺技术，做到合理的注采平衡和压力平衡，达到较高采油速度和较长的稳产年限，进一步提高油田的采收率。

二、油田开发方式

（一）采油方法

采油的基本任务就是在经济条件的允许下，最大限度地把原油从地层中采到地面上来。油井是把地层和地面连接起来的通道。原油就是通过油井流到地面上来的。

采油方法通常是指将流到井底的原油采到地面所采用的方法，基本可分为两大类：一类是依靠油层本身的能量使油喷到地面上，称为自喷采油方法；另一类是借助外界补充能量，将油采到地面，成为人工举升或机械采油方法。

1. 自喷采油方法

自喷采油是最经济、最简单的方法，可以节省大量的动力设备和维修管理费用。自喷井管理的基本内容包括三个方面：管好采油压差、取全取准资料、保证油井正常生产。

2. 有杆泵采油方法

在油田开发过程中，地层能量逐渐下降，到一定时期油层能量就不足以使油田自喷；另外，有些油田，由于原始地层能量小，或是由于油稠，一开始就不能自喷，必须借助机械能量进行开采。主要方法有：游梁式深井泵装置、水力活塞泵、射流泵、电动潜油泵及气举采油等。

3. 潜油电泵采油方法

潜油电泵是机械采油方法的一种。潜油电泵是井下工作的多级离心泵，同油管一起下入井内，地面电源通过变压器、控制屏和动力电缆将电能输送给井下潜油电机，使潜油电机带动多级离心泵旋转，将电能转换为机械能，把油井中的井液举升到地面。

（二）开发程序

对于一个具有工业价值的油田，在初步探明了它的面积和储量之后，首先要编制油田开发方案，确定开发部署，以便将油田有计划地投入开发。油田开发程序就是要妥善地解决认识油田和开发油田这个矛盾。

制定合理开发程序的基本原则为：

1. 对于含油面积大，地质特征变化大的油田，应该分区投入开发。首先开辟生产试验区，解剖典型，取得经验，认识一区，开发一区，逐步扩大开发面积。

2. 对于非均质多油层油田，应划分开发层系，分层系投入开发。首先开发油层分布稳定、渗透率高、具备独立开发条件的主力油层。认识一个层系，开发一个层系。

3. 对于每个开发区的每套开发层系，应分阶段有步骤地投入开发。要有一套适合油田地质特征的开采措施和步骤，分排治之，实践一步，调整一步。

（三）开发方案

在一定的社会经济条件下，多种开发方案中只可能有一个最好的，也就是所谓合理的开发方案。制定和选择合理开发方案的原则是：

1. 在油田客观条件允许的原则下，高速度地开发油田；

2. 最充分地利用自然资源，保证油田的原油采收率最高；

3. 具有最好的经济效果；

4. 油田稳定生产时间长，即长期高产稳产。

（四）开发调整

1. 层系调整

一套井网同时开发多油层时，由于油层非均质，造成一部分较差的油层基本不动用或动用程度很差。这些动用差的油层，主要是那些分布零星、延伸不远或渗透率低的油层。广义地来说，对一套开发井网，开采层位的增加和减少都可以认为是开发层系的调整，但是生产实践中，一般认为油田（或一个开发区）打乱了原来井网的开采对象，才被分为是油田开发层系的调整。

2. 井网调整

层系调整着重解决层间问题，而井网调整主要用于解决平面问题。开发井网调整主要有两个目的：一是提高开发对象的水驱控制程度，以提高驱油面积系数；另一是提高产液强度。

常用的井网加密方式有：油水井全面加密；主要加密注水井；局部增加注采井点。

井网抽稀是井网调整的另一种形式。对于大面积高含水的主要油层，油、水井不堵死将造成严重的层间矛盾和平面矛盾。为了调整层间干扰，保证该层含水部位更充分受效，控制大量出水，因此有必要进行主要层的井网抽稀工作。常用的方式有：关井、分层堵水和停注。

三、油田重大工程建设项目的派驻督察

（一）派驻督察制度及运行模式概述

狭义的派驻督察制度是指纪检监察部门对重大工作派驻专门人员，实施事前防范和过程监督的一种制度。此制度的形成与发展和日益发展的社会经济有着密切联系，是经济主体相互融合、相互渗透的产物。

史书记载了"御史台、都察院"等机构，究其本质都是以君权为依托，是君权的延展，目的都是服务于统治阶级的集权统治。督察效果取决于君王，带有浓重的君权依附性。在督察制度形成初期的秦、汉时期，派驻制度就渐现雏形。历朝在前朝的基础上对派驻督察制度进行了扬弃式的继承，秉承了由中央直接派驻的方式。"授自君权，务于君权"的督察制度已成为历史。古代派驻制度虽有可取之处，但终究是建立在封建集权统治之下，我们应当有保留的借鉴。

近现代督察制度由监督制度转变而来，最早出现于各国司法领域，旨在遏制权力滥用及提高工作效率。随着民主政治发展和市场经济的形成，督察制度被引进经济领域，其主体功能逐渐转变为降低治理成本，纠正治理偏差，促进社会合作，服务经济发展，抑制腐败行为，提高管理效能。在市场经济发达的资本主义国家，将监察模式融入企业文化当中。以企业廉洁文化的形式表现出来，注重以思想的提升带动廉政建设。这源于宗教作为国民行为准则的历史。根据我国的国情，应借鉴却不倾重于此。

（二）油田重大工程建设项目派驻督察模式的建立和运行

为加强对重点工作项目的监管，早在 2006 年，中国石化集团公司就陆续对川东送气、青岛大炼油等项目及有关单位实现派驻效能监察督察制。胜利油田作为石化集团公司的重要企业，在派驻督察制度上也进行了立足实际的深入探索。

设立派驻督察制度对油田重大工程建设项目具有重要的现实意义。首先，平衡权力。法国著名思想家孟德斯鸠说："一切有权力的人都容易滥用权力，而且他们使用权利一直到遇有界限的地方才休止。"我们面临的实际情况是，重大工程项目面临技术含量较高、体系相对完备、人员配置复杂等问题。造成了权力相对集中，不可避免出现权力膨胀的情况。分化、平衡权利成为该制度的首要意义。其次，实现有效敦促。派驻督察制度的另一重要意义在于对工程项目实现有效监督和敦促。在方案制定、资金流向、安全生产、党风廉建等方面发挥重要作用，确保工程项目从任务重大转化为成果重大。

油田重大工程建设项目派驻督察运行模式的确立。企业文化是概念化的，需要实体来体现。这就需要切实的、可操作的制度实现。将派驻督察制度纳入企业廉政文化当中，贯穿于企业经济化运作的方方面面，有助于消除排斥感。一是权力来源。派驻督察人员的权力应区别于行政权，即不隶属任何一个部门，而是由全体职工权利让渡，下辖于管理局效能监察部门。这种独立于生产之外的形式，有利于跳出圈子看问题，达到监察督促的效果。二是派驻范围。根据重大工程廉政建设的需要，依据相关文件，确定实施派驻督察的单位。三是人员的选派。首先，政治素质过关。应首先保证派驻督察人员的廉洁自律，才能做到工作当中恪尽职守，言无不实。其次，应选用工作经验丰富，且有专业知识积累的专业人员。如从事过招投标工作的人员等。虽不参与工作，但却全程监督工作。另外，应重点从基层选拔人才。"秩低权重"是行之有效的做法。即起用基层骨干监督上层干部，以小监大。职位较低的人顾忌少，加之权力不隶属于项目部，可以大胆工作。同时，要实行周期轮换制度。派驻人员应在编制上脱离项目部，实行流动式督察。项目结束，派驻人员工作终止回原单位工作，并不得参与承包方以后的承建工作的督察。这样可以有效地防止因人情世故妨碍督察工作。

油田重大工程建设项目派驻督察机构的权责范围。派驻督察机构及人员的权责范围可以通过制定《胜利油田重大工程建设项目派驻督察人员实施细则》的方法，明确权利义务。权利方面。其一，工作可以涉及招投标方案制定、资金流向、安全生产、党风廉建等方面其二，权利行使过程不得干预被派驻单位的日常管理和生产经营工作。义务方面。派驻督察人员定期向上一级效能监察部门述职，并且有义务接受被派驻单位纪检监察部门的监督。这种权力交叉的设置在一定程度上可以防止"一权过大"局面的形成。在驻派督察实施过程中实行回避制度。任职回避。与从事技术、管理等岗位的人员有亲属关系的；与从事技术、管理等岗位的人员有直接上下级关系的；曾在被派驻单位从事组织、人事、纪检、监察、审计和财务工作的；有需要执行回避的其他情形的。地域回避。被派驻地域为被派驻人员祖籍等，由于地域因素可能导致工作偏差的，应申请回避。

第四节　中国石油平台未来发展战略

一、我国石油发展面临"四大风险"

油价风险。随着石油开采难度不断增大，勘探开发加快向复杂和困难地区延伸，开采成本不断增加，国际油价振荡上扬成为必然趋势。随着我国进口量加大和油价上涨，外汇支付还将大幅度增加。

油源风险。分析人士指出，伊朗局势、欧债危机、美国经济状况及新兴市场国家的需求，将成为影响今年全球原油供需的关键因素。在此情况下，各消费国围绕石油的争夺将更加激烈，我们即使有钱，但能否买到需要的石油，已经成为一个大问题。

通道风险。我国石油进口主要来自中东、非洲等地区，年进口石油 80% 以上要通过马六甲海峡。每天通过海峡的船只，60% 以上是中国船只。各种国际势力均试图染指、控制这条海上航道，运输通道已成为事关我国石油发展的重大问题。

政治风险。石油不是单纯的经济商品，而是政治商品，是战略物资。我国石油消费不断以国内为主向以国外为主转变，政治风险随之加大，石油外交成为化解政治风险、保障石油发展的重要手段。

二、我国石油发展存在着"四大矛盾"

国民经济快速增长对石油的高需求与石油产量低增长的矛盾。据相关部门测算，GDP的增长 20% 出自石油的贡献。全国石油消费量年均增长超过 8%，石油年增长率却不足1.75%，难以满足国民经济快速发展的需要，国民经济快速增长与石油产量低增长的矛盾日渐突出。

石油短缺与能源利用效率低、经济增长方式粗放的矛盾。2011 年超过了 56%，正向

60%的关口逼近，形势十分严峻。但现实中，我国石油利用效率较低、经济增长方式粗放的矛盾还没有从根本上解决。科学消费石油、提高利用效率的工作任重道远。

实施石油资源国际化经营战略与石油资源市场风险大、竞争激烈的矛盾。随着各国把石油确定为本国安全战略的主要目标，全球石油资源争夺愈演愈烈。西方跨国石油公司在人才、技术和装备等方面具有明显的综合竞争优势，重要的国际石油资源大多被各石油巨头瓜分殆尽，我国的石油公司只能见缝插针、拾遗补阙，面临的压力很大。

国际油价不断攀升和对外石油依赖程度持续加深的矛盾。《纽约时报》近日发表文章称，全球油价 2012 年将大致在 100~120 美元 / 桶区间波动。根据国际能源机构的测算，到 2020 年对外石油依存度将增长到 76.9%。由于原油进口量增大，对外依存度必将增高，这涉及我国的战略安全和经济利益。

三、石油发展战略研究的主要方法

石油作为能源的重要组成部分，其安全战略注定不能孤立地考虑。石油发展战略是一个系统性、全局性的战略，包括各个领域、各个层面战略的协调配合。研究石油未来发展战略，需要做到"五个结合"。

（一）当前与长远相结合

既要立足当前，根据国民经济发展和人民群众生活水平不断提高的需要，制定出有针对性的战略举措，实现石油的稳定、均衡供应。同时，还要着眼未来，形成长期发展规划，完善科学的石油保障和风险规避体系，推动石油持续发展。

（二）国内与国外相结合

立足国际大环境，充分利用国内国外"两种资源、两个市场"，以国内资源市场为依托，国外资源市场为重要补充，建立国内外市场联动共进的市场开发、供应体系。要充分发挥国内石油勘探开发行业的人才、技术、管理、装备和品牌等方面的优势，通过统一运作、统一调剂，实现国内外人才、技术等资源的优化配置，最大限度地发挥存量资源的优势，促进国内外资源市场的高效、规范运作。

（三）石油发展战略研究与整体能源发展研究相结合

根据我国资源条件和消费增长趋势，统筹石油、煤炭、天然气、核能以及替代能源的发展战略，统一研究，统一部署，形成一个结构合理、切合实际、互为补充、具有整体优势的能源战略。

（四）开源与节流相结合

开源是基础，节流是关键。一方面，扩大石油供应的稳定增长，加大勘探开发力度，增加新的石油资源供应。另一方面，积极落实节约型社会的要求，实行"节油优先"的方针，把节油作为一项基本国策，从体制、机制和政策上促进节约用油，减少石油消费强度，建立以开源节流为重点的石油发展战略体系，促进经济增长方式转变和经济结构的完善。

（五）石油开发与替代能源相结合

作为不可再生能源，石油的存量是有限的，尤其对我国而言，大量依赖进口的现实难以改变，仅仅依靠石油开发很难建立起完备的石油发展战略体系。我们必须未雨绸缪，大力开发天然气水合物、页岩油、煤、核裂变和聚变燃料、地热能、太阳能、风能、潮能等替代能源，实现石油和替代能源相互补充和促进，满足国民经济发展的需要。

四、海上钻井平台的发展

海上钻井平台主要用于钻探井的海上结构物。上装钻井、动力、通信、导航等设备，以及安全救生和人员生活设施。海上油气勘探开发不可缺少的手段。主要有自升式和半潜式钻井平台。

（一）海上钻井平台的分类

1. 按运移性分类：（1）固定式钻井平台；（2）移动式钻井平台：坐底式钻井平台（包括步行式钻井平台、气垫式钻井平台）、半潜式钻井平台、自升式钻井平台、浮式钻井船（又称钻井浮船）。

2. 按钻井方式可分为：（1）浮动式（浮式）钻井平台：半潜式钻井平台、浮式钻井船、张力腿式平台；（2）稳定式（海底支撑式）钻井平台：固定式钻井平台、自升式钻井平台、坐底式钻井平台。

（二）海上钻井平台的结构及特点

1. 固定式钻井平台

它是从海底架起的一个高出水面的构筑物，上面铺设甲板作为平台，用以放置钻井机械设备，提供钻井作业场所及工作人员生活场所，固定式平台的特点是：稳定性好、运移性差、适用水深浅、经济性一般。在我国渤海区域先后建成了几十座固定式平台，现已拆除 3 座，报废 2 座，其余的都改装成采油平台。例如，渤海北油田的 A，B 平台，每座设计钻井 321：3，已改装成采油平台。胜利油田埕岛海上油田开发采用的主要是固定式平台。

2. 坐底式钻井平台

这是一种具有沉垫浮箱的移动式平台。我国自行设计的"胜利一号"坐底式钻井平台正在胜利油田浅海区钻井。结构组成如下：

（1）工作平台。它用于放置钻井设备，提供作业场所以及工作人员生活场所。

（2）立柱。它用于支撑平台，连接平台与沉垫。

（3）沉垫。它是一个浮箱结构，有许多各自独立的舱室。每个舱室都装有供水泵和排水泵。沉垫用充水排气及排水充气来实现平台的升降。就位时，向沉垫中注水，平台就慢慢下降。控制各舱室的供水量可保持平台的平衡。沉垫坐到海底后，可进行钻井作业。特点是：稳定性好、运移性好、适用水深浅、经济性较好。

3. 半潜式钻井平台

半潜式钻井平台其结构组成如下：

（1）工作平台。它用于放置钻井设备，提供作业场所以及工作人员生活场所。

（2）立柱。它用于支撑平台，连接平台与沉垫。

（3）沉垫（下船体）。它也是一个浮箱结构，有许多各自独立的舱室。每个舱室都装有供水泵和排水泵。它用充水排气及排水充气来实现平台的升降，

（4）锚泊系统。它用于给平台定位，通过锚和锚链来控制平台的水平位置，把它限定在一定范围内，以满足钻井工作的要求。特性是稳定性好、运移性好、使用水深深、经济性好。

4. 自升式钻井平台

它是一种可沿桩腿升降的移动式平台。平台就位时，先将桩腿放下插入海底，然后将工作平台沿桩腿升起到一定高度即可进行钻井作业。钻完井后，工作平台降至海面，提起桩腿即可搬家。结构组成如下：

（1）工作平台。它是一个驳船结构，拖航时浮在海面，支撑整个重量。它用于放置钻井设备，提供作业场所以及工作人员生活场所。

（2）桩腿。它的作用是在钻井时插入海底，支撑上部平台。桩腿有圆柱形和桁架型两种。圆柱形桩腿结构简单，制造容易，但由于直径大，承受的波浪力较大，故用于浅水；桁架型桩腿与之相反。桩腿的根数及布置（成三角形、正方形……）以及桩腿本身的端面形状均有多种。桩腿的升降方式有气动，液压和齿轮齿条传动三种，圆柱形桩腿一般采用气动或液压传动；桁架型桩腿采用齿轮、齿条传动。

（3）底垫。它的作用是增加海底对桩腿的反力，防止由于海底局部冲刷而造成的平台倾斜。特点是稳定性好、运移性好、使用水深中深、经济性好。

（三）海上钻井平台的选择

选择依据海上钻井平台的选择是一个涉及面很广的问题，需要综合考虑各种因素。主要考虑：

1. 钻井类型。是钻勘探井还是生产井、是直井还是丛式井以及完井方式等。

2. 作业海区的海洋环境条件。包括水深、风、波、潮流等海况，海底地质条件及离岸距离等。

3. 经济因素。主要是各种装置的建造成本、租金及操作费用。

4. 可供选择的钻井平台及其技术性能、使用条件。

综合考虑上述各种情况，可对钻井装置做出最后选择。

（四）海上钻井平台的布置

平台的总体布置是解决工艺布置与结构布置的总体问题。海上钻井平台作为海上钻井的场地，所安装的各种机械设备和堆放的器材及物资不能像陆地井场那样比较随意地改换位置，这是因为每座平台在设计和建造时都是按一定的工艺设施分布条件来确定平台各部分的结构形式和尺寸的。改变平台的工艺布置，对平台的强度和稳性都会产生不同程度的影响，所以平台在设计和建造时是按工艺要求选定设备，并根据这些设备在平台上的布置位置确定平台的结构尺寸。通常，为了使工艺设备的分布和平台结构之间配置合理，需经过反复研究和比较才能确定。

1. 需选择确定的主要设施

对已经建成使用的平台，如要变更它的设备或设备位置，必须首先考虑平台的结构强度和稳性是否允许，否则就不能改变。通常，在钻井平台的总体布置中要选择确定的主要设施有以下几个方面：

（1）钻井机械设备，包括井架，绞车，转盘，泥浆泵和制浆设备，"三除一筛"等泥浆净化设备，固井泵、气动下灰装置等固井设备和空压机等。

（2）动力设备，包括柴油机、发电机、电动机、晶闸管整流装置等钻井用动力设备和航行、动力定位、桩腿升降等专用动力设备，锚泊、起重等辅助动力设备及应急发电机组等。

（3）器材及物资，包括钻头、钻杆、钻铤、方钻杆等钻具和套管、重晶石、泥浆、化学处理剂、水泥、燃油、润滑油及生活给养物资等。

（4）测井、试井设备，包括测井仪、测斜仪、综合录井仪等测井设备和分离器、加热器、试油罐、燃烧器等成套试油设备。

（5）起重设备、锚泊和靠船设施，包括起重机和锚机、锚缆、大抓力锚等锚泊设备及护舷材料等靠船设施。

（6）安全消防和防污染设施，包括耐火救生艇或救生球、工作艇、救生圈、救生衣等救生设施和水灭火系统、化学灭火系统以及废油、污水、废气的回收处理装置。

（7）供水、供电、供气设备，包括锅炉房、水泵房、海水淡化装量、配电室、空调设备、通风设备等。

2. 平台布置的原则

海上钻井平台布置的基本原则有以下几个方面：

（1）保证平台工作时安全可靠。各种工艺设施的布置要适合工艺作业的要求，各系统相对集中，便于操作和维修；配备的设备要能力大、性能可靠、使用寿命长，能在预定的工作环境条件下工作；对平台钻机工作有直接影响的主要机组必须配备应急设备。

（2）满足平台的结构强度和稳性要求。平台上的各种设备工作时的载荷要与平台的承载能力相适应。载荷大的设备应有局部加强结构，而且尽量对称布置，以使平台承载均匀。分层布置时，层数不宜过多，以防平台稳性降低。

（3）合理利用平台的面积和空间。海上平台的面积和空间十分有限，因此要尽可能选用技术先进、体积小、重量轻、功率大、效率高的机械设备，尽量采用先进的工艺程序，提高机械化和自动化程度。所选定的设备可按设备功能和工艺流程装在若干个组合模块里，以便平台的组装和改造。组成模块时要考虑模块的外形尺寸和重量应满足现有起重船的起吊能力要求。

（4）必须有完备的安全、消防和防污染的设施。这些设施包括可燃气体和火灾探测与报警系统，通风和灭火系统，应急进、出口设施，各种救生器具等。在敞露的甲板上要设栏杆、扶手和安全网。上、下平台要有安全的移乘设备。平台上含油和化学药剂的物品及各种污油、污水要经处理设备处理后再排放。

（5）要有良好的通信、靠船和直升机起降设施及生活设施。平台上要设置先进的对内对外通信联络设施和安全可靠的靠船设施。生活区要同作业区严格分隔开，而且要离振动和噪声大的设备远些或有减振隔音的措施。另外，还应设置直升机起降设施。

（6）满足有关建造规范的要求。移动式平台要满足海上移动式钻井船入级与建造规范中的有关要求，设备的选择和布置要尽量采用国际上通用的规范和标准，以提高平台的竞争力。

3. 总体布置的步骤

总体布置包括4步：确定主体设备的位置和区域、调整各区的边界、在各区域内安排设备、规定相互间的通道。总体布置时要兼顾各方面的需要，如工艺流程的连续性、辅助设施使用的方便性等；要分清主次，采取措施，尽量使各区域间的相互关系达到最佳状态。对于人员正常上下通道和紧急时的撤离通道、危险区域的分类及安排均应予以重视。

（五）海上钻井平台的市场发展

克拉克森的钻井市场报告显示，2015年，全球海上钻井平台船队利用率降至30年来的最低点。2015年，全球钻井平台船队利用率从2014年年底的87%降至70%，浮式钻井平台（包括半潜式钻井平台和钻井船）船队利用率从2014年的91%降至77%。同时，浮式钻井平台日租金也大幅下滑至253000美元，比2014年600000美元的最高点减少了42%。

在贝克休斯统计的全球七大区域中，除中东地区之外，其他六个地区在运营海上钻井平台数量均有所减少。

作为海工支援船（OSV）市场的主要需求来源，钻井平台船队利用率的下滑给海工船东带来了巨大压力。

数据显示，截至2015年11月，全球在运营海上钻井平台数量仅为290座，相比前年同期的395座大幅减少了26.6%，与2015年10月的304座相比也减少了4.6%。截至2015年年末，闲置钻井平台数量已经达到约120座。Hesse预计，2016年钻井平台船队利用率可能很难维持在 60% 以上。

作为 OSV 市场上最大的单一需求来源，一座海上钻井平台通常能为 3~4 艘 OSV 提供工作机会。120 座闲置钻井平台意味着 OSV 市场需求可能减少 480 艘。

HBA Offshore 的最新数据显示，在海工支援船（OSV）市场，目前平台供应船（PSV）供给过剩约为 600~700 艘，三用工作船（AHTS）供给过剩则高达 800 艘，全球海上供应施工船（OSCV）船队利用率也降至仅 40%，闲置船舶总数已经超过 1300 艘。

（六）钻井平台的市场竞争格局

1. 钻井平台市场的竞争特点

海洋钻井平台主要有 8 大类，分别是自升式平台、钻井船、钻井驳船、陆上驳船、固定平台、半潜式、潜式、简易钻井船。浮式钻井平台主要包括钻井船、钻井驳船、半潜式、简易钻井船。各种钻井平台的状态主要有 5 类，分别是在建、使用（钻井、修井、完井、生产）、待用（暂时闲置、备用、在途）、检修（检查、维护、升级）、停用。

2. 不同海洋钻井平台的状态分布

主流钻井平台是自升式、半潜式、钻井船。自升式平台保有量最大，达到 636 座。半潜式平台保有量有 194 座，使用比例最高，为 81.1%，在建比例和停用比例都只有 10% 左右的水平，发展也比较稳定，未来保有量会有所上升。

钻井船的保有量短期内会翻翻，而且目前钻井船的使用比例非常高，停用比例非常小，未来钻井平台需求的增加主要来自于钻井船。

固定平台虽然保有量大，但没有在建量，待用量多于使用量，容量非常饱和；简易钻井船保有量非常低，有 29% 的在建比例，但是未来增长空间有限；陆上驳船待用量和停用量非常接近使用量，待用比例和停用比例非常高，而且在建几乎没有，未来会逐渐被淘汰；钻井驳船保有量低，适用范围有限，停用比例已经非常高，未来也将逐渐被淘汰；潜式平台仅为 2 座。

总体来说，未来主要的钻井平台是自升式、半潜式和钻井船，未来钻井平台的保有量会迅速上升，平台的增长主要来自于钻井船，自升式和半潜式呈现平稳发展或低俗增长态势。由于适用范围有限，也不适应深海钻采，其他平台的占比将会逐渐下降，甚至被淘汰。

3. 钻井平台市场的区域竞争

目前全球探明的石油储量中海洋石油储量约占全部储量的 34%，大陆架的储量约占所有海洋储量的 60%，深海和超深海约占 30%~40%，最近几年新勘探的石油资源一半以上来自于海洋。全球海洋石油资源的分布形成了"三湾两海两湖"格局，三湾即波斯湾、墨西哥湾、几内亚湾，两海即北海和南海，两湖即黑海和马拉开波湖，北极也有可能蕴藏巨量的油气资源。巴西是后来新出现的海洋油气资源储量大国，巴西已探明的石油储量达 140 亿桶，远景储量高达 800 亿桶。

墨西哥湾、巴西海域、西非海域被称为海洋石油钻采的"金三角"，集中了目前 80%

以上的海洋石油钻采活动，海洋钻井平台和生产平台主要集中在"金三角"区域，以及亚太地区和北海。目前波斯湾、墨西哥湾、里海、北海地区开采比较成熟，西非、巴西、南海由于储量巨大而开发时间较短，有可能成为未来最主要的开采地，北极有可能成为远期海洋石油开采的战略重地。

目前全球大概有260多座浮式生产平台，其中约有160艘FPSO、50座半潜式生产平台、25座TLP、19座Spar，浮式生产平台也主要分布在墨西哥湾、大西洋两岸、北海、东南亚区域。FPSO主要分布在东南亚（39艘）、巴西（33艘）、西非（36艘），北海和澳大利亚周边海域也保有FPSO，分别达25艘和17艘；TLP和Spar主要分布在墨西哥湾。

第二章　油田开发的项目管理体系

第一节　油田开发管理

一、低油价下油田开发管理

（一）油田在低油价下暴露出来的深层次矛盾

在目前低油价形势下，随着效益开发的深入推进，逐渐暴露出一些深层次矛盾，给油田开发提出了新的考验和挑战。

1. 可持续发展面临新挑战

老油田提效难度加大，主要体现在：剩余油分布更加零散，认识和挖潜难度加大；液油比加速上升，水驱成本增加；产量递减加大，单位综合成本快速上升。低油价下，以降成本、完成当前利润为重点，大规模压减作业工作量，特别是回收期大于一年的措施（如大修、压裂等）基本停止实施，低效油水井大量关停，与可持续发展的矛盾突出。

2. 中、高渗油藏层间挖潜潜力越来越小，低渗油藏投入产出比低

中、高渗油藏近年来开展重组细分工作，二、三类层大部分得到了水驱动用，已处于特高含水开发阶段，层间挖潜的潜力变小。低渗、特低渗油藏投入产出比低。如庆祖集、胡19块，主力层动用程度相对较高，主要潜力在层间，但层间挖潜措施费用较高，水井注水压力高，细分注水难度大，效益相对较差。

3. 生产运行出现两难，产量和效益的矛盾较为突出

目前对于边际效益的油井躺井以后，就会出现"扶与不扶"的两难问题，从经济效益角度考虑，若不能达到足够长的检泵周期，扶可能不一定产生效益，从油田产量角度考虑，不扶就影响生产能力。另外，在50~60美元油价下，处于边际效益的新井及措施工作量，"上还是不上"也是两难，上的话固然可以增加产量，但不一定能增加效益，不上的话，虽然成本降下来了，但产量压力上去了，如何寻求效益与产量之间的平衡是当前开发生产迫切需要解决的问题。

（二）低油价下油田开发管理对策

1. 狠抓各类上产措施决策管理，从源头杜绝低无效措施投入

从 2015 年进入低油价以来，老油田从各方面想方设法控制成本，取得了一定成效，但是亏损依然巨大。其中低无效措施的作业成本占了很大一部分。因此在当前低油价下，建议首先建立措施决策优化机制，从约束与激励两个层面去完善机制。建立了由地质研究所、采油管理区、工艺研究所、作业科、财务科组成的措施论证机构，形成措施约束机制。前期由地质研究所开发室与采油区论证措施，再由总地质师和地质研究所、工艺研究所专家进行措施论证，论证通过后提交厂财务部门核算效益账，是否在"三线四区"目标区内，财务通过审核后方可交作业科组织实施。完善措施激励约束机制，加大考核加分权重和奖罚力度。对措施提出者和决策者奖金与措施效益挂钩考核，按措施净效益值提成奖励，提高技术人员提高效措施的积极性。

2. 优化注采结构，加强低无效油水井治理，努力提高油田开发效益

注水结构调整以减少低无效注水量为主，重点在复杂断块油藏关停和回采减少长期低无效注水井，结合维护通过填砂、打塞、下顶封及挤堵等措施封堵或限制低无效注水层段注水量。建立低投入调配常态化机制，确保注采平衡老区稳产。按照油藏整体考虑，研究不同油藏注采特征，总结提炼建立起适应不同井筒状况和注采特征，涵盖连续注水和间歇注水两种类型，包括提压注水、逐级降压注水、脉冲注水、层间轮换注水、平面换向注水五种方法的动态调水模式。抓好动态调参工作，高含水开发后期，应根据每口井的实际情况，合理调整每口井的生产参数。适当降低平面上水淹级别高的水驱方向上的采液强度，适当提高平面上水淹级别低的水驱方向上的采液强度，力求单井和平面注采处于最佳生产状态，产出效益最大化。

3. 强化地质基础研究，降低滚动勘探风险

在低油价下我们利用难得的喘息机会，加强基础地质研究，强化精细三维地震解释，深化油气富集规律研究，特别要深化油气运移通道研究。同时，在研究手段和技术方面需要创新，努力提高复杂目标区构造识别、描述及储层预测精度，各油田之间加强业务交流与学习力度，派技术骨干向专家学习先进技术与勘探理念，力争找到优质储量。

4. 推进老油田新老区产能建设，增加经济可采储量

新老区产能建设必须以恢复、完善注采井网及增加经济可采储量为目的。加强构造精细解释、储层评价与预测、单砂体刻画等基础地质研究，在投资大幅缩减的情况下，侧钻、换井底设计的时候要统筹兼顾，一井多靶，优选"聪明井"，多打老区新层位、未动层、兼顾多个断块层系，同时考虑井网恢复的必要性，做好开发短、中、长期规划方案。

二、老油田开发管理

（一）老油田开发管理现状

当前，老油田的开发管理主要面临五大现实性问题，第一是能源的接替存在一定程度的滞后，对于已经勘探和开采过油田部分其能源存量已经处于低数量和高难度开采状况了，但是对于一些已经探明的新增储量部分，由于开采技术水平的限制，其动用难度较大；第二是由于多次数的开发开采以及人为因素对于油田地表结构的破坏，老油田含水率持续高升，地下复杂多变的油水关系加大了开发管理的难度和不确定性因素；第三是套损严重，许多在老油田开采过程中安置的基础设施由于常年的使用，以及地下自然环境的腐蚀已经处于严重老化的阶段了；第四是就现阶段我国对于老油田开采的成本与效益之间的配比关系问题来看，多是以"多井开发、薄利多产"的获利模式为主，单井开发的收益与成本严重失衡，投资、产量和成本之间的矛盾日益凸显；第五是虽然对老油田的开发管理具有较长的历史，但是在这过程中，相关人员和部门更多的是关注由开采带来的能源数量和收益，而对于由于油田开采带来的环境污染和破坏问题缺乏足够的关注和重视，对污染物处理未完全达标的问题越来越不符合国家科学发展观的建设要求。工程技术的提高对于解决老油田开发管理存在的种种问题是一项重要解决措施。

（二）依靠工程技术进步提高老油田开发管理水平的努力方向

通过工程技术的进步来提高老油田开发管理水平需要从当前的问题出发，突出重点问题进行针对式的解决，具体努力方向可以概括为以下几点：

1. 完善注水技术，控制"水油平衡"

由于老油田普遍存在高含水量的问题，所以通过更高级的注水技术来平衡含水量问题是首要工程。具体而言，首先可以加强对油田的动态分析检测工作，可以利用电磁流量计、同位素以及分层测试等多项工程技术性手段，对于注水井及其各部分的吸水效果和剖面物质结构等内容做好详细的检测和数据处理分析，给注水提供良好的参考指数；其次是提高注水工艺和技术，尤其是要注重从注水管部分就进行无效注水的遏制，以多级免投死嘴分层注水管以及液力投捞斜井分层注水技术为代表的二项分层注水工艺技术，就是这其中的一项重要参考，其不但可以灵活地控制注水数量还可以提高有效注水的效率，做到精准定位和有序注水；最后是针对不同性质和结构的老油田在对注水水质以及水压存在不同要求的注水处理上，可以采用分质分压的注水处理办法，既需要通过对不同油井的物质含量勘探对其进行不同等级水质主要的划分，又应当提供升压增注系统以及常压注水等多种液压注水的选择方式来应对此项技术要求。

2. 运用新兴技术，进行剩余油描述

所谓剩余油描述主要是针对老油田在多次开采情况下，剩余油的储量和位置所在还需

要各种技术进行精准的处理和定位，而通过运用以"四维地震技术""光纤检测"等为代表的现代新兴技术可以提供一定的解决思路。具体而言，就是在各种既有的老油田开采经验、数据整理以及相关新兴技术的支持配合之下，对剩余油的位置及其底层进行精细的划分和处理，并通过物探、地质、测井以及油藏等多学科的分工协作进行剩余油储层的地质模型进行科学合理的建构，既为精准化的石油开采提供理论依据又保证剩余油的不遗漏和不完全性开采处理。

3. 引进微生物采油技术，提高开采率

将微生物的原理运用到老油田的开采管理中既可以提高开采率又可以达到与自然生态环境和谐共生的目的。可以参考生物酶驱油原理进行相关的技术性工程处理。所谓生物酶驱油，主要是指通过将经过特定化处理和加工之后的生物酶注入已经勘探到石油存在的地层中去，以"水湿"代替地层岩石的"油湿"，从而达到降低矿物颗粒与油相的界面扩张力效果、减少开采过程中的自然物质力量的阻碍，既起到降低含水量又增加优质石油含量的效果。

三、油田开发管理优化提升

（一）油田管理流程的优化

能源供给安全是经济保持稳定增长的关键，关系着国家的安全、社会的稳定和人民的安乐。我国从1993年开始成为能源净进口国，未来缺口将越来越大，根据新一轮油气资源评价结果，石油资源量中属于低品位的为54%；天然气资源量中属于低品位的为50%。实现企业持续发展，保障我国能源供应安全，促使石油生产企业提高效率和经营能力，从整个国家的石油战略利益上看，也有利于国家长期石油的供给安全和价格稳定。

1. 流程优化的目标与原则

（1）目标

加快推进企业管理向标准化、模块化、流程化、信息化转变，全面提升公司发展质量和水平，提高管理效率，为建设西部大庆奠定坚实管理基础。基础管理明显加强，质量、计量、标准化、规章制度健全完善，流程管理集中统一，简洁高效；队伍结构合理，素质整体优良，管理机制"充满活力、富有效率、更加开放"，组织机构精干高效扁平化，人力资源结构进一步优化；管理决策更加科学，管理流程更加顺畅，管理标准统一完善，管理运行更加高效，企业市场竞争力进一步增强。

（2）原则

以流程优化为导向，改变原有的职能导向管理模式，根据流程优化的要求设置相应职能岗位，而不是根据现有职能岗位设置来设计流程，实现从面向职能管理向流程管理的转变，提高业务流程的运转效率，从流程出发来调整岗位职责、部门职责及绩效考核指标。以企业实际为依据，业务流程的优化应充分考虑目前的管理基础、人员素质、外部环境等

诸多因素，以实际情况为依据，发挥出最大的资源潜能为着力点来设计流程。以流程节点为重点，在流程的优化设计时要根据业务办理的关联度的高低进行业务处理功能的分解与归并，将关联度高的划到一个部门、一个岗位，并尽量能使一个人或一个一个部门相对独立的功能，以及在流程节点之间关系的顺畅和协调机制的保障。以信息技术为手段，目前，数字油田建设已成为众多石油企业，特别是上游油田企业信息化建设的核心内容，数字油田本身也成为各油田企业信息化建设的战略目标。因此在管理中信息技术已经成为必不可少的手段，因此，在流程优化设计时也要以信息技术为手段，充分考虑信息化对管理带来的深刻影响。

2. 优化实现

对现有的业务流程进行调研后应进行流程梳理，流程梳理往往有着庞大的工作量，其成果一般包括一系列的流程文档，包括业务流程图、流程说明文件等，流程梳理工作本身的价值在于对企业现有流程的全面理解以及实行业务操作的可视化和标准化。同时，应明确现有业务流程的运作效率和效果，找出这些流程存在的问题，从而为后续的流程优化工作奠定基础。对现有流程进行梳理后应进行分析，清晰原有流程的关键点和执行过程，找出原有流程的问题所在，并考察优化过程中可能涉及的部门。同时，应征求流程涉及的各岗位员工意见，说明原流程有哪些弊端，新流程应如何设计使之具有可操作性。经过调研、分析后，根据业务流程的目的和原则，对业务流程中不合理的环节进行改进、改善、简化，合并非增殖流程，减少重复或不必要的流程，构建与业务最佳匹配的、能实现最优效率的流程再造。根据设定的目标与现实条件，对优化后的业务流程进行测评，即对流程的运行效率和实际效果进行评估，从而确定流程优化的效果和需进一步调整的措施。根据流程优化后的评价，在实施业务流程优化过程中，不断完善、持续改进的循环的、动态的过程，形成一种动态的自我完善的机制。

（二）基于流程优化管理提升

1. 精细化管理

深化地质研究，最大限度地发现储层，挖掘油藏的开发潜力，对老区重新评价认识，对于原来没有贡献的层位，获得了工业油流，未动用储层进行再评价、再认识，通过加大压裂改造力度，获得了工业油流，夯实稳产基础。在注重宏观管理的同时，在微观上的细化管理同样落到实处。根据不同的岗位，不同的对象，采用不同的措施，管理要求高、管理约束性高，同时发挥员工主观能动性，实现精益求精的管理。成立专业管理项目组，层层分解细化到每个单位和岗位，逐层管理，逐层监督，形成一级对一级负责的责任链和考核链。抓好内部经济责任制的制定和落实，在经济管理上，也是通过成立产能建设项目组、作业管理项目组、水电燃料项目组等，按照责、权、利等原则，实行项目经理风险抵押金制度，指标到人，责任到人，确保经济安全。

2. 安全环保

大力推广标准化设计、模块化建设、数字化管理，将数字化管理作为管理提升活动的重要工程和有效控制基础，建成以生产运行、应急预警和安全环保为核心的生产运行指挥系统，以达到科学调度、应急指挥、安全预警、降低成本、减少管理层级和提高管理效率的目的。并且以全面数字化建设为抓手，加快推进企业发展方式的转变，从源头削减安全风险。按照安全生产"一岗双责"要求，从管理、操作两个层面，层层梳理完善岗位工作职责和安全环保职责，切实落实每个岗位、人员安全环保职责。进一步明确设计、采购、施工等各个环节的安全环保责任，规范和强化安全生产合同和全员绩效考核管理。完善安全环保责任目标考核奖惩机制，强化阶段目标监管，实现"管目标"与"管过程"同步。强力推行标准作业程序，将岗位作业流程风险控制与"干什么、学什么，缺什么、补什么"的针对性教育培训紧密结合，完善岗位员工培训需求设计，做好公司整体培训需求分析。规定出不同岗位培训的基本内容、实施方案和考核方式，促进员工规定动作培训到位、掌握到位、执行到位，提高员工操作水平，增强岗位员工风险辨识能力和应急处置能力。进一步加强安全观察与沟通、上锁挂签、目视化管理、工作前安全分析等多种方法工具在基层的推广应用，切实保障岗位操作安全。

3. 风险管控

加强应急预警保障能力建设，进一步提高应急预警监控系统数据准确率和系统稳定性，不断完善控制平台精度和智能化水平，强化各级监控。加强应急池、应急队伍建设，加强应急物资储备、应急预案有效性演练。完善公司隐患排查、评估、立项、动态监控和项目竣工验收、销项工作程序，推进隐患常态化管理，建立隐患立销案台账，抓好应急防控重大隐患的挂牌督办，确保隐患及时治理，风险有效削减。不断规范承包商管理，强化各主管部门和单位在承包商准入、合同准备、招（议）标签约、培训、现场管理与监督、评估及归档等六个阶段的职责履行，严格承包商安全资格审查和能力评估，做好承包商 HSE 业绩表现评估，优选承包商，确保准入的承包商安全业绩、安全管理能力和安全资源保障等符合规定。严格承包商安全合同签订，明确承包商应遵守的安全标准与要求、执行的工作标准、人员的专业要求、行为规范及安全工作目标等。及时清除发生恶劣影响事故的承包商。持续强化承包商安全管理要求，加强培训，促进承包商不断提升技术水平、装备力量、人员素质，从"数量型"向"质量型"转变。

4. 管理系统的优化

以自动控制技术为基础，计算机技术为核心，网络通信技术为手段，通过生产数据的实时监控，实现油气田生产过程自动化、工艺智能化和管理信息化的过程。重在数字化与工业软件的研发，与岗位结合、与生产结合、与安全结合，实现能指挥（形成方案）、会说话（预警）的功能，把"死"的数据变"活"，达到服务生产、强化安全、过程监控、减轻员工劳动强度和提高生产效率的目标。数字化管理转变传统采油管理劳动密集粗放式的管理模式，实现了信息化、智能化、自动化管理。一是在井上，实现了从人工投球到自动投球的转变。以前每天到井场使用专用工具投球，安装使用自动投球装置后，一次装球10~15个，实现了自动投球。二是在站上，实现了由双容积分离器到功图法计量。应用功图法计量技术，实时监测油水井生产状况、视频等关键信息，实现了智能判识、异常报警。三是生产上，实现了人工巡检到生产流程智能诊断。应用视频技术，实现了井场有效监控。站（库）增加数据采集变送器，收集温度、液位、压力等数据，应用控制软件，实现了管理智能化、输油自动化、巡线精确化、报表电子化。油田管理要以科学发展观为统领，坚持解放思想、技术进步、市场机制，不断根据项目发展的实际情况，不断按照业务开展的要求，完善数字化管理条件下岗位责任体系、标准化体系建设和标准化管理，以实现制度、流程、标准、表单、考核"五统一"为目标，以流程和制度为中心，整合管理资源、适时优化业务流程，大力推行标准作业程序，提高油田的管理水平。以流程优化为实现全面提升管理的有力抓手，不断完善和深化"业绩导向、充分授权、过程控制、分级负责"的工作运行机制，积极探索和构建形成"管理科学、运行高效"的油田管理体系。

第二节　油田工程项目管理

一、油田工程项目管理概述

（一）油田工程项目管理存在的问题

1. 工程项目管理理论不足

社会主义市场的完善推动着国民经济发展的改革进步，进而又推动着大型建设项目的完善，对于油田工程项目而言也是如此。但是由于工程项目管理理论存在有不足之处，因而在一定程度上对油田工程项目的建设起到了一定的制约作用，使油田企业遭受巨大的经济损失。对于工程项目管理中理论的研究，应结合自然条件与经济环境建设，从而确保工程项目管理具有合理性，可以为工程项目中存在的风险因素进行科学论证。

2. 工程材料、设备和工艺方法把关不严

保证油田工程项目建设达到标准的一个最基础的措施就是选择耐用性与适用性都极强的工程材料，以及与施工要求相匹配的机械设备。在油田工程施工中，应严格把关入场的材料与设备，但是由于一些施工现场质量管理人员不具备较高的专业素质以及责任心，在检查过程中质量监督不严的情况时有发生。不仅如此，在进行油田工程项目建设时，一些设计人员会盲目地去选择新技术、新方法以及新工艺，但是其根本没有考虑这些工艺、方法以及技术与当前施工条件环境的匹配性，这也是导致工程项目发生质量问题的主要原因。

3. 项目管理部门没有竞争观念

目前，我国的社会经济市场具有竞争性以及开放性的特点，而油田工程项目管理部门仅仅是依靠自身企业占据的垄断地位就获得了较高的经济效益，因而导致油田工程项目管理部门具有较差的独立性以及较强的依赖性，一旦进入竞争市场，将难以在招投标竞争中赢得国外油田工程项目管理队伍。而且，由于我国油田工程项目管理长期处在一个毫无压力的工作环境中，极易造成油田工程项目质量的降低。

（二）完善油田工程项目管理的对策

1. 推进民主决策，强化项目可行性

而对工程项目决策不具备科学性决策的问题，管理人员首先应做的就是对手中的决策权力进行分散，防止项目的决策权力过于集中。权力的集中化虽然能够提高决策的效率，但是却不利于科学决策的制定，而对于油田工程项目这种投资巨大，且会对国家经济发展产生深远影响的工程项目而言，其科学的重要性远远大于效率。因此，在进行这类项目的审批时，必须要保证决策的民主性，全方位掌握决策的科学性，从而保证项目的良好建设发展。同时要坚决遏制一些盲目上手的政绩项目，避免工程项目在实施过程中不具备科学的决策依据，从而提高国家资源的利用效率，促进社会经济的健康发展。

2. 严格控制施工材料、设备及工序质量

首先，在开展油田工程项目施工之前，应参考设计施工图纸，对选择的设备以及材料进行审核，确保设备型号、技术参数以及选用材料的耐用性与适用性完全符合施工要求之后，再进行统一的购买。其次，在油田工程项目施工过程中，应对进入施工现场的机械设备以及材料进行严格的审核，确保其出厂证明、检验报告、质量合格证的完备与符合要求，定期对设备以及材料进行维护以及质量检查。最后，应制定完善的责任追究制，明确每个人的责任，从而使项目管理工作人员重视质量管理工作。

3. 加强对成本以及质量方面的管理

在当前油田施工中，应保证其发展策略的有效落实，从而实现项目效益的最大化。项目管理人员应不断落实不同层次油藏的勘探工作，在油田开发过程中有效加强对成本的控制，从而保证风险责任制的有效实施。在油田开发项目的实施过程中，应实行项目风险管理制度，通过运用资本经营的管理方式，能够有效降低原油的开采效率。在开采过程中，必须要根据油田项目的质量安全标准严格执行，将工程质量作为施工企业的核心工作，同时实现经营管理与专业技术的有效结合，并保证施工人员的积极配合，从而构建产品研发、设计以及生产的全方面质量控制体系。在项目监督管理中，质量监督是一项重要的核心内容，在油田工程项目质量二级监督体系中，项目经理的主要监督对象是施工单位，其实施的是质量总监的责任制度。因此，在油田工程项目建设过程中，项目经理应加强对工程成本以及质量方面的控制，有效遏制不良行为，甚至是违法行为的发生。

4. 优化工程项目成本管理

在资源消耗技术的编制以及施工过程中，项目管理人员必须要依照合同对材料的价格进行确定，严格控制材料用量，并且有效控制工程项目造价，尤其是在建设工程项目不断深入的过程中，价格管理人员、预算人员以及施工现场管理人员应对市场行情密切注意，准确掌握第一手的材料信息以及施工情况。除此之外，在工程项目施工过程中，应对经济签证以及变更进行严格把关，严谨施工人员随意变更设计图纸、扩大施工规模、增加建设内容等，对于必须要进行更改的设计，尤其是一些关于费用增减方面的设计变更，其执行必须要经过监理单位、建设单位以及设计单位双方的代表签字才可以。

二、油田地面建设工程的施工项目管理

（一）油田地面建设当中存在的问题

1. 施工单位的专业性较差

油田的地面建设工程属于比较大型的安装项目，整个项目包含许多不同的方面，总包单位会根据不同部分的工程需求将其承包给不同的施工单位，因此各个施工单位的专业水平也会对整个油田地面施工项目的质量产生影响。但是在当前的油田地面施工建设项目当中还存在着一些问题，主要表现在两个方面：首先就是施工设备方面，随着时代的发展进步，油田地面建设施工的要求也随之进步，很多要求是传统的机械设备无法完成的，因此相关的施工企业要及时更换机械设备，使之适应新的施工要求。但是在当前很多的施工企业当中，仍然在使用传统的机械设备，这就导致施工的过程中不能准确完成施工的要求，这就会直接导致施工质量的下降。第二方面，一些施工队的施工人员的专业素质不高，一些施工人员没有接受过专业的培训，这就会导致在施工过程中施工人员不能准确掌握施工要点，这就会导致施工过程后者能够出现不规范的操作，直接降低施工的质量。

2. 施工过程中缺乏对施工的有效监管

施工质量下降的另一个重要的原因就是施工现场缺乏对整个施工过程的有效监管。施工现场的质量监管会对施工质量产生重要的影响，因此需要重视。但是在当前的油田地面工程的施工现场监管过程中存在很严重的问题。一些施工单位为了降低施工成本采用质量不合格的施工材料，为了逃避检查就会对相关的质检人员进行经济贿赂，因此部分质量监督人员在施工现场的检查方面就马马虎虎，睁一只眼闭一只眼，对于已经完成的施工部分，也不进行严格的验收，最终导致油田的地面建设工程的施工质量下降。

（二）提高油田地面建设工程质量的措施

1. 加强对相关的施工人员的培训

施工人员的不专业是导致油田地面工程施工质量下降的一个重要原因，因此要提高施

工质量，就必须提高施工人员工作的专业性，加强对施工人员的培训。再将进行油田的地面建设施工时要选择专业的、具有管理能力的项目负责人，将施工建设项目的不同的建设环节进行科学合理的分配与规划。同时对相关的施工人员进行专业化的培训，施工方要对施工人员进行技术交底，促使他们了解相关的施工要点，同时对施工过程中的操作进行规范，避免出现不规范的操作，通过提高施工人员的专业水平，达到提高施工质量的目的。

2. 贯彻落实对施工环节的监督管理

完善的质量监管措施能够有效提高油田的地面建设工程的施工质量。具体来讲，就是监管人员要改变以往对于施工质量散漫的监管态度，避免粗放的施工监管模式。在施工的监管过程中，首先要重视施工现场的监管，对施工材料从进场到使用都进行严格的检查筛选，同时对于施工现场的问题，例如墙体的稳定性以及油气管道的安装质量等进行有效的质量控制。由于油田的地面建设施工当中管道建设是重点的施工环节之一，因此在进行管道建设时要进行严密的现场实时情况记录，一旦出现质量问题，就要通知相关的施工人员进行及时的处理。

3. 加强对施工材料的管理

施工材料的质量会对整个的油田地面建设工程产生深远的影响，因此一定要重视对于施工材料的质量监管。在采购阶段，就要选择专业的材料供应企业，采购的材料必须具备相关的质检合格材料证明，即便如此，在材料进场时也要进行严格的审查，不允许出现质量问题的材料进入施工现场。材料进场后，要选择专门的工作人员进行管理，防止进场后的材料丢失与损坏的现象出现。同时质检人员要对材料进行不定期的抽查，一旦材料出现质量问题，就要及时更换，减少损失，提高施工质量。

三、油田节能改造工程项目管理

现如今，能源消耗已成为阻碍我国经济发展的主要问题，石油作为人们生产、生活所必需的能源，加大其开采力度，满足经济发展需求，是油田企业的根本任务。为了响应国家的绿色节能号召，油田在开采过程中，需采用先进的生产技术、生产设备，降低生产运行过程中的能源消耗量，使企业达到低投入、高产出的目标，从而实现企业经济效益的最大化。对油田节能改造工程的项目管理工作进行研究，对油田企业的可持续发展具有重要意义。

（一）油田节能改造工程项目管理存在的问题

1. 项目管理制度不健全

油田节能改造工程项目方案及初步设计审查采用的是传统的临时会审制，会议上各单位从专业角度对方案提出建设性意见，最终由决策层确定调整方案，这样难以避免由于审查人员变化频繁、层次有限，方案接触时间太短而造成对节能改造工程技术设计、外部环境、地理条件等风险进行充分论证。从项目管理流程、项目实施过程及项目投资管理程序来看，改造方案审定、市场准入、建设队伍安排、合同签订、招投标、材料采购、投资管理、质量监理和监督、结算审计均由不同部门负责，项目组仅对项目工期和项目改造进行管理，保证在规定时间内完成改造目标即可，容易造成项目组责权失衡，使其项目投资管理失控。

2. 体制机制建立及完善

适应"大油田发展，高能耗管理"的体制机制尚未完全建立。随着生产建设规模不断扩大，当前的管理体制、运行机制、管理方式明显不适应大发展的需要。管理流程和制度体系还未理顺，资源整体配置、系统一体化运行的机制还不顺畅。缺乏管理经验，导致项目实施有所偏颇，油田节能改造工程项目管理没有建立起科学合理的业绩评价体系和有效的激励约束机制，无法充分调动各方面参与成本控制的积极性。往往只注重改造单位的项目成本管理，而忽视了其他参建单位的成本控制，没有通过合同将这些单位的利益与油田节能改造的利益目标关联起来，因此节能改造工程项目的成本还有下降的空间。

3. 控制投资和降低成本的压力加大

经营管理方式仍显粗放，"低成本、集约化、高效益"经营模式需要深化和完善。通过对油田节能改造工程项目成本控制工作现状的调查发现，在贯彻低成本发展战略的过程中，油田节能工程项目迫于成本压力，出现了一些片面化、绝对化的倾向，导致在改造过程中，多方面出现短期行为，从而使其实际运作与低成本发展战略背道而驰，在节能改造项目投资成本控制中的观念相对落后。

4. 项目管理技术落后

油田节能改造工程在项目的策划、项目的合同管理、项目的风险管理、项目的索赔管理、项目的文件管理等，都没有相应的先进管理技术。企业的项目控制过程是粗犷型的而非动态的和数字化的。由于技术的应用依托于现有设备，所以要考虑新技术与旧设备的匹配与协调程度可能带来的风险，另外对于其曾使用过的技术可能对其可靠性认识不足，投运后达不到预期的节能效果，项目技术部分未吸取国外引进的先进技术或国内开发研究推广的新技术在内。

（二）油田节能改造工程项目管理的保障措施

1. 完善配套制度

任何一项管理都离不开制度的支持，建立和推行项目管理体系，是保障项目成功实施的制度保障。根据国家有关项目管理的各项政策和规定，结合油田实际，进一步补充制定下发配套管理制度，并在实施过程中，根据变化了的形势和出现的问题，及时调整、充实、完善相关内容，以保持项目管理各项制度在政策上的连续性、运作中的规范性、实施后的有效性。

2. 建立健全机制

大胆深化改革，优化业务结构，简化管理层次，提高管理效率，大力推进市场化运作，不断调整内外部关系，项目经理负责制是项目成本控制的特征之一，项目经理责任制要求项目经理对项目建设的成本、进度、质量、安全和现场管理标准化等工作全面负责，着力构建控制投资、降低成本的新体制、新机制，发展效益和质量两提高。

3. 加强成本预算

首先，以完善、推广建设标准化、转变投资管理方式、推行标准成本为重点，再造管理流程、更新管理理念、变革管理方式，推动油田向管理现代化转型，适应大发展的需要。建设标准化，处理好标准化与创新的关系，强调统一性和共性，避免用特殊性否定普遍性。其次，对加强工程计价基础源头管理，增强投资管理各环节控制，减少设计变更和工作随意性，减轻相关管理人员日益烦琐的事务和工作量，促进大规模建设条件下各个环节的高效规范运作、完善惩防腐败体系建设等都具有重要意义和作用。

第三节　油田平台的维护管理

一、油田自动化管理

（一）油田自动化管理的背景

在当今能源紧缺的背景下，油田作为能源开发，具有非常重要的地位。油田开发有着相对固定的管理方式，传统的油田管理为了能有效地完成开采任务，会投入大量的生产人员和技术人员，人力资源的紧缺时情况下又要加大人员的投入、管理力度。为了确保油田开采的安全，还会在油田开采的现场安插一些安全、技术等管理人员，实现对油田开采现场的检查、监督等，在油田开采中为了便于管理必须将油田的作业区、井区等区别对待，形成了很长的人员管理链条、很广的管理范围。在很广的管理范围中，比较长的管理链条间接增加了油田开采的管理难度，使得管理效率降低，抑制了油田的发展。为了加快油田产业的发展，必须对油田的管理进行改进，不能仅依靠传统的人为管理的方式，还需要考虑利用先进的技术手段来完善油田的管理，制定科学合理的管理机制，通过严格执行操作的标准履行业务的流程化，也就形成了当今油田的自动化管理。

（二）油田自动化管理的运行

油田自动化管理是油田管理的一次重要改革，是从人力管理迈向机械自动化管理的一项重要形式。油田管理的不断革新的最终目的是为了提高油田开采的效率，因此在油田开采中不仅要搞好建设，还需要做好管理环节，同时需要加强对员工的培养。在当今油田自动化管理的良好实施主要从技术保障和管理保障方面做起。

1. 技术保障

技术保障是提高油田自动化管理水平的重要保障，主要从设备、站控系统、网络等方面的技术做好保障。设备保障，主要是加强对油田生产和管理中应用到的设备维修的工作，在油田开采的过程中经常会出现设备故障、损耗等，设备维护主要就是寻找解决设备的这些问题，实现降低设备的损耗率和故障率，制定设备使用的制度，做好合理使用设备的专项研究，以此来确保设备的平稳运行，同时完善相关的维护体制，壮大对设备的维护力量，保证设备的正常运行；加强站控系统功能的维护，在油田自动化管理中，站控系统主要是数字化的人机交互的系统，是自动化管理的核心组成，在当今科技不断进步的情况下，数字化信息技术也得到更好的发展和进步，数字化信息技术深入带动了站控系统功能的发展，实现对油田自动化管理的拓展、改进和完善；网络保障，在油田自动化管理运营的过程中，会涉及网络的使用，尤其是自动化管理平台温度采集平台、单井功图采集平台、管道压降监测平台、水管流量检测平台、运行参数采集控制平台等都需要在网络条件下运行，而过多地使用网络势必会增加网络负担，甚至出现网络受阻的现象，影响了网络数据的传输安全，而网络保障是可以更好地净化网络环境、强化网络数据的安全、确保网络运行畅通等。网络保障主要从保障数据安全、设备管理、链路畅通 3 部分进行布防，以此来提高油田自动化管理，加强数字化管理的建设。

2. 管理保障

管理保障是对油田自动化管理进行完善，并建立健全管理体系。首先，需要让高层将油田自动化管理重视起来，油田自动化管理的发展直接影响着油田产业的发展，因此，领导人员应从自身做起，将自动化管理视为油田产业发展的重点项目，通过综合化的管理平台来部署相关的工作，并通过完善监督、检查指导的体系来转变油田自动化管理发展的方式，统一思想、健全体制、快速发展。其次，要加强对员工专业素质的培训以及综合素质的提高，油田自动化管理在迈向自动化管理历程以来，主要是走数字化管理的方针，要将数理化管理的思想灌输下去，也就是对员工加强数字化操作技能的培训，因为有很多数字化体系、设备等员工都不能熟练的运用，尤其是数理化管理平台的应用，因此，应加强管理人员、信息技术人员的培训，而且，还要对一线人员进行培训，主要是针对油田开采专业技能应用的培训，从整体上提高油田自动化管理的效率。再次，要建立健全的管理体系，并保证管理体系的有效实施，将油田管理体系分层建设，从采油厂、作业区、生产岗位等分为 3 个层次的管理，并对各个层次界定相应的工作权限，并明确各个岗位员工的职责任务，再根据油田自动化管理的特点建立与作业区、机关部门、基层管理等之间的维护考核、信息反馈、问题整改，以此来完善健全的自动化管理体系，并且通过这种管理流线的方式能进一步保证管理体系的有效实施。最后，要对油田自动化管理中涉及的各个环节进行整理并完善工作机制，结合油田生产的实际情况，制定合理有效的自动化管理措施，如油厂的生产建设、安全管理、党群管理、技术管理、经营管理等，并根据各个管理机制的建立来完善并调整油田自动化管理运行的权限，以及各部门工作的监督机制等，通过不断地补充油田生产的技术人员、信息管理人员以及其他部门员工等方式，实现对油田生产的整体岗位人员进行优化，做好油田自动化管理的工作，确保油田自动化管理体制的有效运行，提高油田的生产效率。

（三）软件平台的发展方向

1. 向着控制方向发展

随着社会科技的不断发展，油田自动化管理体制也在不断地改革，而且管理软件上也有着一定的发展，并明确了相关的发展方向，以控制方向为主的发展是势在必行的发展线路，是基于人机操作软件 HMI 的基础上的发展，例如：iFix、InTouch 等；另一方面是基于 PC 控制软件基础上的，将之称为软逻辑或软 PLC，例如：Win AC、组态王嵌入版、King Act 等；生产执行的管理软件也将步入控制管理的行列，例如：InTrack、iBatch 等。不管是从 HMI 软件的操作界面、数据采集的方式来看，还是从操作过程的可视化和数据的报警方式来说，都能将企业的实际生产的数据结合到一起，实现总体的控制功能，这也是油田自动化管理平台的主要发展趋势。

2. 向着规范化、通用化的方向发展

油田自动化管理平台的发展，应逐渐提高管理效率、采取高速化的运转方式，并做好软件平台的标准化、开放化、网络化以及易用化的发展技术，这也是当今油田自动化管理平台日渐发展的趋势。另外，油田自动化管理平台应本着可靠性的基本原则进行发展，以此来提高油田的生产效率，通过油田自动化管理的内部监控系统以及后台的操作系统来完善平台的运行，例如，UNIX 操作系统，对监控、管理等收集到的不同信息进行管理，建立有效的数据库系统，例如，ORACLE 数据库，同时要保证前线的监控工作，尽可能多地采用 PC 构架来的计算机来完成，并通过采用 Windows 的操作系统来实现油田自动化管理平台的规范化、通用化的基本操作。

3. 向着自动化系统发展

油田自动化管理平台应主张 Web、Java 新技术的发展和引用，以此来完善自动化监控系统。例如，在一些中大型的油田生产中，可以采用高性能的 UNIX 服务器作为油田自动化管理系统的主控机和信息数据服务器，并将操作员站至于 PC 机处，再结合 Java 一次性编译多处运行的特点、Web 新技术、Internet 的支持来完善管理系统的自动化发展，通过该种方式可以在油田企业的任何一个地方都能通过浏览器来获取相关的信息，实现管理平台的实用化。基于 Web、Java 新技术的使用，可以为油田自动化管理平台带来更多的优势，通过该技术可以在油田企业的任何一个系统节点处都可以获取同样的人机操作的界面，而且，从成本消耗上也得到了有效的改善，通过对服务器进行维护和升级，可以有效地降低系统的维护费用和安装费用，避免了传统的油田管理的多处设备安装更换以及维护的高成

本费用，而且，从总体使用功能上也是传统的管理平台无法比拟的。

（四）油田自动化管理实时数据的应用

1. 以 Web 为基础形成自动化实时数据库网上发布

数据库对于任何企业来说都是企业发展和生产的重要组成部分，对于油田开发也是如此，对工作环节中数据储存、信息采集记录、流程参数等数据的储存和处理有着重大的作用，而且，数据库的信息也将作为油田自动化管理工作中服务站的统计、查询以及分析的重要依据，也就是说数据库系统的实时数据对企业管理功能的影响之重大；而且，在当今油田自动化管理的发展来说，以逐渐走向无人值守的方向发展，实时全机械操作的方式，这对数据库的使用要求也将提高一个层次，因此说，基于 Web 的自动化实时数据库管理系统是油田生产和管理发展的必然趋势。实时数据库管理系统不管从操作形式、操作界面、操作方式以及显示的形式都有着传统数据库管理系统无法匹敌的特征，将软件平台的复杂简单化，不仅减少了监控管理系统的工作负担，同时还增加了系统数据的实时性，不仅如此，实时数据库还可以通过在不同的网络平台上，并通过计算机系统中标准的数据库接口与其他的管理监控系统的互联作用，如：ODBC、SQL、JDBC 等。另外，还可以对各种数据格式进行相互的转换，并定期执行纠错处理的功能，对数据的及时传导以及保存的完整性有着重大的作用，而这都将基于 Web 方式的工业控制自动化数据库系统的基础上才得以实现。

2. 以实时数据库为基础构造全场 ERP 信息平台

ERP 信息平台是将先进的管理思想和信息技术有机结合起来，通过数据库提供的准确信息，再经 ERP 信息平台的处理能有效地做好企业资源的利用性，将企业的现有资源最大限度地发挥，实现更多的经济回报。ERP 信息平台是基于实时数据库支持的基础上来完成计量统计、质量管理和分析、Web 系统和 Windows 系统的管理和维护等功能，并在 iHistorian 服务器、Serverto Server 采集器、数据转换计算采集器、SCADA/HMI 数据采集器、CSV/XML 文件采集器以及 OPC 采集器等设备和系统的支持下，完成油田自动化管理的生产过程可视化、设备故障诊断、增产和产能的优化等功能，并对各项系统以及工作环节的数据进行整理报表的方式来实现油田产业的整体发展、生产和管理。

3. 以实时数据库为基础构建油田动态地理信息系统

油田动态地理信息系统是利用先进的 GIS 技术实现的，在基于实时数据库的基础上还应具备几个条件，才能完成一个性能完善、功能强大、在线实用的油田动态地理信息系统。① 需保证系统能自动生成和管理的拓扑关系；② 需加强管理的时效性，确保能够显示大量的空间数据，并能自动生成高质量的图件；③ 需提供不同空间的数据在线录入和输出；④ 需保证能对空间网络、空间数据、三维模型等快速查询的功能。油田动态地理信息系统的实时性是比较强的，系统额中各个生产流程数据以及生产过程也是实时更新的，管道数据和地形图数据是作为动态地理信息系统的核心组成。DIS 技术的地图库是采用先进的接地算法以及索引机制来实现将物体分离，并将分离的各个单个图幅形成逻辑统一体，这也是油田动态地理信息系统的一种优势，在查询和显示局部地区的图幅时，地理信息系统将以最快的方式调出查询的相关数据，并进行快速的处理，具有方便、快捷、有效的特点。

二、油田生产数据的网络管理平台建设及维护

油田生产数据的网络化管理模式的建立，通过计算机网络的传输功能，实现油田生产数据的共享，保证专家系统对油田生产数据的分析和解释，为合理改善油田开发状况提供数据支持。为了提高网络管理平台的效率，采取必要的维护技术措施，使其发挥最佳的效能，更好地为油田生产服务。

（一）油田生产数据的网络管理平台建设

建立油田生产数据的网络管理平台，以油田生产实际情况为基础，结合计算机技术措施，应用计算机的软、硬件设备和设施，将油田生产数据管理起来。实现油田生产数据采集、分析和管理，提高油田生产数据的精准率，实时监测和管理油田生产数据，对油田生产实施动态的管理，提高油田生产的管理水平，最大限度地提高油气的产能。

油田生产数据的网络管理平台的建设，需要优化设计平台的运行环境，使其达到标准化、规范化的目标。采用开放式的设计理念，形成友好的人机交互界面，方便信息录入人员的操作，而且建立的油田生产数据网络管理系统，符合油田生产的实际情况，才能使其更好地为油田生产提供需要的数据信息。网络平台建立以后，必须留有余地，方便网络系统的升级换代，使其适应油田发展的需要。油田生产数据的网络管理平台，具有生产数据的录入、报表的形成、数据的自动的导入和导出、统计分析和处理等功能，用户可以根据需要对生产数据报表进行更新和处理，并依据自身的生产特点，形成符合基层生产实际的个性化的报表，使其更好地为油田的生产提供服务。

油田生产管理人员，通过人机互动的方式，访问油田生产数据管理网络，通过网络平台的建设，建立一个强大的服务网络系统，对油田生产数据进行管理。通过平台的功能设置，能够对油田生产的基础数据进行分析，自动形成油田生产报表，及时反映油田生产的情况，为合理开发油田提供依据。

对油田生产数据的采集，可以通过人工采集的方式，也可以利用数字化油田管理模式，对油田生产数据实施自动采集的方式，应用自动采集系统，在油田生产的井场设置数据传感器，将采集到的数字信息，通过网络传输给控制中心，经过中控计算机的分析和处理，对油田生产实施远程的监控管理，解决了人的劳动强度问题，达到提高劳动生产率的状态。

对油田生产的自控系统进行更新改造，使其更好地监测油田生产的井、站，将油田生产的全过程进行监控和管理，防止发生安全生产事故，保证油田生产的顺利进行。并实时采集油田生产数据，使数据管理达到时效性。

建立数据信息的传输系统，通过卫星或者网络技术措施，将油田生产数据进行实时传

输处理，对传输网络进行控制和管理，保证网络的畅通，才能无间断地传输油田生产数据。油田开发后期，对油田剩余油的分布规律进行分析，经过油田生产数据的分析和解释，提出最佳的开采方案，提高剩余油的开采效率，才能满足油田开发后期生产的需要。因此，要求油田生产数据的网络管理平台，提供油田开发后期的生产数据资料，使专业技术人员掌握油田生产的动态，及时调整油田开发方式，最大限度地提高油田开发的经济效益。

（二）油田生产数据的网络管理平台的维护

油田生产数据网络管理平台建立起来后，需要加强对网络管理平台的维护，才能保证平台的安全平稳运行，使其更好地为油田生产提供数据信息资料，满足油田生产对数据资料的需求。

建立网络安全管理体系，使油田生产数据管理网络在安全、保密的环境下运行，保证油田生产各个环节的连续，应用网络平台的优势，对油田生产数据进行及时的分析和处理，实时监控油田生产过程，及时制止安全隐患问题，防止发生严重的安全生产事故，促进油田安全生产，文明生产。

依据油田生产数据网络管理平台的管理情况，加强技术防护手段，进行用户身份验证程序，符合身份的人员，凭借用户名和登录密码，登录网络管理平台进行数据的查询和应用。而对于无关人员，不允许进行网络管理平台。同时对网络服务器等进行安全保护，对其进行加密处理，防止黑客的入侵，对服务器安装杀毒软件，实时防控病毒程序的入侵，防止油田生产数据的丢失或者损坏，并定期对油田生产数据进行备份处理，有效保证油田生产数据信息的安全。

应用网络安全技术措施，加强补丁程序的分发，对远程的桌面系统进行维护，防止终端计算机感染病毒，而影响到油田生产数据网络平台的安全。对网络的安全防护与安全管理，网络管理人员，实时对网络的运行情况进行监控，发现不明程序立即进行制止，防止黑客入侵，木马等程序的破坏。

油田生产数据的网络管理过程中，不仅防止外部的入侵，而且防止人为误操作而引起的破坏。对油田生产数据的录入人员进行培训，使其掌握油田生产数据的更新操作步骤，防止误操作，而丢失数据，给油田生产数据管理带来危害。

第四节 油田平台后期拆除战略

一、废弃海洋平台的拆除概述

(一)基本情况

国外废弃海洋平台的拆除工作已有 30 多年历史。在这个过程中,积累了比较丰富的施工和现场经验。根据相关资料,在进行石油开发的海域中,墨西哥湾的海洋平台拆除数量最多。从 1990 年到 2006 年,墨西哥湾一共新建了 2251 座平台,拆除了 2188 座。其中,2004 年拆除 190 座,2005 年拆除 115 座,2006 年拆除 81 座。2006 年以后,每年的平台拆除数量均保持在 100 座以上。尽管全球每年拆除的废弃平台数与新建的平台数相差无几,甚至超过了新建平台,但是这些被拆除的平台大多数在 120 米水深以内。对于深水平台,废弃处置技术的发展远落后于开发技术。

20 世纪 80 年代末和 90 年代初,我国分别对渤海 2 号、渤海 8 号、渤海 9 号等 10 座平台进行了拆除,由于这些平台均为渤海早期的浅水简易平台,所以严格地讲,还不能称为真正意义上的海洋平台拆除。为了缩小与国外在平台拆除领域的差距,中国海洋石油总公司所属的海洋石油工程股份有限公司早在多年前就将废弃海洋平台的弃置工作提上了日程,进行了大量的研究工作,并在平台拆除技术上取得了突破,同时还配置了导管架桩腿内排泥和水下桩腿切割等一系列拆除装备。

到 2008 年底,仅中国海洋石油总公司在渤海海域进入废弃阶段的桩基式平台就超过 40 座,而南海海域也有 8 座桩基式平台进入废弃阶段根据生产的需要,虽然部分平台寿命到期后经过评估和维修继续服役,但在未来几年,大量平台的退役是不可改变的事实,尤其到 2020 年,2002 年以前建设的几乎所有平台,都将进入废弃阶段。由此可见,废弃平台拆除将在我国形成一个新的产业和巨大的市场,发展拆除技术和装备已迫在眉睫。

(二)拆除方案的选择

导管架平台在停产退役后,进一步的处置就会提到议事日程。根据我国法规,海上石油平台退役后不能扔下不管,必须做出拆除方案的选择。由于事件涉及不同领域、部门,需对各方面因素全面考虑及各有关部门的协调,得出可实行方案。一般说来,拆除方案有:

1. 除了航海灯和浮标等小设备,不进行任何结构拆除,但要经过必要的清洗,标记和登记。

2. 在原安装地翻倒,倾倒在海里。

所谓倾覆或倒塌,就是切割了导管架的管件之后,在上部用绳索拖曳,让其就地倒下,倒向海底的过程。这是一种在原地处置倾倒的方法。

从安全和便利的角度来说倾覆可谓是最好的方法。但导管架采用这种方法则需要一种有精确次序的施工。为了精确地预测出可能产生破坏的模式、达到临界的构件和倾覆的方向，必须进行大量高技术性的结构工程研究和分析。如果原始设计者的计算机模型是弹性线性的，只能作为参考。为此，需利用现有的技术和计算机软件进行非线性塑/弹性结构力学分析。如需在夏季风暴后一个短的季节中施工，则需确定施以最大预切割后能起作用的最少安全有效构件。剩余塑性胶必须与表明其折断转向的倾覆力矢量一起精确地确定。倾覆力必须在海洋设备上绞车的能力范围内，约为 50~150t。如果在结构件倾覆断离边采用聚能爆破，那就需要在另一边的塑性铰链区域采用延迟爆破。

3. 废弃海洋平台在不妨碍其他海洋功能的前提下，其残留桩腿等结构物可以切割至水面 ≥ 55 米处，而其他结构与设备均应全部拆除并运至岸上处理。

4. 全部拆除，也就是将废弃海洋石油平台的桩腿等结构物应切割到海床泥面 4 米以下，而其他结构和设备均应全部拆除并运至岸上处理。

从结构物种类看拆除的结构类型基本上有四种：固定平台、锚泊固定平台、管系和水下结构。其中固定平台（导管架的重型混凝土结构）的拆除最为困难。

二、采油（气）井口的拆除

对于将要报废拆除的油井，实施拆除作业前必须向有关主管部门进行油井工程报废的申请并获得审批。在拆除之前必须进行注灰封死等可靠处理。

在确认油井内已不含油气（必要时可以进行测爆）之后，在切割导管架海底附近管件之前，还要清除掉构件内外的积泥，以便整理出空间能够放进切割工具。相对于水下切割、海上起吊、运输、卸载放置而言，疏浚积泥似乎比较容易，实际上并非如此。参考资料指出，100 米水深平台的拆除过程中，清泥是最困难的作业。这项作业的技术难点有：泥泵吸泥的深度有限，对深度大的情况，必须采用水下泥泵这种难度较高的技术；管内外积泥一般都很板结，在吸泥之前必须要用高压水冲散稀释，深水施工作业难度、配置的设备、费用都会大幅提高；积泥并不都是淤泥，混杂有较大的石块、杂物，泥泵吸泥或气力提升办法虽有效，但效率很低。井口的拆除通常有 3 种方案：

拆除方案一：高压水冲泥、气举法排泥，将每根隔水套管外侧冲泥，使隔水套管泥面以下形成 3~5 米的深坑；潜水员到坑底安装"多功能高效金刚石线切割机"；逐个切割井口后，将导管架顶部隔水套管固定处切割后，即可将隔水套管吊起，装到驳船上。

拆除方案二：用高压水冲泥、气举法排泥，在每根隔水套管外侧形成 3~5 米深的坑；潜水员在坑内隔水套管外侧装塑胶炸药；进行定向爆破；切割隔水套管与导管架之间的固定，焊吊点或在套管上开吊点孔；依次吊出隔水套管、井口内套管装船。

拆除方案三：用高压水冲泥、气举法排泥，在每根隔水套管外侧形成 3~5 米深的坑；在套管内放入炸药，在坑内进行爆破。炸断后，吊运装船。

三、组块顶部结构物拆除

（一）工艺管线及设备的拆除

在长期的含水原油输送和处理过程中，工艺管线及设备内外表面形成大量污垢后，主要是油污和垢污。在拆除前必须将油污和垢污清除干净，所要清洗的部件包括管线、小型设备和储油罐等。一般采用物理或化学的方法进行清洗，物理方法是指超声波清洗、高压清洗机等，在设备上投入较大。化学清洗是利用药剂和污物发生物理化学反应，操作简单方便投入少。

储罐经清洗置换并达到动火条件后，沿底部与平台切割分离，然后用钢管或角钢打好加强后，用浮吊整体吊到回收船上，在陆地上进行整体拆除。

在拆除工艺管线及设备时，尽量不要采用动火作业的方式。一般采用首先拆除设备与工艺管网的连接法兰，然后拆除设备与其基座间的螺栓连接，将设备吊离平台，在陆地上进行拆除

在进行工艺管线拆除时，应优先采用拆卸连接法兰的拆除方法；如果不得不采用切割拆除，则应先将该管线与油罐等的连接处拆开并加装盲石棉垫。

将与平台分离并隔离好的容器、设备撬块等先行调走。对于那些过长的工艺管线，应将其切割成合适的长度，然后再调到回收船上。所有被切割下来的工艺管线、容器、设备撬块等必须做好标记，待吊到回收船上之后应将其捆扎牢靠并做好防碰撞保护。

（二）舾装及设备房的拆除

在进行舾装、设备房的拆除时，其内部的设施一般应与舾装，设备房同时吊离拆除，待上岸后再做进一步的拆除处理。当重量超出吊机的起重能力时，也可将其内部的部分设施等先行拆除。

（三）其他结构物的拆除

在进行各类结构物得拆除时，均需根据原图纸和安装方案，确定重物的质量、重心，进行精确配扣，制定出起吊方案。拴好吊扣后，起钩并使结构物处于预吊状态，再进行切割吊离。

四、平台上部组块拆除工艺

（一）对组块进行检测

根据检测结果对组块结构进行强度分析；经分析认为结构杆件有问题时，可采取将组块内重量大的设备或容器先进行拆除以减少组块重量等措施。强度没问题时，算出组块的重量、重心，对其进行配扣（选用合适的吊扣、卡环等）。

（二）组块吊点的处理

如果组块安装时的吊点还在，要对其进行强度校核，经校核没问题可使用原吊点；如有问题，需对其加强，直到满足强度要求。如无原来的吊点，需要重新实际吊点。对组块吊点进行强度计算，按设计要求进行焊接，保证开坡口的角度、深度、焊缝的高度等。

（三）组块的起吊

根据起重船的起重能力及组块情况，决定组块的起吊程序。事先对组块装船进行设计，画出装船图（包括所选用垫墩的型号和固定方式）。

组块的起吊作业一般要选择在好天气情况下进行，时间要富裕。起吊时，应密切注意组块固定点是否完全切开，应备应急人员和工具在附近待命。组块吊回码头前，应事先研究好组块在码头上的放置位置及处理方法，以避免组块吊回陆地后，占用浮吊更多的时间。

五、导管架拆除程序

经过长期使用后，导管架水面以上（尤其是在潮差段）的杆件一般腐蚀较为严重，因此在拆除前需要对导管架的水上管件进行检测，并提出检查报告。对于导管架的水下杆件，必要时可由潜水员下水进行目测检查。根据检验结果，对导管架进行强度分许。

（一）导管架腿的切割

在选择海上结构拆除可实行方案时，必须对各种材料及不同几何形状截面的切割技术、工艺和设备进行考察。在空气中进行上部结构的切割与常规的陆上工业设备拆除一样，采用同样的方法。对水下结构，虽然很多切割技术已经被开发，施工还是很困难。还需进一步发展和改进切割技术，用于所有废弃平台的拆除。穿过海底的构件和要求在海底土壤以下某一深度进行切割的构件，需用特殊技术才能切割：例如聚能爆破、管内高压水/砂冲蚀、带内装钻粒缆刀具夹头的管外切割器等。

常规的切割技术已能熟练被使用，下面讨论可用于水下结构切割的特殊方法。

1. 金刚石绳锯切割机切割法

最早的金刚石串珠绳及其设备出现在石材王国意大利，在 1969~1970 年度的意大利 VERONA 的 S.Ambrogio 石材博览会上，首次展出了带电镀串珠的串珠绳和加工设备。从此以后，这一深具潜力的工具得到了快速发展，在制造方法、加工对象、应用范围和加工设备等各方面均得到了长足的进展，锯切速度和加工效率得到了很大的提高。

金刚石绳锯切割机切割法可分为单绳式金刚石绳锯、多绳式金刚石绳锯、数控金刚石绳锯以及水下作业切削钢材的金刚石绳锯四种。

（1）工作原理

金刚石绳锯机是由金刚石串珠绳、张紧机构、夹紧机构、轮系（导向轮、张紧轮、主动轮）、进给机构、切割框架组成。工作原理是主动轮高速旋转，进给机构使串珠绳向切割方向运动，利用金刚石的硬度与绳索的柔性对切割对象进行磨削以完成切割任务。

（2）串珠绳的组成

在金刚石绳锯机切割系统中，金刚石串珠绳是关键。串珠绳一般是由一根直径5mm的多股钢丝绳，上面穿套串珠颗粒构成，串珠间由起支承固定作用的隔套隔开。用于封闭循环切割的金刚石串珠绳，一般由钢丝绳、金刚石串珠、隔套和接头等部件组成。

（3）应用范围

金刚石具有自然界最高的硬度和弹性模量，而绳索是机械锯切中最具柔性的锯切基体。刚柔相济，使金刚石绳锯具有种种独特的优势，决定了它在实际加工中具有广泛的应用。

① 矿山开采，石材加工。

② 大型建筑物的拆除。

③ 海底输油管道、石油平台导管架的拆除。

④ 核电站的拆除。

（4）工作特点

1）优点

与传统的加工方式相比，用金刚石绳锯加工的主要优点在于：

① 相对传统的切割技术，采用串珠式金刚石绳锯切割技术进行切割，外形相当规整，荒料再次利用率极高。

② 在一般的切片加工中，相对金刚石圆锯片。绳锯切割不受尺寸限制、加工效率高、加工精度高、污染小、后续磨抛成本显著降低。

③ 绳锯加工过程中无污染、噪声低而且设备占地少，易于安装自动化程度高，对场地要求低。

④ 在复杂的石材异型面加工中，金刚石绳锯更是具有其他切割方法无法替代的优点。

2）缺点

由于切割时串珠磨损较快因此利用率低，在输油管道切割实验时，用同一根绳切第二根管时，效率明显比第一根低，而国内生产的串珠绳容易断裂，国外价格较高，因此切割成本较高。在切割钢材等硬质材料时效率不高。

国外绳锯的高水平来源于其各方面技术的领先。高质量、专用的合金粉，先进的金刚石制粒技术和镀覆技术，成熟的高温钎焊技术等等，均是其绳锯产品成功的重要条件。在国内，这些技术多数还处于研究阶段，如果引进国外的先进技术或者成品，势必使成本大大增加。一个成功的产品，需要很多成功的相关技术和产品的支持。

金刚石绳锯机由40~200米长的油管、通信电缆与液压源和控制面板相连。油源提供动力，控制面板调节线速度、工作压力、流速来达到理想的切割效率。这种远处遥控操作可以保证当意外发生时人的安全。它还可以通过人工在水下操作通过水下电视监控。

2. 磨料高压水射流切割

20世纪50年代高压水切割技术正式发源于原苏联。到60年代初，美国、英国、意大利、日本和苏联等国家也投入了大量的人力和物力研究开发超高压水射流技术。经多年潜心钻研，美国终于在 1971 年设计制造了世界上第一台超高压纯水射流切割机，简称纯水射流切割机。将它应用到家具制造行业中，取得了很大的成功。又经 11 年的不懈的努力，美国在 1982 年设计制造出超高压磨料水射流切割机，简称磨料水射流切割机，它能切割各种金属、硬质合金、玻璃、陶瓷、大理石及花岗岩等几乎所有的材料。

（1）高压水射流应用范围

① 航空航天工业：切割特种材料，如铝合金、蜂窝状结构、碳纤维复合材料及层叠金属或增强塑料玻璃等，用水射流切割飞机叶片，切割边缘无热影响区和加工硬化现象，省去了后续加工。

② 汽车制造与修理业：切割各种非金属材料及复合材料构件，如仪表板、地毯、石棉刹车衬垫、门框、车顶玻璃、汽车内装饰板、橡胶、塑料燃气箱等，以及其他内外组件的成形切割等。

③ 兵器工业：切割各种战车的装甲板、履带、防弹玻璃、车体、炮塔、枪械等；以及各种废旧炮弹的安全拆除。

④ 林业、农业及市政工程：用于伐木、剥树皮、灌溉、饲料加工、路面维护、工艺品的切割下料等。

⑤ 电子及电力工业：可进行印刷电路板及薄膜形状的成形切割：计算机硬盘、软盘、电器元件、非晶合金、变压器铁芯、无损切割特殊电缆等。

⑥ 机械制造业：用高压水切割代替冲、剪工艺，不但能节省模具费用，且有利于降低噪声、减少振动和提高材料的利用率。另外，去除工件外部的氧化铝、铸件上的型砂及陶瓷涂层、切飞边、浇口、冒口等，还可切割常规方法难以切割的灰铸铁件。

（2）高压水射流的类型与原理

高压水射流切割法按照所采用的介质不同可以分为纯水射流切割和磨料水射流切割两种基本类型。随着科技的发展，目前还有一些新形式的射流正在被开发和研究，不断提高水射流切割的能力。诸如，空化射流、添加剂射流等。纯水射流切割形式因介质仅为洁净水，其加工能力低，仅能切割一些薄的工件。但是，它设备相对简单，设备磨损和辅材消耗少，使用成本低廉。

磨料水射流切割因在水中添加了磨料，提高了水射流的冲击、破坏作用，切割能力相比纯水射流有较大的提高。但是，它的缺点是设备复杂、设备磨损和辅材消耗大，成本较高。

磨料水射流又按照添加磨料的形式分为前混合式和后混合式两种。

① 前混合磨料水射流

水和磨料预先加在储存罐里进行混合，然后把混合好的浆液用管线直接送至喷嘴喷射切割。这种方式的使用压力相对较低，通常在 20~100MPa 之间。由于压力较低，可以用柔性管道输送液浆到喷嘴，实施远距离切割。

② 后混合磨料水射流

与前混合式磨料水射流不同的是水和磨料已经被分别加压后在喷嘴前的混合室内混

合，也称挟带式水射流。切割用压力一般在 100~400MPa 之间。

（3）磨料

射流加工中使用的磨料开采自河床、砂矿，沉积岩石。它们通过爆破、粉碎形成尖锐的、形状不规则的颗粒。不同品种的石榴石。可以用于不同功效的切割。橄榄石价格便宜，质地软，切割效率不高。氧化铝和金刚砂磨料是人造磨料，它们因尖锐、硬度高、不易破碎，切割效率比较高；但同时加速了混合腔的磨损。

（4）高压水特点

可以对任何材料进行任意曲线的一次性切割加工（除水切割外其他切割方法都会受到材料品种的限制）；切割时不产生热量和有害物质，材料无热效应（冷态切割），切割后不需要或易于二次加工，安全、环保，成本低、速度快、效率高，可实现任意曲线的切割加工，方便灵活、用途广泛。采用高压水射流切割时，铁屑混入水中，无尘、无味、无毒、振动小、噪声低、污染少，是目前世界上先进的切割工艺方法之一水射流切割可以灵活地任意选择加工起点和部位，而且切缝很窄，喷嘴和加工表面无机械接触，易于实现高速加工，并且可以通过计算机控制实现复杂形状的切割加工。水切割是目前适用性最强的切割工艺方法。

3. 聚能切割器

（1）聚能爆破的发展历程

1885 年门罗是聚能爆破的发明者，后来被称为"门罗效应"聚能装药就是由聚能破甲武器（锥形聚能装置）转变而来的一种先进的切割技术，可用于常规机械工艺手段（如锯切、磨削、车削、气割等）无法实施的特殊情况下进行切割，并且具有安全、经济、优质、方便等优点。利用这种装药制成的各种爆炸切割器，从 20 世纪 60 年代初开始就广泛应用于宇航和军事应用的领域，例如各种自毁系统和分离装置，以及切割带式反坦克地雷等。在我国，自 70 年代以来，开始把这一技术应用于水下工程。目前在矿山开采中此项技术应用较为广泛。

（2）聚能爆破的工作原理

采用聚能装药结构，当装药爆破时，靠近聚能穴的炸药所产生的爆破产物向穴的轴线方向会聚，碰撞喷射出一股密度大、速度高的细长气体射流。对于具有金属药型罩的聚能装药，爆破形成的金属射流头部的平均速度约 4000m/s~8000m/s，温度达几千摄氏度，每平方厘米横断面上聚积的动能可达 106kg·m 量级因此与目标相遇撞击压力可达数十万兆帕所以对任何目标都能穿出一定深度的孔洞；同时，爆破气体迅速膨胀的压力使目标的孔洞加深和扩大。

（3）线性聚能切割器

线性聚能切割器是利用在爆轰压力下切割罩挤出的片状射流来切割的。由聚能理论可知：切深与药罩密度成正比；药罩好的塑性能保证罩压垮时连续变形，使射流运动具有足够的延能力而不过早地断裂。因此，药形罩材料要求密度大、塑性好，在形成射流过程中不汽化，且厂房内施工后不形成污染。可以用铜、铅、铝、钢、银等及其合金。只有铅及其合金能够用于制造柔性切割索（FLSC），它用于制造要求用药量小，且有弯曲要求的切割索，但它有污染。铝壳适用于要求有较大结构完整性的场合，但其药芯的药量较大，需要有较大的投射距离，其重量轻的优越性往往被投射距离大，因而必需的附加隔距结构的重量所抵消，只有为了减小由于切割索的爆轰而引起的对结构的冲击载荷需要用到较大的投射距离时，铝壳的优越性才会被认识到。银壳经常与耐火炸药配合起来一起使用，它较贵，因此只有在特殊情况下使用。铜壳的侵彻效应较大，但是其塑性较差，如对钢罩、铝罩、铜罩进行对比对于切深，铜最好，铝次之，钢最差。

当炸药起爆时，炸药产物以巨大的气压作用于 V 型药罩上将其压垮，并向聚能槽法向方向运动，在其对称面内发生高速碰撞，形成向着装药底部运动的高速连续薄片装射流，通常称之为"射流刀"

（4）聚能爆破的引爆方式

聚能切割器的爆破方式有多种，可根据具体情况来确定，由超声波起爆，有线电起爆，无线电起爆或直接通过导火索引爆等。水下作业时，多用电雷管起爆，在电雷管起爆中有线电起爆也存在布线、销毁、密封、防静电、杂散电等问题；无线电起爆用电磁波遥控不太安全可靠；超声波起爆成本太高且施工地点条件要求较高；定时起爆较好，它便于密封，爆切时可将管口密封以防水溅出，而且无须布线，成本低。

（5）水下切割管道实例

山东胜利油建公司在佛山三水输油管线穿江顶管施工中，扩孔器在穿越 1000m 处被异物卡住，导致无法继续扩孔，1500m 钻杆连同扩孔器也都被卡住，无法拔出。为了减少损失，油建公司委托广东宏大爆破公司利用爆破切割技术去掉卡钻的扩孔器，回收钻杆。卡钻部位位于河底土岩下 25m 深处，距离出土点垂直高度约 45m。扩孔器钻杆外径 < 127mm，最小内径 < 62mm，接头最小内径 7612mm，壁厚 912mm。

由于扩孔器距离出入土点较远，距离水底很深，无法直接在水底实施爆破。经过反复研究，拟采用将钻杆切割弹放置在扩孔器两侧的钻杆内实施爆破，割断钻杆，然后使钻杆能分别在出土点和入土点处抽出。由于入土点到扩孔器有卡子，无法运送切割弹，故只有先将切割弹从出土点沿钻杆内腔经扩孔器送到爆破点 1，起爆后再将另一枚切割弹从出土点送到爆破点 2 起爆，故要送弹两次、起爆两次，而且爆破点 1 的弹体外径要受到扩孔器最小内径（62mm）的制约。

钻杆聚能切割弹是利用炸药制成的切割弹，在钻杆内瞬间爆发产生一圈向外的均质金属射流聚能在弹体内形成高速环形射流，把线性切割转变成环形切割，从而达到环形聚能切割钻杆的目的。

（6）聚能爆破的优缺点

聚能爆破技术成本低、效率高，方便灵活，较原来的爆破方式比较节省药量。在大型的钢结构拆除中，缩短工期，减少工作量且切割稳定可靠，投资少。

购买相应爆破器材投资小于 2 万元，潜水员辅助操作。

但目前聚能切割器没有统一的标准，只有一些经验和公式。每次使用都与根据工程需要进行制作设计，使之具有足够的切割能力又没有太多的爆炸能量余量。同时要便于安放。

切割精度不够，由于爆炸时产生巨大热量导致切断边缘热变形等影响。

4. 转式内割刀

（1）内割刀发展状况

旋转式内割刀相关资料较少，对它的发展不是很了解，大概是国内外对此方面的研发较少，还没有发现它太多的用途。估计是当外部切割管道受限制时而内部又很方便工作时才考虑此种工作方式。

（2）内割刀工作原理

① 用于切割聚氯乙烯塑胶管，切割范围 0.5~6 英寸。

② 动力源可以是气泵或液压泵驱动或电机来驱动。

③ 转速是 350~400r/min

④ 进给速度是 0.046~0.06mm/r

⑤ 切割效率较高。

5. 水下切割综合比较

（1）综合比较：针对导管架切割进行综合比较。

（2）安装

绳锯机是磨削切割，安装时只需考虑机体本身的水中重力即可。

由于高压水是高压射流切割，因此在切割时反作用力较大，安装时除考虑机体本身外还需考虑射流的反作用力。

绳锯机设备小、结构简单、占地少、可移动性强便于装夹。

高压水射流切割机结构较绳锯机复杂装夹要比绳锯机复杂。

聚能切割器，内割刀结构简单、体积小但要从管内安装而且需管内定位。因此有许多不便之处。

（3）环境

绳锯机、高压水切割机都属于柔性切割，无污染、噪声小。切割后不需要或易于二次加工，环保、速度快、效率高、方便灵活、用途广泛、适应性强。

（4）经济成本

内割刀：成本较低，但刀片易损。

聚能爆破：一次切割购买相应爆破器材投资小于 2 万元。

绳锯机：由于切割时串珠磨损较快因此利用率低，进口串珠绳每米售价大约 2000 元 / 米，国内相对便宜但串珠绳更容易断裂。

磨料型高压水切割：射流加工中使用的磨料的不同可以用于不同功效的切割。橄榄石价格便宜，质地软，切割效率不高。氧化铝和金刚砂磨料是人造磨料，它们因尖锐、硬度高、不易破碎，切割效率比较高；但同时价格高而且加速了混合腔和喷嘴的磨损。

（5）工作效率

聚能爆破切割器工作时间最快，由于能量大一次完成切割。

磨料型水切割根据压力大小及磨料类型、磨料供给量等因素有关。

绳锯机切割速度组要取决于串珠绳的性能。

内割刀取决于刀片质量的好坏。

（二）导管架结构的分割

对于体积小、重量轻的导管架，在割断桩腿后，即可整体起吊装船并运回码头。对于大型导管架，受起重能力的限制，无法整体起吊，需先对导管架进行分割处理。分割时，水下用"金刚石线切割机"或"高压水研磨切割机"，水上用气焊切割。

（三）导管架吊点的设计和施工

根据导管架重量和桩腿内桩的重量（打入保险系数），设计导管架的吊点。吊点一般应安置在导管架腿顶部与横拉筋的节点处。对于已分割的单片，可直接吊管节点处。

（四）立管与电缆拆除

用高压水挖出立管与平管部分用"金刚石线切割机"切开；将立管用吊扣拴好后，打开立管卡子，吊出立管放置到驳船上；将导管架上的海底电缆固定部分拆除。在导管架以外，海底电缆某处拴好扣，起吊后电缆就从电缆保护管中放到海底。

（五）导管架吊扣的配置

拆除旧导管架，对吊导管架的吊扣和卡环应认真选择，吊扣的安全系数不应小于4；对使用旧的卡环，应进行无损检测，保证不会因索具和卡环的原因而发生安全事故。

（六）导管架的装船固定及运输

根据导管架的尺寸、重量等因素选择驳船。驳船应满足导管架的装船和运输的要求，还应有适当的富裕面积以便摆放部分临时物品。另外，还需确定垫墩的尺寸、位置和固定的方式，需要做拖航分析计算，保证运输过程中导管架和驳船的安全。

切割分离了的导管架结构，一般使用重型起重船吊离，放到驳船或半潜驳上运走。起吊作业需要放置被吊离结构件的驳船或半潜驳，其尺度要适合吊离结构件（或分块结构件）的尺度，其抗风浪能力要与起重船相匹配。

对于处理上部结构模块、模块支撑框架和导管架部分构件等第一批拆除运输的装置，最大的问题之一是需要重新设置起重附属设备，例如已被拆除的眼板（通常在较低处的模块到上部模块的允许位置设置），这是用重型钢板装配和焊接、经过高标准制作和检验的高质量结构部件，而且是在承包商工厂内困难较少的环境下制作的。吊装的巨大风险要求新制作的起重附件安装后的质量不能比原来的结构差。

在还没有分析、确定拆卸构件及其次序前，起重操作不能进行。不要草率地从平台的上部结构起吊一个主要构件，除非采用一种可控制的方式能将其放置在运输驳上，或单机起吊放置在半潜起重船的甲板上，因为，即使最强有力的双起重机的单机起吊，也有吊幅尺寸的限制，难以实现双机协调起吊。采用大型运输驳船装运不同模块时，摆放次序显得十分重要，否则甲板上即将摆满，一旦发现摆放不合理时，又要重新回吊到平台。原来将模块用焊接或机械插销的固定都要拆除，假设天气持续不好的话，这项工作需要很长的时间。所以，有时采用 2000t 的小型起重船，配以较小的运输驳船，要比采用大型半潜起重船更为经济实用。

运输是常规的作业，但是装载了导管架这样庞然大物的驳船，运输的安全可靠是头等大事，务必小心谨慎。

成功地将重型装备，如模块、导管架结构部件或挑选的岸上设备往回运输到目的地后，这些构件还需要卸到码头（或再组装）。在海岸附近，2000~5000t 的构件难以起吊，因此就需要采用拖车来将其拉出，或使船下潜将其拖离，拖至那些原来就有设备的地方。欲制造任何一种新的设备都是不可取的，因为这些基础设施、造新码头或加固码头的结构、拖车和配套工程都需要投资。对于平台拆除项目，不可能包括这种基建的投资。

（七）导管架的重复利用

对可重复利用的导管架，在拆除过程中，应尽量保持导管架结构的完好状态，要求桩腿切割时一定要切割规矩，建议采用"金刚石线切割机"进行切割。导管架的重复利用有如下 3 种方案：

方案一：将带有桩的导管架作为一个整体考虑利用，是原来的桩作导管使用，在其桩内重新插入一细桩，然后利用间隙板将其固定成一个整体。当然，这要满足所在水域载荷要求的前提下，才能使用。

方案二：将旧导管架运回码头，对其桩腿内的桩和水泥浆进行处理。如用线锯将其锯开，剥离水泥浆，最后将桩全部取出，水泥浆全部取出，水泥浆全部清理。这种方法占用码头场地时间较长。

方案三：将旧导管架运回码头后解体，利用它的有效杆件重新制造导管架。

如果海上石油平台拆除的方案最终选择是留在原地，则可以考虑改装利用。有两种模式，一是继续作油气生产用，二是改作他用。

根据目前的资料，将废弃海洋石油平台改作他用的设想为平台变为暗礁，把退役的钢制导管架拖到指定场地集中起来为鱼类和其他海洋生物提供栖息地和养殖场所；养殖像蛙鱼和大比目鱼这样的高价鱼类；潜水娱乐场所；装设风力 / 海浪发电设备；军事用途：敌国舰艇侦察站台，海洋 / 空中救援直升机平台，装设精密的雷达系统等；航海 / 气象 / 海洋观测站，可取得有价值的数据资源等。

美国在平台造礁方面有大量实践经验，拆除墨西哥湾的平台导致损失了宝贵的海底礁和海域生态环境。油气平台周围鱼的细密度是附近开阔海域的 20 ~ 30 倍。按各个不同季节，每一座耸立在海底上的平台可成为两万尾鱼的聚集地，其中许多具有重要的休闲和商业意义。据估算，在路易斯安那州近海一带游动的海域又是以一个或多个油气平台为目的地的。

美国内务部矿物管理局于 1980 年就在墨西哥湾区域尝试如何将废弃海洋石油平台用于造礁，制定了一个"平台造礁"计划，建立了一套标准程序以确保将废弃平台转化为人工礁。目前，美国有关部门在平台造礁过程中采用拖运就位平台、就地倾覆平台以及就地部分拆除平台三种平台拆除造礁的方法。

（八）设备和材料的回收

如不能与经济和商业相并联，拆除和回收是没有真正价值的。

以下是拆除时部分可回收的材料和设备、必须回收的有害物质以及经济管理上的考虑。有害物质如 LSA 锈(一种有毒的金属锈)、重金属矿、聚氯联苯(PCB)液体、海洋毒气(Halon 气体)等；有价值的材料如钛、不锈钢、铜镍永磁合金、镍合金（蒙乃尔合金）、铜（电缆）等；可改装的设备如原动力装置、旋转设备、注入泵、压缩机、燃气涡轮（燃气透平）、交流发电机、中压 / 高压变压器、可再使用的钢材等。

经济管理上应考虑下列问题：采取与供应链相反的管理模式；逐步产生现金流动（或减少支出现金流动）；注意材料再利用的市场目标；与其他产业比较，如拆废船产业、石油化工产业、原子能产业；在部件寿命价值已终结时的安全管理及构件预防维护办法，财政政策，如可能的"减免税等"。

第三章　油田开发工程项目管理

第一节　招投标管理

一、招投标

（一）招投标的概念

招投标是一种特殊的市场交易方式，是采购人事先提出货物、工程或服务采购的条件和要求、邀请众多投标人参加投标并按照规定程序从中选择交易对象的一种市场交易行为。也就是说，它是由招标人或招标人委托的招标代理机构通过媒体公开发布招标公告或投标邀请函，发布招标采购的信息与要求，邀请潜在投标人参加平等竞争。然后按照规定的程序和办法，通过对投标竞争者的报价、质量、工期（或交货期）和技术水平等因素，进行科学的比较和综合分析，从中择优选定中标者，并与其签订合同，以实现节约投资、保证质量和优化配置资源的一种特殊交易方式。但是，实际招标投标活动中，人们总是把招标和投标分成两个不同内容的过程，因此，对招标和投标做了不同的理解，赋予了不同的含义。所谓招标，是指招标人就拟建项目、拟采购的货物和服务发布公告，以法定方式吸引承包单位自愿参加竞争，从中择优选定承包方的法律行为。所谓投标，是指响应招标、参与投标竞争的法人或者其他组织，按照招标公告或邀请函的要求制作并递送标书，履行相应手续，争取中标的过程。

招标和投标是互相依存的两个最基本的方面，缺一不可。一方面，招标人以一定的方式邀请不特定或一定数量的投标人来投标；另一方面、投标人响应招标人的要求参加投标竞争。没有招标，就不会有供应商或承包商的投标；没有投标，采购人的招标就不能得到响应，也就没有了后续的开标、评标、定标和合同签订等一系列的招标过程。目前，在国内外招标投标的有关规则和实际运作中，通常只说"招标"，如说"国际竞争性招标""国内竞争性招标""公开招标""邀请招标""工程施工招标""货物招标""服务招标"等，但不管哪一种说法，都是同时对招标、投标做出相应的规定和约束。

因此，通常所说的招标，实际上是指招标、投标的简称，都包含着招标与投标这两个方面，招标和投标是分别从买方（业主、发包方）或卖方（承包方）运作的不同角度所得的称呼。

关于招标人和投标人的定义，我国《招标投标法》中是这样规定的，即招标人是指依法提出招标项目、进行招标的法人或者其他组织。所谓提出招标项目，是指招标人依法提出和确定需招标的项目，办理有关审批手续，落实项目资金来源等。所谓进行招标，是指提出招标方案，拟定或决定招标范围、招标方式、招标的组织形式，编制招标文件，发布招标公告，审查投标人资格，主持开标，组建评标委员会进行评标，择优确定中标人，并与中标人订立书面合同等招标的工作过程。

具备条件的招标人，可按规定自行办理招标的，称为"自行招标"；条件不具备的招标人，则可委托招标机构进行招标，即委托招标代理机构代表招标人的意愿，由其在授权的范围内依法招标。这种由招标人委托招标机构进行的代理招标，称为"委托招标"，接受他方委托的招标代理机构进行的招标活动叫"代理招标"。"委托招标"，也被视为招标人"进行招标"。

投标人是指响应招标人招标需求并购买招标文件，参加投标竞争活动的法人或其他组织。我国《招标投标法》规定，除在科研项目中允许个人可作为投标主体参加科研项目投标活动外，一般不包括自然人。这里的其他组织，是指不具备法人条件的组织。所谓"参加投标竞争活动"，是指投标人通过调查研究，按招标文件的规定编写投标文件，包括编制投标报价等，在规定的时间、地点将投标文件密封送达招标人，按时参加开标，回答评标委员会询问、接受评标过程的审查，凭借投标人的实力、优势、经验、信誉以及投标水平和投标技巧，在激烈的竞争中争取中标而获得项目（工程、货物或服务）承包任务的过程。

（二）招投标的方式

按照中华人民共和国招标投标法的规定，招标分为公开招标和邀请招标。

1. 公开招标

公开招标，是指招标人以招标公告的方式邀请不特定的法人或者其他组织投标。招标人通过在各种媒体上刊登招标公告的方式，吸引那些有资质的企业单位来参加投标竞争，招标人从中择优选择。一般的操作流程是：信息公告—资格审查—制作招标文件—开标、评标、定标（确定项目承包商）—公示评标结果—签订合同。

公开招标的特点一般再现为以下几个方面：

（1）具竞争性的招标方式。

（2）公开招标是程序最规范、最规范、最典型的招标方式。

（3）公开招标是所需费用最高、花费时间最长的招标方式。

2. 邀请招标

邀请招标，是指招标人以投标邀请书的方式邀请特定的法人或者其他组织投标，又称有限竞争招标。这种招标是由招标人选择特定的供应商或承包商，向他们发出投标邀请，邀请他们来参与投标竞争，招标人从中择优选择。

（1）它的特点是：①不使用公开的公告形式；②合格投标人只能是接受邀请的单位；③投标人数量有限。一般的操作流程是：发出邀请函—制作招标文件—开标、评标、确定中标候选人—公示评标结果—签订合同。

（2）根据招标投标法，国有资金占控股或者主导地位的依法必须进行招标的项目，应当公开招标；但有下列情形之一的，可以邀请招标：①技术复杂、有特殊要求或者受自然环境限制，只有少量潜在投标人可供选择；②采用公开招标方式的费用占项目合同金额的比例过大。

前款所列项目的具体范围和规模标准，由国务院发展计划部门会同国务院有关部门制订，报国务院批准。

目前中原油田绝大部分的项目招标都是采用的邀请招标的方式。

邀请招标方式的优点是：参加竞争的投标商数目可由招标单位控制，目标集中，招标的组织工作较容易，工作量比较小，在时间和费用的花费上都较公开招标节省。其缺点：由于参加的投标单位相对较少，竞争性较小，如果招标单位在选择被邀请的承包商前所掌握信息资料不足，则会失去发现最适合承担该项目的承包商的机会。

3. 可以不招标的情况

涉及国家安全、国家秘密、抢险救灾或者属于利用扶贫资金实行以工代赈、需要使用农民工等特殊情况，不适宜进行招标的项目，按照国家有关规定可以不进行招标。中华人民共和国招标投标法实施条例第九条规定，有下列情形之一的，可以不进行招标：

（1）需要采用不可替代的专利或者专有技术。

（2）采购人依法能够自行建设、生产或者提供。

（3）已通过招标方式选定的特许经营项目投资人依法能够自行建设、生产或者提供。

（4）需要向原中标人采购工程、货物或者服务，否则将影响施工或者功能配套要求。

（5）国家规定的其他特殊情形。

因此，在公开招标和邀请招标以外，尚有第三种采购方式，即议标或谈判采购。

二、油田招投标管理模式

（一）制度建设情况

我油田企业响应国家和总部相关法律法规和管理规定，依法依规对招投标活动进行了规范，结合《中华人民共和国招标投标法》《中华人民共和国招标投标法实施条例》以及《中国石化建设工程招标投标管理规定》，油田制定了《油田分公司招标投标管理暂行办法》《油田分公司服务商管理暂行办法》《油田分公司勘探开发工程技术服务市场准入管理（暂行）办法》等一系列规章制度。

（二）工作程序

油田招标管理机构为市场管理委员会，招标投标工作实行归口管理、分级运作，市场管理委员会授权各专业市场、各单位共同负责招标项目的组织、实施与管理。

目前油田招标方式分为公开招标和邀请招标，主要工作流程分为三个阶段，分别是招标准备阶段、招标实施阶段、开标定标阶段。

招投标准备阶段，招投标管理部门依据批复手续，组织相关部门及单位开展招标方案会审、招标单位开展招标文件的编制并报审。

招标实施阶段，主要环节是招标单位发售招标文件以及投标方相应招标文件进行投标，从发布招标公告（或投标邀请书）开始至接受投标截止日止。

开标定标阶段是指从开标到签订招标项目合同阶段，主要环节包括开标、评标、定标和签订合同。

（三）存在的隐患

我单位招投标制度较健全，但由于油田建设涉及高压、密闭等施工的特殊性，加上企业改革后部分改制施工单位一直依托油田建设生存，油田招投标过程中，仍存在需要改进和完善的地方，主要从以下两个方面进行分析：

1. 资格和资质审查环节隐患

（1）投标人资质与能力不匹配，导致无法实现项目目标，甚至造成损失和引起法律纠纷。主要体现在部分施工企业延续以往资质但无法保障现场管理、人员、设备等施工能力，中标后无法履行合同约定的义务，违规转包分包施工任务等。结合日常工程施工管理，较常见的违规方式有以下两种：

一是无资质企业挂靠行为，即单位或个人在未取得相应资质的前提下，借用符合资质的施工企业的名义承揽施工任务，并向出借资质的施工企业交纳一定"管理费"的行为。由于挂靠人不具备与建设项目的要求相适应的资质等级，挂靠人通过向被挂靠的企业交纳一定数额的"管理费"方式，以被挂靠的企业名义与建设方签订施工合同并办理各项手续后，由挂靠人直接实施建设工程的全部施工任务。

二是承建单位有资质，但施工过程中管理人员、施工队伍、设备设施等施工能力无法保障，主要表现在未在施工现场设立项目管理机构和派驻相应管理人员，或未对该工程的施工活动进行组织管理，未开展质量、安全、进度控制等。

（2）投标方陪标、串标、围标及恶意低价中标。建设工程招标之前，部分投标商为了获得中标机会，通过陪标、串标、围标来达到中标的目的，或者故意以低于成本的价格报价竞标，实施过程中偷工减料降低工程质量以获取非法利润，或通过停工、单方面终止合同等手段要挟业主予以补偿，严重影响项目效益目标的实现和项目金额管控。

2. 评标环节隐患

评标是招标投标定标的关键环节，评标方法的科学性、评标人员的素质和能否客观公正，直接影响评标的公正性和招投标结果。若评审人员构成无法满足招标需求，或缺乏胜任能力，评审标准和方法不合理，评审程序执行不当等，将导致无法实现项目目标，甚至造成损失和引起法律纠纷。

（1）评标方法包括经评审的最低投标价法、综合评估法或者法律、行政法规允许的其他评标方法。经评审的最低投标价法一般适用于具有通用技术、性能标准或者招标人对其技术、性能没有特殊要求的招标项目。不宜采用经评审的最低投标价法的招标项目，一般采取综合评估法进行评审。

目前油田招投标中的商务标评标办法已较合理，且易于操作，但技术标的评标办法仍有一定改进空间。资质、业绩、荣誉等硬件较容易操作，其他方面，如施工组织设计、质保体系、安全管理等方面，本身松紧度较大，无法较好掌握。单项评分办法不尽合理，评分时伸缩余地较大，难以做到公平、公正。部分评标办法中，虽然造价等定量的因素所占的权重比例较为合理，但由于在评标时对于定性部分的技术标，可能由于存在缺少真正的技术专家或定性标评定方法，缺乏细化和统一的衡量标准，造成定性标评定走过场。

（2）油田设有评委库，评标评委均从评委库中随机抽选，但部分人员已脱离原岗位多年，或为其他专业领导，对目前最新的行业标准和规范、招标项目工作量、投标方的资质和能力等缺乏了解，仅在评标前听取简单介绍，不利于评委对各家投标文件做出全面评审。

（3）存在行政干预的可能性。中标的企业觉得有靠山就有活干，市场经济观念只会削弱而不会增强。没有中标的企业则对现行的招标投标法产生怀疑和抵触情绪。对主管招标投标的业主单位来讲，过多行政干预也使他们感到为难，实现不了自主选择最具实力的施工企业来完成自己的建设项目，就会给今后建设过程中管理增加不少困难。最重要的是如果行政干预选择了素质不高的施工队伍，则会给建设工程质量带来严重影响。

（四）相关建议

1. 资格和资质审查环节

（1）事前严格审查

油田层面健全完善资格预审申请文件审查制度，建立健全相关审查指标体系，科学量化相关指标，有效甄别施工能力欠缺的企业，如施工企业资质文件及历年业绩、目前承揽项目情况、设备设施及施工和管理人员富余情况等，从源头上严格把关。

（2）事中加强监管

油田层面的招投标管理委员会召集相关部门不定期对项目开展现场审查，科学设置审查指标，从严从实开展现场检查，一一对照填写审查指标进行审核，若与上述违法违规情况相符，管委会出具审查报告，按照程序报油田领导及相关部门，对分包单位进行处理整改。

（3）事后严格兑现

管委会结合审查结论对资质审查环节中涉及的部门及人员进行追溯，对资质审查工作不严、不实的部门及人员进行考核；对承包方，一方面在服务商业绩、劣迹信用记录系统中进行确认，另一方面采取削减其承揽工程的份额和"一停二罚三清除"的惩罚措施。

2. 评标环节

一是开展招投标审计风险培训和招投标评分方法培训，宣贯相关法律法规及案例分析，进一步提升评委风险敏感性和执业能力，有效甄别违法违规行为，合理规避油田经营风险和法律风险。

二是投标人在投标文件中针对工程的重点和难点明确相应的措施，以利于专家评委有针对地进行评审。

三是适当延长专家评委的评审时间，对中、小型复杂程度相对较低的工程（如三类投资项目），确保专家评审时间不少于3~4小时；对大型且相对较复杂工程（如一、二类投资项目），评审时间不少于6~8小时。

四是招投标管理委员会与人力资源部门结合，适时更新维护评委库人员名单，确保评委执业能力。

第二节　成本管理

一、油田企业成本预算管理

成本预算管理已经在油田企业得到了较为广泛的应用。但从目前油田企业预算管理实践看，预算管理在很多油田企业还只是流于形式，没有发挥出应有的作用，效果不够理想。

（一）油田企业成本预算管理的基本特点

油田企业有其行业的特殊性，相应的油田成本预算也有其自身的特点，主要表现在以下方面：一是产品的单一性，决定了其成本预算不是基于产品成本的预算，而是基于作业类型的成本预算；二是各油田区块地质情况、原油物性、开采方式等千差万别，难于制定标准和定额，预算编制难度较大；三是油田是没有围墙的工厂，受油地关系、外部环境影响较大，生产作业的计划符合率不高，使得年度预算在执行过程中产生一定偏差，需要及时做出预算调整；四是由于成本预算编制的难度，导致基于预算的考核也有较大难度。

（二）油田企业成本预算管理的现状及问题分析

1. 成本预算的编制与应用形式化

尽管油田企业将成本预算管理作为油田企业财务管理活动水平高低的一项重要指标，但在实际的运用过程中，成本预算管理的形式远远重于其内容与实质的矛盾日益突出。具体表现为在成本预算管理过程中，重点工作多集中在编制上，从增量预算到现在的"零基预算"或"要素法"，其编制方法发生了较大变化，但油田企业在执行与控制过程中的矛盾进一步暴露出来，在某种程度上仍然摆脱不了"增量预算"的痕迹，甚至出现了当年控制好的单位，下一年度预算指标压缩，出现"鞭打快牛"的现象。同时，油田企业预算涵盖的内容大多注重财务收支等指标，与之相关的业务指标、评价指标反映得不够充分。

2. 成本预算控制过程缺乏有效的监控手段

目前，在成本预算的控制过程中，油田企业一是针对成本要素的单项监控及各要素的综合监控还不到位，人为地割裂了各成本要素之间的关联关系。二是月度、季度预算控制力度不够，预算外支出得不到有效控制。三是缺乏对预算的动态调整。由于生产条件变化、作业量的调整，年度预算应该进行相应调整，执行预算追加或削减，这样才能确保预算的公平合理，而实际工作中油田企业很少根据实际情况变动调整成本预算，使得应该减下来的预算没减下来，应调增的项目又没有资金来源。

3. 成本预算执行的考核方式不够科学

一方面，由于预算编制不合理，不能根据环境、生产的变化及时调整预算，往往导致预算超支责任不明确，难于严考核硬兑现。另一方面，有些油田企业在年底看到成本紧张，不惜靠人为压缩有效工作量来达到不超预算、逃避成本考核的目的，但这种短期行为却严重背离了企业的整体经济效益。同时，由于油田企业的成本预算缺少全员的参与，致使各级、各部门仅考虑本部门的利益而无视油田企业整体利益，造成各部门的活动不能很好地协调，进而影响油田企业的全局，而执行预算过程中又缺乏有效的考核与激励措施，导致成本预算方案无法得到有效的执行。

（三）改进与完善油田企业成本预算管理的对策建议

1. 科学设置成本预算管理机构，将成本预算工作落到实处

成本预算管理作为成本预算的制定、实施、调整，是一个连续、复杂的过程，需要专门的机构在预算管理的整个过程中发挥其领导、协调的作用。因此，必须构建科学合理的成本预算管理机构，并通过此机构将成本预算管理工作真正落到实处。为此，预算管理机构的成员要能全面代表油田企业内各个层面的利益，保证各个主要部门的利益在预算中都能得到合理的体现；还要保证预算管理机构的工作效率，预算管理机构的成员不能太多，油田企业要根据本油田企业的实际情况灵活掌握。

2. 建立系统的成本预算管理预警机制与过程控制体系

油田企业要建立预算执行情况预警机制,通过科学选择预警指标(包括非财务性指标),合理确定预警范围,及时发出预警信号,采取应对措施。同时,油田企业还要通过制定预算执行结果质询制度的途径来构建成本预算执行过程的控制机制,对预算指标与实际结果之间的差异进行有效监控,以便及时分析原因。针对预算执行中的薄弱环节,采取措施加以纠正和完善。

3. 构建适时调整、动态编制的油田企业成本预算管理模式

由于市场环境、经营条件、国家法规政策等发生重大变化,或出现不可抗力的重大自然灾害、公共紧急事件等原因,油田企业成本预算方案经常会在执行过程中面临诸多意料之外的情况。为此,油田企业就要构建适时调整、动态编制的油田企业成本预算管理模式,并按照科学的程序对油田企业的成本预算方案进行动态调整。具体而言,油田企业的成本预算调整方案应当符合以下要求:符合油田企业长期发展战略和年度生产经营目标;方案应当客观、可行;调整重点应放在预算执行中出现的重要的、非正常的、不符合常规的关键性差异方面。

4. 强化成本预算的执行考核,提高成本预算执行的效果

通过强化成本预算的执行考核,一方面可以及时收到相关执行信息的反馈并实施相应的防范措施,可以发现和分析问题,对下一期成本预算工作和经营活动提出改进建议。另一方面,也是对员工实施成本预算管理情况的一种评价,对其以往的执行情况进行奖惩。为此,油田企业在实施成本预算考核时要坚持预算考核应具有一定的柔性,预算考核时应将财务与非财务指标融合两大基本原则,建立一套完整的成本预算管理考核指标体系。

二、油田施工企业项目成本管理

(一)项目成本管理定义

工程项目成本管理,是指在完成一个工程项目过程中,对所发生的成本费用支出,有组织、系统地进行预测、计划、控制、核算、考核、分析等进行科学管理的工作,它是以降低成本为宗旨的一项综合性管理工作。进行成本管理是建筑施工企业改善经营管理,提高企业管理水平进而提高企业竞争力的重要手段之一。

(二)目前项目成本管理中存在的问题及其原因

1. 成本管理意识不强

在目前项目成本管理中,企业级管什么,项目部管什么,责任不明确,虽然企业要求项目部要做到先算后做,但实际经常是干了后算或边干边算。虽然项目部都配有预结算人员,但责任不落实,工作不到位,财务、材料、合同、计划统计等部门工作脱节,有预算

无核算，大部分无项目经济分析比较，没有具体的节超建议和措施，即使能从结算上反映项目盈亏，也弄不清盈亏原因。

2. 人员素质不高，责任心不强

有部分具有施工管理和组织经验的人，成本管理能力有限，文化水平及专业理论知识水平不高；具有理论知识水平的大学生经验又不足；具有理论知识、实践经验及成本管理经验的复合型人才不多。尤其是项目没有责任制、没有目标成本分解、责权利落实不到人，则更滋长了项目部人员的消极怠工情绪。

3. 材料管理不严，浪费现象严重

材料费在工程成本中约占 60%，是成本能否有效控制的关键。有些项目部无严格执行领料用料制度，从仓库领料有数，但余料无回收，失窃浪费严重，尤其是计件承包只包工不包料，工人班组只顾出产值，材料、物资过量消耗，机械设备过度磨损；小型手动工具更无人爱护，有时借出有手续，返还无验收；下料计算不准确，损耗率超标。钢材看管不严，遗失时有发生；材料型号不对，造成闲置浪费，材料供应量与实际不符；监督机制不健全，出了问题往往追不到责任人，这也是造成成本失控的主要原因。

4. 成本核算流于形式，指导意义不大

一般来说，每个项目虽配有预结算员，但其所从事的工作也只是按图按现场指令算量，作为结算依据之一，在施工过程中没将成本预算和成本核算结合起来，由于项目没有阶段成本分析，没有分部分项成本分析，没有实际成本与预算成本、计划成本的比较，因此，对项目施工指导意义不大。

（三）加强项目成本控制管理的改进措施

1. 加强项目成本核算意识及观念的转变，建立、完善项目成本核算的管理体制

建立项目经理责任制和项目成本核算制是实行项目管理的关键，而"两制"建设中，项目成本核算制是基础，它未建立起来，项目经理责任制就流于形式。项目成本核算又是项目成本管理的依据和基础，没有成本核算，其他成本分析考核、成本控制、成本计划等工作就无从谈起。对项目的施工成本管理员进行集中管理和统一调配，成本核算员进行施工项目成本核算时，必须具有独立性。现行的成本核算管理制度下，各项目成本核算员的切身利益依附于项目部，这样成本核算员在行使职能时，得不到充分的发挥，成本管理弱化，工作积极性和能动性受到限制，难以与企业成本核算员进行有效配合工作。因此，改革现行的成本核算员管理体制，由企业对各项目成本核算员实行统一委派，集中管理，不定期轮岗，定期或不定期学习、交流、考核、激励竞争上岗，使工程项目成本核算员切身利益与工程项目分离，才能建立健康有序的施工成本管理与核算工作网络程序。

2. 加强施工成本核算监督力度，增强成本核算员自身的素质建设和工作责任感

各工程项目经理部人员应自觉认真学习和严格贯彻执行企业制定的施工成本控制与核

算管理制度，并保持自律，不利用职权或工作之便干扰成本核算管理工作，使施工成本管理真正落到实处。成本核算员要对施工生产中发生与施工成本相关的工程变更项及时收集整理并办理签证手续，定期向企业经营部门上报审核，以便及时准确地控制施工成本并掌握工程施工情况，防止给工程竣工结算造成不必要的损失。企业应制定相应约束机制和激励机制对成本核算员行使职权提供必要的保障。作为职能部门应加强监督力度，培养他们的责任感，充分发挥他们的工作能力。同时，要全面提高核算员的技术业务素质，对那些无经过专业学习和培训，未按规定持证上岗，业务不熟悉，核算能力有限，无法保证成本核算的质量和工作的人员，要迅速组织培训学习，尽快提高他们的素质。

3. 抓好成本预测、预控，选择、使用好劳务分包方

为了满足项目的劳动力需求，必须选择一定量的劳务队伍，建立相对稳定而又定期考核的动态管理的合格劳务分包方。劳务分包实行招投标制度。企业成立招标领导小组，评委由项目经理、生产、劳资、质安等人员组成，制定招标文件，邀请两家以上的分包方投标，根据投标方的标书、资信等确定中标队伍，劳务分包从招标到签约自始至终要在公平、公开、公正的原则下运行，杜绝暗箱操作。另外加强劳务资金的集中管理很重要。项目部每月对劳务队伍的当月完成工作量进行核算，汇总后由项目经理进行审核、签字，报企业施工管理部门，施工管理部门根据劳务完成量与项目部报企业的已完成工作量表进行核对，上报财务部门。财务部门根据劳务分包合同核定拨付劳务费用的额度，报企业经理审批，工程发生变更的劳务增加费，如无经济签证，企业不予确认。项目部尽量避免分包合同以外的诸如施工、杂工等费用的发生。通过劳务分包的管理运作，逐步将市场机制引入本企业自身队伍操作层的管理，激活企业操作层的活力。

4. 加强材料管理，控制工程成本

加强材料管理是项目成本控制的重要环节，如果忽视材料管理，项目成本管理就无从谈起，材料管理必须是全方位、全过程管理。首先，工程从中标后，企业和项目部组织施工技术人员编制施工预算，经过审批后的施工预算作为项目部编制材料需求量计划的依据，同时也是项目部对操作层限额领料的依据。施工预算报材料部门，由材料部门根据项目部编制的采购计划和企业的资金情况采购材料，强化材料计划的严格性。企业材料采购实施招投标，各项目部的施工预算中的主要材料由企业材料采购部门采购，其他材料由项目部自行采购，采购时采用"总量订货，分批采购"避免积压和浪费。材料的采购量和单价要有专门机构监控。项目部委托书中对所委托的采购材料的质量、价格、服务、验收办法、交货时间均应予以约定。

第三节　进度管理

一、油田工程项目进度管理

（一）存在的问题

油田工程项目在实施过程中，影响进度的因素很多，例如人为因素、技术因素、材料和设备因素、机具因素、气候因素、环境因素等。如果处理不好会在"共振效应"的影响下带动其他因素，从而进一步影响工程进度。

工程进度与成本、质量之间是相互联系的。如果通过增加人员和机具的方式加快工程进度，又会面临重新调整施工组织设计，人员和机具需要时间进行磨合的问题，也会对工程质量产生影响。在实际的施工过程中，通常承包方并没有花费心思去考虑如何平衡这三者之间的关系，使其达到一种均衡状态，以达到工程目标最优化。工作中通常是偏重一方，要么重质量，要么抓成本，要么赶进度，没有将这三方面综合进行考虑，影响了施工的管理。

（二）建议

1. 项目管理组织的建立

建立项目管理组织机构的目的是为了实现组织功能，实现项目管理总目标。因此组建项目部时应围绕项目总目标并全面考虑项目子目标，因目标设施，因事设机构、定编制，按编制设岗位、定人员，以职责定制度、授权力。在进度管理上以项目经理为进度目标责任中心，对进度目标合理分解，使责任分配到人。

2. 施工计划的编制

施工总进度计划及各阶段的进度计划是进行进度控制的基础依据。总目标的实现与否，同进度目标的实现关系紧密，因此进度计划必须具有可行性、适宜性，这就需要项目部根据工程规模、定额工期等实际情况进行编制和审核。施工单位必须设立明确的进度管理架构，了解图纸，编制详细的施工组织设计、方案等技术文件，对施工进度动向提前做出预测，并作出相应安排；建立本工程进度管理体系成员的纵、横向联系体系。项目部各成员应及时进行沟通，分析遇到的问题并做适当的调整。

3. 施工进度计划的执行

项目施工过程中，项目管理人员应定期地对施工进度计划的执行情况进行检查和监督，特别是对网络计划关键线路更要严格地控制，根据工程实际情况及时调整施工进度计划和施工方案，以保证总工期的实现。

4. 施工技术方案的确定

采取正确有效的施工技术方案能保证进度控制目标的实现。要使施工进度计划具有科学性、合理性和准确性，首先，要重视图纸会审和设计交底；其次，要优化施工组织设计和技术方案，如对施工现场平面布置，土方开挖调配平衡，基础处理施工顺序以及土建与安装之间的相互制约关系，要进行细化和优化，尽量减少重复无效施工和窝工现象；再次，建议采用经过实践检验可行的新工艺和新技术，用先进装备取代落后的装备。

二、油田基础建设工程进度管理

油田基础建设的发展关乎国家经济发展、社会生产建设。直接关系到社会的正常运转。在油田基础建设中。进度管理不仅可以提高企业的生产效率。保障企业的生产质量。而且还能促进企业制度、管理上的优化。因此。研究油田基础建设工程进度管理存在的问题及解决措施对油田基础建设工程的发展有着重要的现实意义。

（一）油田基础建设工程进度管理存在的问题

1. 油田基础建设工程进度管理地面建设维修计划较为滞后

在油田的基础建设工程中。部分石油企业没有建立健全相应的工程进度管理计划。一方面。石油企业没有制定完善的工程进度管理。地面建设维修计划。使得维修计划施工不足以应对石油企业实际发展的需要。另一方面。油田维修项目的预算和总结分析缺乏完善的动态管理。影响了维修工作的完成。从而制约了油田基础建设工程进度管理计划的发展。

2. 油田基础建设工程进度管理未能建立相应的责任追究制度与项目管理制度

可以说，科学、完善、高效的责任追究制度与项目管理制度是油田基础建设工程的重要内容。从责任追究制度来说。部分油田企业的工程进度管理责任意识不强。在实际的油田开发工作往往以领导主管的意志为准则。一旦领导或管理层的决策出现失误。就会影响整个油田基础建设工程进度管理。另一方面。企业员工的责任管理意识不强。没有充分地认识到油气企业进度管理的重要性，除此之外。企业还缺乏相应的监管体系。

从项目管理制度来说。油田基础设施建设工程项目管理制度体系不完善。基础设施建设的工程项目管理几乎是靠经验。实效性的缺乏使得油田基础设施建设工程项目的监督性较弱。存在着项目费用被占用和挪用的情况。同时。项目费用的不透明性也增加了企业工程项目挪用公款的行为。另一方面。也滋生了油田基础设施建设工程项目公款挪用的问题。严重损害了油田企业的利益。制约了油田基础设施建设的发展。

3. 油田基础设施建设工程项目管理队伍有待发展

油田基础设施建设工程项目管理队伍的整体水平决定了油田基础设施建设工程项目的管理质量。在实际的油田基础设施建设工程项目管理中。部分施工人员的业务水平相对较为落后。业务能力和思想认识水平较差使得施工人员的综合素质较为薄弱。既影响了施工人员个人的发展。也影响着基础建设整体队伍的发展。因此。要想取得油田基础设施建设工程项目管理的发展。就要不断提高施工人员，尤其是进度管理工程设计人员和监理人员的业务水平。提高施工人员的职业素质与专业能力。并在此基础上。不断建立健全人才培训机制和引进机制。加强油田基础设施建设工程项目人才建设。促进油田基础设施建设工程项目进度管理的发展提高。

（二）增强油田基础设施工程项目进度管理

1. 施工前的进度管理

施工前的进度管理对于增强油田基础设施建设的准备工作有着重要的意义。增强施工前的进度管理首先就要加强施工队伍的培训力度。切实提高培训人员的安全责任意识和业务水平。对项目管理人员进行合理的分配。协调统一各工程项目管理进度工作。组成有机高效的施工进度管理系统。

除了提高施工管理队伍的培训力度以外。还要注重设计人员的管理工作。在进行油田基础设施工程建设时。相关设计人员要充分与上级主管部门进行沟通。充分听取各方面的意见。对施工蓝图、初版图进行反复的确认评估。根据实际情况。选择最佳的设计方案。保证油田基础设施建设的科学性、设计性。

2. 施工过程中的进度管理

施工过程中的进度管理是整个油田基础设施进度管理的核心内容。施工过程中的进度管理主要有三个方面的内容。第一，施工过程中的进度管理要把安全放在第一位。在实际的施工过程中会面临着许多危险性特别强的高空作业。因此施工人员在施工过程中必须严格地按照相应的质量标准和施工规范进行实施工作。做好必要的安全防护措施。保障施工人员的人身安全。第二，工程进度要保证目标的主体性。所谓目标的主体性就是保障工程进度管理始终以油田基础设施建设为中心。始终以油田基础设施建设为最终目标。不断完善施工管理方式方法。加强各个部门、施工单位的协调沟通。保证信息的全面性和可靠性。建立相应的考核评估体系。保障施工过程中进度管理的科学性、有效性。促进施工过程中进度管理的发展。

施工进度管理还包括竣工之后的进度管理。竣工进度管理也是施工过程进度管理的重要内容。竣工进度管理主要包括工程的验收交接、试运投产的验收、相关竣工资料的核查评估、竣工技术、施工建设质量的检测评估等一系列的内容。在进行竣工进度管理时。要组织相关人员进行施工验收和质量验收工作。保证竣工阶段验收有条不紊地进行。保证竣工进度管理对油田基础设施建设的积极作用。

第四节 安全管理

一、油田建设工程的安全管理

（一）油田建设工程项目安全管理的特点

油田建设工程项目安全管理顾名思义，即针对石油行业的油田单位这个特定背景，并以其建设工程项目为管理对象进行安全管理。它与建设工程项目的安全管理既有共性的同时，又具有区别于建设工程项目的特殊性。

油田建设工程项目安全管理的特点主要由油田背景特殊性、项目特点、建设工程特点、安全管理特点相互交错融合而成。主要包括：

1. 流动性

一方面，通常油田建设工程项目一般由若干个子项目组成，这要求安全管理监督机构的注意力不断随着项目而变化，不断地跟踪油田工程建设项目安全管理的运行过程；另一方面，油田建设工程项目安全管理要适应不同类型项目的实际需要，所以要不断地解决新产生的安全管理问题。

2. 复杂性

由于我国地域广阔，各地区发展不平衡，油田建设工程项目数量众多，其规模大小、经济实力、技术参差不齐，使得油田建设工程项目安全管理也变得复杂。其次，油田建设工程项目涉及多种作业交叉进行，因此安全管理内容比较复杂。另外，由于外界环境的不断变化，有很多情况无法全部掌控。

3. 法规性

油田建设工程项目安全管理所面对的是整个石油行业的油田单位，为保持其稳定性与持续性，必须拥有完善的法律、法规体系来规范。

4. 渐进性

油田建设工程项目是在不断变化之中的，对于出现的新建设工程项目安全管理问题，有关部门需要做出快速的反应，包括国家的各种政策，以及法律法规的出台等等。但是这一过程只能是走渐进式的发展过程，还需要一个比较长期的时期。

（二）油田建设工程项目安全管理评价的常用方法

安全管理作为建设工程项目管理的组成部分，越来越受到企业的重视。建设工程项目的安全管理关系到企业本身、社会等各方面。为反映建设工程项目安全管理的效果，应用一定的方法评价具体工程的安全管理情况，以帮助建设工程项目安全管理实践、提高企业安全管理水平是非常必要的。

目前，油田建设工程项目安全管理评价方法有多种，例如安全指数法、系统工程分析评价方法、概率风险评价法、模糊综合评价方法、层次分析法、人工神经网络法、预先危险性分析、危险指数评价方法等。每种评价方法适用的范围是不相同。例如，火灾爆炸危险指数评价法主要用于评价规划和运行的石油、化工企业生产、储存装置的火灾、爆炸危险性，该方法在指标选取和参数确定等方面还存在缺陷。概率风险评价方法以人机系统可靠性分析为基础，必须具有评价对象的元部件和子系统、人的可靠性数据库以及相关的事故后果伤害模型。但是，安全管理的评价方法大致可分为两大类型，定性分析方法与定量分析方法。定性评价方法依靠经验判断，但是不同类型评价对象的评价结果不可比。定量安全评价方法主要通过数据计算，但是需进一步研究多种安全事故后果类型、事故经济损失评价方法、事故对生态环境影响评价方法、人的行为安全性评价方法以及各行业可接受的风险程度等。以下主要介绍安全管理评价步骤、层次分析法与人工神经网络法，为油田建设工程项目安全管理评价奠定研究的基础。

1. 安全管理评价的步骤

建设工程项目安全评价，作为一种对安全管理整体安全度的评估，并为安全监督部门提供的一定的信息基础，从而对建设工程项目安全管理以及安全监督指明了方向。针对不同的企业，安全管理评价方法较多，但其评价的步骤基本相同，如图 3-1 所示。

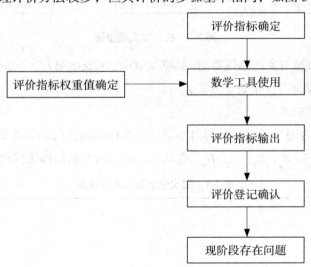

图 3-1　建设工程项目安全管理评价步骤

2. 层次分析法

1973 年，美国的一位运筹专家根据现代管理中存在的一些主观和模糊的相关关系而提出层次分析法 AHP（Analytic Hierarchy Process），之后作为权重决策分析法。根据同级指标功能及内部特征来确定权重的基本思想，通过每两个指标间的重要性程度来构造独立的判断矩阵，确定出指标权重序列。

AHP 确定权值步骤如下：对于评价指标的确定、建立结构模型、构造判断矩阵、层次单排序、一致性检验。

（1）评价指标的确定

确定评价目标功能以及达到特定功能所需条件；其次，明确要达到总体目标及各项目标的要求以及包括各指标间的联系。

（2）建立结构模型

结构模型的建立一般分为三个层次。第一层即总目标的表述；第二层即为要到达总目标所划分各单元的标准；第三层即根据各项标准所制定的具体措施。层次结构模型的建立如图 3-2 所示。

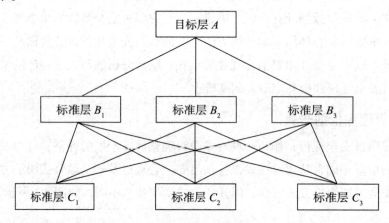

图 3-2　梯阶层次模型图

其中：A 表示决策对象的总体功能；标准层 B 中，B_i 表示第 i 个子标准层的第 n 个准则；C_i（$i=1$，2，$3...$）表示第 i 个备选方案。

（3）构造判断矩阵

判断矩阵表示为完成上层目标而对本层各两两指标间进行相对重要度的比较。假定 A 层中元素 A_k 与下一层 B_1，B_2，$...$，B_n。有联系，构造的判断矩阵形式如表 3-1 所示。

表 3-1　层次分析法判断矩阵表

A_k	B_1	B_2	...	B_n
B_1	B_{11}	B_{12}	...	B_{1n}
B_2	B_{21}	B_{22}	...	B_{2n}
...	...	...	...	...
B_n	B_{n1}	B_{n2}	...	B_{nn}

其中，对于 A_k 而言，B_{ij} 表示 B_i 对 B_j 的相对重要性的数字体现，通常 B_{ij} 根据表 3-2 来取值。

表 3-2 通常标度及其意义

1~9 标度	重要程度
1	两者相比同等重要
3	前者比后者稍微重要
5	前者比后者重要
7	前者与后者相比，前者很重要
9	前者与后者相比，前者极重要

则判断矩阵为：

$$B = \begin{pmatrix} b_{11} & b_{12} & \cdots & b_{1n} \\ b_{21} & b_{22} & \cdots & b_{2n} \\ \vdots & \vdots & \vdots & \vdots \\ b_{n1} & b_{n2} & \cdots & b_{nn} \end{pmatrix}$$

（4）层次单排序

层次单排序是指根据上级元素，本层次各指标间的相对重要度次序的排列。其排序必须依据判断矩阵的特征值以及特征向量，具体的须满足：

$$BW = \lambda_{\max} W$$

上式中：

$\lambda_{\max}$ 为判断矩阵的最大特征值；

W 为特征向量（正规化特征向量）。

（5）一致性检验

判断矩阵的一致性需要计算一致性指标 CI 的大小：

$$CI = \frac{\lambda_{\max} - n}{n - 1}$$

式中：CI 为一致性指标；n 为矩阵阶数。

CI 数值越小则判断矩阵的一致性就较强。而由于一致性偏离的随机原因，则经验上往往将 CI 值与平均随机一致性指标 RI 相比较，依据随机一致性比率为 CR 的值来检验。

具体的 CR 值如下：

$$CR = \frac{CI}{RI}$$

式中：RI 为平均随机一致性标准，RI 值如表 3-3 所示。

表 3-3 同阶数下的 RI 值

阶数	1	3	5	7	9
RI 值	0	0.52	1.26	1.41	1.49

依据经验，当 $CR \leq 0.10$ 时，认为该判断矩阵符合一致性检验；反之，则需要重新调整矩阵中的相对重要度来构造判断矩阵。

3. 人工神经网络

（1）人工神经网络的概念

目前对于人工神经网络的定义还不尽统一，按国际著名神经网络研究专家 Hecht Nielsen 的观点，人工神经网络是由人工建立的、以有向图为拓扑结构的动态系统，它通过对连续或断续的输入作状态响应而进行信息处理。我们综合来源、特点和各种解释，神经网络可综合简述为：人工神经网络是一种旨在模仿人脑结构及其功能的信息处理系统。

（2）BP 神经网络内涵

BP 神经网络是一种单项传播的多层前向神经网络，指误差反向传播的算法。它由输入层、隐含层和输出层构成。通过接收来自外界的输入信息，再传递给中间层各神经元，经过内部信息处理层进行信息转变。同时可以根据信息变化能力的需求，中间层可以设计为多种隐含层结构。最后经过正向传播处理过程后向外界输出信息的处理结果。

如果实际输出与期望输出不符时，则进入误差的反向传播阶段。误差通过输出层，按误差梯度下降的方式修正各层权值，向隐含层、输入层逐层反传。周而复始的信息正向传播和误差反向传播过程，是各层权值不断调整的过程，也是神经网络学习训练的过程，此过程一直进行到网络输出的误差减少到可以接受的程度，或者预先设定的学习次数为止。

输入数据 $X=(x_1, x_2, ..., x_n)$ 从输入层经过各隐层节点，然后到达输出层节点，从而得到输出数据 $Y=(y_1, y_2, ..., y_m)$。我们可以把神经网络看成是一个从输入到输出的高度非线性映射：

$$f(X)=Y$$

二、油田建设工程安全管理问题与措施

（一）油田建设工程安全管理中的问题

1. 施工过程中安全管理不规范

虽然近年来建筑行业不断发展壮大，但其安全管理部门一直得不到重视，安全管理人员综合素质一直得不到提高，缺乏安全意识，工作散漫，不明确自己的工作与职责，在施工过程中未能尽到自己的责任，造成了许多问题。另一方面，企业由于经费不足，在安全管理方面节省经费，只顾提高企业的利润，将安全工作挂在口头上，不具体实施，没有形成严格的安全管理体系，也没有相应的监督部门，安全管理形同虚设，工作人员也缺乏积极性，造成油田建设安全监管不力，不能达到预期的施工效果。

2. 缺乏完善的安全监督管理制度

随着我国法律规定越来越完善，我国的各行各业各项工作都有了明确的保证，但在油

田建设项目安全管理方面还缺乏相应的法律规范，确切的法律条文较少，不能满足石油行业对这方面的需求。尽管我国石油行业的施工单位制定了关于安全管理的相关条例，但由于各种因素影响导致其形如虚设，不能起到相应的监管作用。安全管理方面的法律缺陷成了油田建设项目的阻碍，对我国石油开采产生了重大影响。另一方面，一些企业的安全管理部门员工职责不明确，在施工过程中经常做与自己职责无关的工作，降低了安全监督力度。现今的油田建设工程往往在监督部门现场检查的时候做好表面工作，注意安全问题，监督部门未进行检查的时期则忽视安全管理问题，将安全管理问题当成表面工作。由于现存的安全管理法律条例缺失，无法对其现象进行管理和问责。

3. 对施工人员的安全培训力度不足

由于石油开采的工作量较大，大多数油田企业都将工作效率和企业利益放在第一位，疏忽了员工的安全问题，不能定期及时地对员工进行安全培训，导致许多施工人员在工作过程中安全意识比较薄弱，忽视安全问题。另一方面，尽管有些企业可以做到定期开展员工安全教育，但教育内容较为简略，其作用微乎其微。另外由于施工人员的流动性较大的特点，使得容易出现侥幸心理，在施工过程中忽视安全问题。对安全管理的态度不端正以及员工培训力度不足等经常会造成员工的安全意识薄弱，不懂避免危险，最终导致安全事故发生的不利后果。

（二）改善油田建设工程安全管理的方法

1. 加强施工过程中的安全管理

油田建设项目的安全管理问题不仅关系到石油的开采，更加关系到我国经济的发展，因此一定要避免施工过程中发生人员安全问题。在施工过程中，应加强对不安全因素的排查及监督，包括操作设备的老化、磨损及腐蚀等应及时发现，避免造成不良后果。还有操作现场的不利因素，如交通不畅，大型设备操作不协调等都应及时注意和分析，尽量减少不安全因素的存在，避免安全事故的发生。安全管理必须从本质入手，不仅要控制不安全因素的源头，而且要对技术和设备进行创新发展，避免出现设备危险因素，达到人员安全意识加强与客观危险因素减少的双赢局面。安全管理部门的工作人员对项目的安全监管起到决定性的作用，作为安全管理部门的人员，应明确自己的职责，肩负起自己的责任，安全无小事。必须建立合理的奖惩制度，确保责任到个人，对施工过程中发生的安全事故及问题做出严肃处理，提升工作人员的安全意识，强制其尽到自己的职责。

2. 完善安全监督管理制度

相关法律条例应具体深入到施工过程中，对施工过程的方方面面进行管理，全面的对安全管理工作进行约束，为油田建设项目奠定基础，制定明确的法律明文，作为安全管理工作的例行标准，加强员工对安全管理工作的重视，肩负起自己的责任，做到有法可依，从而提高施工过程中的安全系数，避免安全事故的发生。完善安全监督管理制度必须从本质入手，包括对客观的危险因素和主观不安全因素的分析，提升安全本质化之后才可从宏观入手，制定一系列相关法律条例。

3. 提升施工团队的安全意识及监管人员的综合素质

企业必须加强对施工人员的安全培训，增强其安全意识，明确在施工过程中的不安全因素及危险关键点，做好自身保护，避免安全事故的发生。除去定期开展安全意识培训大会之外，还应增设安全问题考试，全面提升施工人员对安全的重视。安全意识培训内容必须做到全面深入，深刻剖析危险因素。安全管理部门的管理人员应提高自身的整体综合素质，油田建设项目要想保质保量地完成，必须确保安全管理部门遵守职责，做好自身的工作，实现自身价值。定期安排监管人员进行学习，提升其业务能力及责任心，并制定相应的奖惩政策，对于在实际工作中有贡献的员工，树立其榜样模范身份，对于有失自身职责，导致安全事故发生的员工，给予重大惩处。从提升施工人员安全意识和增强监管人员综合素质两方面入手，减少油田建设项目中安全事故的发生，为石油开采顺利进行提供保障。

三、油田企业建筑工程安全管理

油田建筑工程项目点多面广，控制难度大。我们要应认清新形势下安全管理工作的重要性，必要性和长期性，结合油田企业建筑施工现场复杂的安全环境要从五个方面的创新，努力做到建筑施工实施到哪里，安全管理岗位就变动到哪里，安全工作就开展到哪里，杜绝"三违"做到"三不伤害"，即不伤害自己，不伤害别人，不被别人伤害。

（一）管理模式要创新

1. 规范人的行为。人的行为受到生理、心理和综合素质等多种因素的影响，人的安全意识不同，面临相同的客观危险，会有不同的主观行为，人的不安全行为表现是多种多样的。现在建筑企业施工机具发展很快，广泛使用，起重机械加快施工进度，但部分从业人员还是临时用工，缺乏必要的安全教育和专业知识，他们是生产的主力军，但同时又是安全的弱势群体，这就导致了很多事故中，临时工既是事故的直接肇事者，又是最大的受害者。

2. 建筑施工企业安全生产管理模式必须创新。创新的思路是："以人为本，安全第一"的方针为中心，以法律制度为基础，以事故防范为目标，以企业自我约束为主体，以科技进步和管理方式现代化为手段，以强化宣传教育，提高职工素质为保障，以减少重特大事故为重点，以不断健全和完善建筑企业监督管理机制为关键。不断探索新的思路、研究新的方法为实现全面建设小康社会创造一个良好的安全生产环境，维护员工的生命安全和健康。安全生产只有起点没有终点，决定了必须与时俱进、开拓创新。

（二）管理体系要创新

1. 建筑安全监督管理，必须要依据国家有关安全生产的法律、法规及行政规章、对安全生产主体实施监督管理和监察。法律、法规是安全生产监督的依据和准绳，使企业安全生产管理走向法制化的轨道。

2. 以安全生产的法制建设为重点，推进安全生产管理体制的创新。一是建立健全《安全生产法》《建筑工程安全生产管理条例》为主体的法律体系。所有有关安全生产的法律、法规行政条例等必须以此为准绳，不得与其冲突。二是依法建立健全各级安全生产监督管理机构，落实人员编制、使安全生产工作有人员保障，三是应根据新形势和安全生产特点及发展趋势研究和制定，企业安全生产的产业政策与中长期规划。四是依法强化职能部门的安全生产监察，加大对违法、违规行为的惩戒力度、维护正常的生产秩序。依法实施企业安全生产监察是将安全生产工作纳入法制化轨道的重要举措。

（三）管理方式要创新

1. 实现由经验型管理向技术型、专业化管理转变、过去安全生产的管理多是凭借经验的积累，规章制度的约束。诚然，这种管理方式起到一定的作用但是随着当今生产社会化和专业化的迅速发展，以及产业分工的日益技术化、这一传统管理方式无疑已不适应时代的要求，应更多地依靠先进技术和专业化、职业化队伍来实施有效的监管。

2. 管理对象应由过去单一所有制企业的管理转向对各种所有制企业，尤其是对非公有制中小厂矿和外资企业的监督管理工作更要加强。四是安全生产主体管理、由分散、横向管理、向集中垂直管理转变。职业安全管理工作的特点是，依法行政、依法监察、这就要求我们站在"以人为本，安全第一"的高度，其管理体系，必须是一个集中统一和垂直的管理体系。

（四）企业制度要创新

建筑企业要逐步实现企业经营管理和员工从"要我安全"向"我要安全"和"我会安全"转变，并形成企业安全生产的自我约束和激励机制。

1. 要按着国际规范建立企业职业安全卫生管理体系，积极采用先进科学的安全管理方法、改善职业安全卫生条件，遏制重特大事故的发生。同时还要借鉴发达国家的经验，提高本企业安全管理水平。提高企业市场竞争能力。

2. 要开展建设项目劳动安全卫生预评价，这是安全生产监督管理工作中的一项基础性工作，是实现建设项目本质安全不留隐患、源头治理的重要保证之一。今后新建、扩建、改建的工程建设项目应进行劳动安全、卫生预评价，以保证安全生产设施与主体工程同时设计，同时施工，同时投产使用，不给安全生产留下隐患，力争使安全生产达到持续改进良性循环的运行状态。

（五）管理手段要创新

科学技术是第一生产力。当今世界科学技术在生产力和经济发展中的作用日益突出，要实现安全生产形势的根本性好转，必须紧紧依靠科技进步，大力发展安全科学技术，从硬件上做到本质安全，从本质上为遏制或减少重特大事故发生提供技术手段，大力采用先进的科技成果，淘汰落后的生产技术，工艺和设备，从而减少伤亡事故的发生。

1. 在控制重特大事故与职业病危害的关键技术上要有所突破，力争重点解决一些带有共性和全局性的关键技术问题，要抓好重大危险源监控和重特大事故隐患整改工作。

2. 是加强安全生产的技术基础工作，推进安全生产工作的信息与事故统计网络体系。

3. 实施安全科技示范工程，推进安全科技成果产业化，重大危险源的普查评估与监控，将作为实施示范工程的重点。

通过作者在油田建设工程安全管理工作中多年的经验看，只要充分发挥各职能部门的作用坚持做到了"六个到位"努力营造健康、安全工作环境实现工亡事故零纪录。只要做到认识务必到位、领导务必到位、责任务必到位、措施务必到位、检查督促务必到位、安全投入务必到位这六个方面，建筑工程的安全管理就能够得到有力保障。

第五节　风险管理

一、风险理论

（一）风险概念及特征

1.风险概念

无论是在生活中还是工作中，风险一词几乎无处不在。风险本身具有复合型和复杂性特点，试图要从理论层面给予风险一个科学的、完美的定义是并不容易的。历史上的许多哲人、学者和志士对风险进行了广泛而深入的探讨，但始终没有统一的认识。

无论从什么角度研究，对于风险的认识主要包含了两方面：一是损失或者未实现的预期目标；二是损失出现与否具有不确定性，可用概率表示，但对于其是否出现无法做出确定性判断。也就是说，风险表示了不利因素发生概率与后果（严重性）的关系函数，即风险主体在特定时空下，由于条件和决策的随机性，导致的后果和预期实际目标之间出现偏离现象而存在的可能性。该负偏离呈现越大趋势，则风险便随之越大。所以可以用三个参数来表示：一是不利事件发生的概率；二是导致的后果；三是不同主体由于自身条件和所处环境的不同引起的对偏离的不同认识。可表达为式：

$$R = f(P, K, U)$$

式中：R——对风险的度量；

P——不利事件的发生概率；

K——后果的严重性；

U——不同主体的不同认识。

其中变量 P、K 可以根据历史资料用数理统计的方法来评估。U 是一项主观判断项，要具体问题具体分析。

2. 风险特征

风险的特征或者特性是人们在风险认识过程的一个重要方面。对其性质的认识就是对其本质的把握，经过初步总结风险具有以下特征：

客观性。风险的发生是由影响风险的关键因素在具体的事务管理过程中开始形成并起作用。风险也就随之出现了。和人的主观意识并没有直接关系。所以，如果要规避风险，只需找出可能导致风险发生的诸因素，并进行事前控制和管理，就可以达到有效减少和避免风险。换个角度来看，风险的产生归因于多种因素，决定性因素从其本身上而言也是不确定的形成系统性危机的经济因素，或者导致非系统风险的技术因素，因此，要完全消除风险是不可能的。那么，对于风险人们就应充分认识、承认，理性采取规避措施，才能有效化解风险。

突发性。也可以说是随机的不确定性，往往让人感觉不知所措，而导致了破坏性的结果。这一特点要求我们建立预警系统和防范机制，才能有效控制突发事件造成的影响。

多变性。可以理解为动态的特性。当影响风险的因素处于动态变化的时候，风险的性质和其对结果的影响程度，也将随之变化。例如：消费者的偏好。所以，这就要求在风险管理的过程中以柔性动态的方式实施管理。

相对性，这需要从两方面来看。一方面是风险的承受力，这和人所处的环境相联系，包括期望、投入、收入和已拥有的资产。一般来讲，人们期望的收益与风险成正比。人们愿意获得风险的相应补偿，也愿意承担风险让渡相应的资产。另一方面是风险的预知性。风险也是矛盾的对立统一体，风险的多变性揭示了风险的不可预知性，而随着技术的进步和知识的不断深入，一些风险也能在事前较为准确的推测和评估出来，从而进行预防。例如：天气预报。

无形性。风险和物质实体相比，不能被确切地描绘和刻画。这加大了人们认识和控制风险的难度，但这不是说是不可实现的。只要恰当的利用科学的风险管理理论，例如：系统论、决策论、数理统计分析理论等理论方法来进行界定、估计、测量，结合定性方法综合的进行分析。风险在一定程度上是可以被控制和有效管理的。

可分隔性。风险是诸多风险因素集中而构成的。投资者可以通过将各个因素分散转移，使其发生的概率大大降低。

互斥性。事件的变化具有不确定性。而各种可能之间具有互斥性。例如建材涨价，供应商得利，而投资者损失。

多样性。这一点体现在内部环境的非系统风险和外部环境的系统风险。例如：内部的操作、技术、管理的风险。外部的政治、经济、社会的风险。内在的复杂交错的相互作用，使得我们对风险必须系统的，综合的识别和考虑。

特殊性。风险都有具体的表现形式，没有所谓的一般风险。例如：骑车摔倒的风险、航天器发射失败的风险、试验不成功的风险等等。

社会性。风险的出现是离不开人或者人类来讨论的，无论是直接的风险还是间接的风险。例如：一棵树可能遭受病虫害或者火灾、雷击而死亡的风险，这也是因为人或树的社会功能和价值的丧失，赋予了情感寄托。

不确定性。风险是客观存在的，但是其发生是一种随机现象。具体表现为：发生与否的不确定、发生时间的不确定、结果的影响程度与范围的不确定。

统计性。风险有其特定的环境，通过对众多偶然因素的观察，可以发现其往往能够呈现出一定的规律性。利用统计学的方法处理大量的风险数据，可以较为准确地反映出风险的发生规律，对风险的发生概率和损失幅度进行估计。

所以，面对不确定性，人们并非一无所知，无从下手。而可以主动的利用科学的方法来进行与预测和预防。

（二）风险分类

风险的范围广，内容多。从不同的研究领域大概可以分为以下几类：

按形式划分为有形风险和无形风险。有形风险指损失发生的物质方面的因素。而无形风险例如文化、习俗和态度等非物质因素引起的损失发生的可能性和损失程度。例如可能会面临的责任风险，社会舆论道德压力，具体的信息失真风险等等。

具体到对象类型上来，主要可以被分为三种风险类型，分别为特定群体风险、机构风险以及个人风险。个体风险指日常生活或者工作中，可能发生的对个人的人身、财产、和责任等方面的风险。组织风险是指组织运行过程中的面临的各种不确定风险。特定群体风险指处于特定空间、特定的业务对操作群体可能造成的灾害或灾难的可能性。个体风险还可以按损失后果细分和单列出来。

按损益划分为纯粹风险和投机风险。纯粹风险是指只有损失的可能性而不可能有利益获得的风险。纯粹风险的结果仅仅是有损失或者无损失。投机风险是指，损失和获利的可能性同时存在的风险。投机风险的结果除了有无损失外还有获利的可能。

按规模分为基本风险和个别风险。基本风险也称公共风险，指的影响范围面很大的风险例如，战争、地震等。个人风险也称私人风险，指的是特定因素引起局部性的风险，例如某家工厂的爆炸或者火灾。

以上不同划分标准之间的风险还可以互相组合和交叉形成特定风险。

（三）风险管理

风险管理的主要目标，是帮助确认和识别实际生产项目中可能会出现的各种情况，然后根据这些特殊情况来制定风险预案。

美国项目管理协会的定义，风险管理有了三层定义：一是通过形式化的过程对风险因素系统的识别和评估；二是通过对不期望变化的潜在事件进行识别和控制的系统方法；三是通过决策科学与艺术的结合，对项目期间的风险因素进行识别和分析采用的必要手段。

由此可以看出，在实际中人们运用风险管理来预测不确定性的过程中，其具有动态可变的特点，主要是对项目计划的制定，实际评估，以及具体的识别工作进行科学管理的一种过程。

二、油田工程项目风险管理

（一）石油工程项目风险管理

油田工程项目是油田正常生产的辅助项目，是油田生产的重要基础，与一般建设工程的风险性相比，具有一定的特殊性。对于工程项目管理中出现的风险，工程项目的各种不确定性因素的变动都会对项目产生巨大的影响，甚至决定项目的进程和完成质量。

1. 油田工程项目风险的潜伏性较强，且涉及的领域和项目复杂，施工工期长，生产工艺复杂，施工操作的不规范不易被检测人员发现，最终使得风险累计加大，潜伏期较长。

2. 油田工程项目风险具有随机性，施工过程中油田工程容易受到天气、地理条件等因素的影响，从而造成安全隐患。

3. 油田工程项目风险具有多样性，在现代的油田工程项目施工过程中，会大量使用新材料和新设备，对于设备的安装、调试以及新标准，只有专业的队伍才能够承担相应的管理任务，而这些新的工艺与技术的使用会导致风险性的明显增加；所以，管理人员必须合理配置资源，确保整个施工的安全性，并加强对施工现场的监管力度，在保证工程进度的同时，预防油田工程项目施工过程中安全事故的发生。

（二）油田工程项目风险管理的必要性

由于我国建筑行业发展时间较短，管理工作中还存在许多不到位的地方，工程实施过程中存在较多的风险，虽然在近些年来大多数的油田工程项目逐渐开始重视风险管理，但是由于其内部缺乏专业的风险管理人才以及相应的专业知识，风险管理工作在很大程度上受到了阻碍。仅仅依靠员工的责任心和个人行为是远远不够的，这会在一定程度上为油田工程埋下风险的隐患。因此，企业首先需要重视工程项目风险管理工作，建立一套机制，对可能存在的风险提前识别，并采取有效的预防措施，降低风险可能带来的损失。

（三）石油工程项目风险管理的对策与建议

为了有效应对油田工程项目施工中可能发生的风险，企业应根据具体的施工情况，制定具有针对性的风险监管制度。具体应从以下几个方面进行。

1. 提高风险管理意识

风险管理必须提升全员的风险防范意识，首先应配备专门的管理班子，并带动全项目组对风险管理认识和了解，对管理人员进行专项培训，提高其素质和业务水平，对各环节严格把关。对于可能存在的风险和问题，应当组织专人列出清单。其次，在制度上和体系上不断完善风险管理，要建立适合可行的管理制度和管理规范，不断完善相关内容，从而提升风险管理能力；同时，还要抓全局、抓关键性风险，并对其进行预测评估，有计划地进行严格控制。

2. 加强管理队伍相关建设

项目管理人员应不断地提高个人素质，对管理工作认真负责，从大局观出发，统筹全局，从而对整个项目的风险进行有效规避。与此同时，参与风险管理的相关人员都应积极投身于风险管理工作当中，以此对其项目施工的风险进行有效规避。施工企业应该提升对风险管理的重视程度，让风险管理制度深入到每一个部门，进一步完善油田工程项目施工的各项法律法规以及规章制度，为风险管理建立统一制度标准，并严格按照规章制度执行，加快风险管理制度的建设步伐。

3. 通过风险管理部门，对项目施工过程的相关管理进行加强

随着社会的不断进步和发展，施工企业逐渐对风险管理加强重视，将风险规避作为一项重要的指标。风险管理部门的成立，不仅是一种管理理念上的创新，更是将管理体制和结构提升到了一个新的模式上。该部门可以将各项规章制度落实到油田工程项目施工的过程中，加强施工过程中每个环节的检查以及工程的验收，做好重点环节的风险管理工作，对施工阶段的风险进行严格的监督以及合理的风险管理。这样可以使企业形成可持续发展的良好态势。

三、油田地面建设工程项目风险管理方法

（一）油田地面建设工程项目的具体特征

油田地面建设工程作为油田开采项目的重要组成部分，受到许多因素的影响，在工程建设中往往伴随着较大的风险。与一般建设工程的风险性相比，油田地面建设工程项目的风险具有其独特之处。第一，油田地面建设工程项目风险的潜伏性较强，其风险问题主要是由施工工人在施工时操作不规范而产生的，不易被检测人员发现，从而造成风险堆积，潜伏期较长。第二，油田地面建设工程项目风险的发生具有随机性，其主要原因是风险监管不到位，还有油田建设工程受到天气、地理条件等因素的限制，从而造成安全隐患。第三，油田地面建设工程项目风险与实地的施工条件密不可分，在实际的施工过程中，由于管理人员的现场监管实施不到位，而导致安全事故的情况时有发生。所以，管理人员应对施工人员、有关建筑材料、机器设备等资源进行合理配置，从而进一步保证整个施工系统的安全性。由此可得，在地面油田建设工程项目的实际施工过程中，企业应加强对施工现场的监管力度，在保证工程进度的同时，预防油田地面建设工程项目施工过程中安全事故的发生。

（二）油田地面建设工程项目风险管理的必要性

风险管理是指通过对施工项目进行风险识别、风险界定和风险度量等一系列工作去认识项目中的风险，并在此基础上通过运用风险规避措施以及风险管理办法对项目风险进行有效的对冲，进一步处理风险事故，从而保证对项目工程实施有效监管。

近些年来，大多数油田地面建设工程项目虽然已经开始重视风险管理，但是由于其内部缺乏专业的风险管理人才以及相应的专业知识，风险管理工作在很大程度上受到了阻碍。仅仅依靠员工的责任心和个人行为是远远不够的，这会在一定程度上为油田地面建设工程埋下风险的隐患。因此，企业能建立一套系统、完整的项目管理和风险管理的机制，对应对工程项目建设过程中的风险具有重大意义。

（三）油田地面建设工程项目风险监管的具体方法

为了有效应对油田地面建设工程项目施工中可能发生的风险，企业应根据具体的施工情况，制定具有针对性的风险监管制度。具体应从以下几个方面进行。

1. 进一步完善风险识别系统，为日后的风险管理工作夯实基础

在油田地面建设的施工过程中，首先要全面认识整个施工项目的各项风险，从而为风险监管工作打下基础。风险识别是风险管理实施的第一步，也是最关键的一步。在进行风险识别的过程中，要从以下两点出发：一是感知风险。感知风险是风险系统的基础，它的形成是基于对客观因素的感知。在项目工程的设计过程中应先对风险进行感知，从而进一步认识风险，找出其"导火索"，为制定风险监管方案打下基础；二是分析风险。主要是对施工过程中事故发生的原因进行风险分析，从而防止类似的安全事故再发生。因此，只有对整个施工项目中的风险有一个全面的认识，才能制定有效的风险管理措施，做好规避风险的准备。

2. 提高思想认识，建立风险管理制度

承接油田地面建设工程项目的施工企业应该摒弃传统思想观念，进一步提升对风险管理的重视程度，让风险管理制度深入到每一个部门。除此之外，还要进一步完善油田地面建设工程项目施工的各项法律法规以及规章制度，为风险管理建立统一制度标准，并严格按照规章制度执行，加快风险管理制度的建设步伐。

3. 对项目施工的各个部分进行监管，进一步建立有效的风险管理评估制度

由于油田地面建设工程项目的风险管理工作具有一定的复杂性以及系统性，所以要想保证对整个施工工程中风险监管的有效性，必须建立一套完整的风险管理评估制度。在对风险进行评估的时候，一是要在思想上提高对风险管理评估制度的认识，二是应将各项规章制度落实到油田地面建设工程项目施工的过程中，加强施工过程中每个环节的检查以及工程的验收，做好重点环节的风险管理工作，对施工阶段的风险进行严格的监督以及合理的风险管理。

第六节　质量管理

一、油田工程项目质量管理措施

油田工程项目管理是一个涉及方面极其广泛的大型油田开发系统，而油田的施工质量问题一直长期困扰着油田工程项目的开展，对此，只有不断优化油田工程项目质量管理体系，加强对油田工程项目的施工质量的监督，并不断强化相关油田工程项目人员的意识，才能不断实现油田工程利益的最大化，切实提高油田企业的业务能力，推动我国油气开发产量的进一步提升，开展多元化的油田开发项目，实现油田工程布局的整体优化。

（一）注重对油田工程人员的技能培训，打造高素质的油田开发人才队伍

油田工程建设的各项工作都是由人来完成的，那么，对于油田工程建设人才专业素养的高低将会影响工程质量的好坏，所以，对油田从业人员的管理一直是油田工程质量管理的重点，但是，在我国油田工程建设人才队伍方面出现诸多的问题，油田相关的设计人员责任心意识不强，在油田开发前期没有合理有效的规划工程项目的整体蓝图，在油田施工环节没有引起相关技术人员的注意，对施工环境缺乏必要的了解和深入考察，另外，油田工程技术人员对施工单位缺乏良好的沟通，对于油田开发的新技术没有很好掌握，从而造成了油田工程开发进度滞后，严重时还会对施工质量造成影响。为此，要注重人才队伍的建设工作，并加强对于油田工程人员的培训，定期组织好技术人员进行专业技能培训，或者是到外面进行实地考察，加深技术人员对油田开发技术的运用能力，每年对油田工程技术人员进行专业的技能考核，只有通过考核并拿到专业资格上岗证，才能继续进行油田工程的开发。在其他方面，油田技术开发人员不仅要扎实推进专业技术的培训工作，还要注重对于油田工程施工过程中的安全教育，采取多种鼓励措施，让更多的技术人员参与到油田开发工程的质量管理中去，技术人员对高精尖的技术进行熟练地掌握，实行定期的人员签到制度，组织好相关的人员对油田工程人员每天的实际出勤情况进行检查，从而加强油田工程管理体系的有序性、科学性以及制度化，让每个技术人员能够真正融入油田开发工程中去。

（二）强化油田开发工程中机器检验管理

在油田工程开发项目中，对于油田开发项目的风险是决策者不可忽略的重点，尤其是对施工风险和决策风险影响着油田开发工程能否顺利展开的关键，一般而言，油田工程开发的周期相对来说是比较漫长的，为此，亟须加强油田开发中机具设备和施工材料的质量

管理，在施工图设计上，机器设备的良好运行可以确保油田开发项目的顺利进行，但是，在相关的机器设备管理上缺乏严谨踏实的态度，机器设备的保养上缺乏长期维护，在对油田施工前期对机器设备没有进行严格的检查，存在着一些还未出示安全许可证和检查合格的报告就直接进入施工，这不仅严重影响油田开发的质量，甚至还会对技术人员造成人身安全，从近些年来屡次发生的油田工程安全事故中便可以看出对机器设备检验的重要性，所以，要想避免这类事件再次发生，就必须对施工中的机器设备进行认真的监测，对于机器的运行性能、适用性等等进行严格审核，采取抽查的形式对机器进行不定期的检查，建立一套严格的审核制度，特别要对机器的出厂证明进行严格把关，针对一些不合格的机器进行现场施工，要严格追究相应的人员责任，如有需要可以进行报警，直接追究相应的人员的法律责任。

（三）对施工工艺进行严格把关

在油田施工现场，油田管理人员要切实注重对施工环节的质量把关，严格审批相应施工方法，特别要注重引进先进的油田生产理念和生产工艺，强调生产设计的图纸的审批和技术流程的规范化，对于新的工艺我们要对其进行可行性操作进行调查，并对该工艺的流程进行大致的了解，并明确相关施工人员的质量管理责任，逐步细化每个技术人员的质量管理责任区，可以进一步细分到每一道施工环节的执行责任，这样可以有效避免质量管理责任区的混乱，造成油田工程质量管理上的盲区，通过严格的制度管理，强化每一道工序的合理性和规范性，才能有效确保油田工程建设工作的顺利进行，才能不断加强油田工程项目质量安全管理。

二、油田地面工程建设质量管理

（一）油田地面工程建设质量管理存在的问题

1.油田地面工程建设质量管理人员缺少管理意识

最近几年来，我国在油田开采方面取得了很多的成果。然而在石油能源的开采工程方面还存在一些不足。这些不足主要表现在油田地面工程建设质量管理方面。我国在油田领域的石油开发工程中，管理人员只是把注意力集中在石油资源的采集量与采集成本方面，导致油田地面工程建设缺少质量管理。这样做经常会由于该工程建设质量问题给施工人员造成事故伤害。

2.油田地面工程建设质量管理方式存在欠缺

从事石油开采管理方面的工作人员不仅要具备专业的管理知识，而且要具备与石油采集工作相关的知识储备。这样全方位的管理人才才能提前预知与规划，并且提出油田地面工程建设中出现的意外事件的解决方案。但是，在我国当前的油田地面工程建设质量管理方式方面存在很多的漏洞，这些漏洞导致油田领域的管理工作水平停滞不前，油田地面工程建设中事故不断的局面。

（二）强化油田地面工程建设质量管理的前期工作措施

1. 严格审查油田地面建设工程初稿

一般意义上来说，油田地面建设工程的前期工作是非常重要的，前期工作准备得是否充分将直接决定了后边石油能源开采工作的进度与质量。因此，必须要强化油田地面建设工程的前期工作。针对如何强化油田项目工程的前期准备工作。首先要做的是严格审查在石油能源开采工作施工前，对于施工现场地理位置的测量绘图，以及审查施工计划中预计要挖掘的油井结构图初稿是否符合该地区地势要求。除此之外，对于油田工程图稿上的数值进行多次计算，以确保制定的工程图稿上的数值与实际数值能够满足规定比例尺的要求。

2. 严格控制油田地面建设工程工作人员

任何一个工程是否能够顺利完工，工作人员的态度问题起到决定性效果。因为，往往最能影响施工进度与施工质量的因素就是工作人员。油田工程内部的施工人员与其他人员作为一个能动的群体，他们的活动行为会严重影响整个油田工程。为了尽量降低石油开采工程中的工程延期概率，油田地面工程建设管理人员必须要控制好油田工程中涉及的工作人员行为。对于他们行为的约束可以制定一些规章制度来避免他们消极怠工，或者是肆意离岗，自行换岗的现象。

3. 重视材料控制

施工材料是影响油田地面建设工程质量的重要因素之一，施工材料出现问题直接导致工程质量出现问题。故此，施工企业应重视材料控制，加强材料管理。做好材料储存工作，避免出现材料腐蚀、材料潮湿的情况。此外，预留一定资金，防治因资金不足而无法购买优质材料。

4. 加强施工安全管理

油田地面工程施工现场的安全管理是整个油田地面工程建设的重中之重，油田地面工程施工管理者应该引起足够重视，对施工人员也要进行施工安全知识宣传。为避免油田地面工程建设施工现场的各种安全事故，管理者必须加大工程项目现场施工安全监管力度。在油田地面工程施工现场，每个作业人必须佩戴安全帽，在施工现场必须设立安全警示标志，随时提醒施工人员注意施工安全。

5. 不断强化油田地面工程建设项目企业的管理制度

除了以上问题外，在油田地面建设工程中还要注意控制的问题就是关于油田地面工程建设项目企业的管理制度问题。一个企业的优秀与否，往往是由这个企业单位的工作人员来体现的。规章制度严格的企业单位，员工表现是积极的，员工为企业单位制造的经济效益也是最大化的。因此，企业管理人要想企业单位发展更快，必须要不断强化企业单位的管理制度，油田地面工程建设项目企业也不能例外。

6. 不断强化油田地面建设工程的验收标准

油田地面建设工程的验收工作不是盲目进行的。因此，不能因验收工作中没有意外情况发生就给予质量检验合格。我国石油开发部门对于这一建筑工程有一个严格要求标准。所以，油田地面工程建设验收人员在进行工程验收工作时，必须要将其与我国石油开发部门给出的相关标准进行对比，符合国家标准的才是合格工程。一旦其中有任何的与国家标准要求的差距，都不能给予通过。

7. 不断强化油田地面建设工程的资料存档

油田地面建设工程结束时，必须要对所有的工程资料进行存档处理。这样是为后边进行石油能源采集工作时出现的有争议的意外事故保留参考证据。除此之外，这项油田地面建设工程中的各项工程资料还可用于后续其他油田工程的参考资料。因此，相关部门要不断强化油田地面建设工程的资料存档，可以采取多种资料存档的方式进行保存工作。

第四章 油田工程项目的一体化管理

第一节 一体化管理基础理论

一体化管理指多个原来相对独立的主体通过某种方式逐渐结合为单一实体的过程。在企业管理中，一体化管理一般指多种管理体系、管理方法为某一共同目标并存作用于同一组织，其核心思想为系统化、整体化。

一、一体化管理的起源和发展

一体化管理理论最早出现于质量管理理论中，是指几种管理体系并存于同一组织中，例如质量管理中，组织将 ISO9000 标准、ISO14000 标准、OHSAS18000 标准三位合一。此后，这一概念逐步被应用于各个领域。企业的经营活动不仅涉及质量管理，还包括人力资源管理、环境的管理、职业安全卫生的管理、营销管理等方方面面，单纯采用一种管理模式必然难以满足客观需要。如果企业因为社会潮流和客户要求，一次次地建立独立的不同体系，会带来很多重复性的工作，会造成资源的浪费，不仅实际效果可能被忽视，而且也会影响企业综合管理水平和经济效益的提高。因此，建立一体化管理体系具有提高管理效率，降低内部成本等种种优势。

自 1996 年以来，一体化管理体系一词在各种管理类文章中被越来越多的引用，如 Tranmer J 的《解决一体化管理体系中存在的问题》和 Wilkinson《质量、环境、职业健康和安全一体化管理体系：几个关键问题的考查》等。这些文章从不同的方面对一体化管理体系的现状及发展进行了细致的描述。一体化理论这种系统化思想已被广泛应用于企业管理中的各个分支，包括质量管理、战略管理，物流管理，信息管理等。

（一）质量一体化管理体系

质量一体化管理体系（Integrated Management System），又称为"综合体系""整合型管理体系"等，是指两个或三个管理体系并存，将公共要素整合在一起，两个或三个体系在统一的管理构架下运行的模式。在质量管理一体化中，三种不同的管理体系可以在统一的管理构架下有其先天的条件的。

首先，在 ISO/TC176（ISO9000 标准化技术委员会）和 ISO/TC207（ISO14000 标准化技术委员会）在制定各自标准的过程中，均涉及了职业安全卫生问题，两个标准化技术委员会均有意涉及职业安全卫生管理体系标准化工作，但由于职业安全卫生范围广且复杂，远远超出两个技术委员会的工作范围，因而在 ISO9000 和 ISO14000 标准中均没有包含职业安全卫生的内容，但显而易见，三个标准是相互关联的，内容互有交叉，ISO9000、ISO14000、OHSMS18000 管理体系的标准在标准的思想、标准要素等内容上有很强的关联性，在体系的运行模式、文件的架构上是基本相同的，这样就为一体化管理体系的建立和实施提供了可能。企业建立一体化的管理体系和机构实施一体化的是可行的。

其次，三个体系的理论基础相同，均采用了戴明管理理论，三个标准均采用 PDCA（计划——实施——检查——措施）改进模型作为基本骨架。

再次，三个标准的基本框架是一致的。

最后，就质量、环境、职业健康和安全的性质而言，关联性是很明显的。如果质量控制不好，就要多出废品、浪费能源和原材料，废品处理也可能带来污染；由于环境污染的受害者往往首先是企业职工，就同时产生了职业健康和安全问题。在危机四伏、乌烟瘴气的操作环境中，不可能制造出好的产品。在一些高风险行业中，这种关联性会更加明显。例如：石油开采行业井喷失控事故的发生、化工行业中发生的火灾和爆炸、核电站放射性物质的泄漏等。这些事故一旦发生，既是质量事故，又是环境灾难，十有八九有人员伤亡。所以，需要采取综合的措施，将质量、环境、职业健康和安全放在一起考虑。

（二）企业战略扩张一体化

企业战略一体化扩张可分为横向一体化和纵向一体化。横向一体化战略也叫水平一体化战略，是指为了扩大生产规模、降低成本、巩固企业的市场地位、提高企业竞争优势、增强企业实力而与同行业企业进行联合的一种战略。实质是资本在同一产业和部门内的集中，目的是实现扩大规模、降低产品成本、巩固市场地位。国际化经营是横向一体化的一种形式。纵向一体化又叫垂直一体化，指企业将生产与原料供应，或者生产与产品销售联合在一起的战略形式，是企业在两个可能的方向上扩展现有经营业务的一种发展战略，是将公司的经营活动向后扩展到原材料供应或向前扩展到销售终端的一种战略体系。包括后向一体化战略和前向一体化战略，也就是将经营领域向深度发展的战略。

采用横向一体化战略，企业可以有效地实现规模经济，快速获得互补性的资源和能力。此外，通过收购或合作的方式，企业可以有效地建立与客户之间的固定关系，遏制竞争对手的扩张意图，维持自身的竞争地位和竞争优势。不过，横向一体化战略也存在一定的风险，如过度扩张所产生的巨大生产能力对市场需求规模和企业销售能力都提出了较高的要求；同时，在某些横向一体化战略如合作战略中，还存在技术扩散的风险；此外，组织上的障碍也是横向一体化战略所面临的风险之一，如"大企业病"、并购中存在的文化不融合现象等。而纵向一体化的目的是为加强核心企业对原材料供应、产品制造、分销和销售全过程的控制，使企业能在市场竞争中掌握主动，从而达到增加各个业务活动阶段的利润。

纵向一体化是企业经常选择的战略体系，但是任何战略都不可避免存在风险和不足，纵向一体化的初衷，是希望建立起强大的规模生产能力来获得更高的回报，并通过面向销售终端的方略获得来自于市场各种信息的直接反馈，从而促进不断改进产品和降低成本，来取得竞争优势的一种方法。

（三）物流一体化

所谓"物流一体化"就是以物流系统为核心的由生产企业、经由物流企业、销售企业直至消费者供应链的整体化和系统化。物流一体化的发展可分为三个层次：物流自身一体化；微观物流一体化；宏观物流一体化。

物流一体化的实质是一个物流管理的问题，即专业化物流管理人员和技术人员，充分利用专业化物流设备、设施，发挥专业化物流运作的管理经验，以取得整体最优的效果。其目标是应用系统科学的方法充分考虑整个物流过程的各种环境因素，对商品的实物活动过程进行整体规划和运行，实现整个系统的最优化。物流一体化的作用主要包括：消除部门间利益冲突；物流活动各项成本的交替损益；系统的物流管理提高运作效率；创建物流子公司，提高物流绩效；整个供应链成本的降低，提高竞争力；强化供应链核心竞争力，扩大企业竞争优势等。

20世纪90年代以来，在快速多变的市场竞争中，单个企业依靠自己的资源进行自我调整的速度很难赶上市场变化的速度，因而企业纷纷将有限的资源集中，在核心业务上、强化自身的核心能力，而将自身不具备核心能力的业务通过外包或战略联盟等形式交由外部组织承担。通过与外部组织共享信息、共担风险、共享收益将上述五种核心能力加以整合集成，从而以供应链的核心竞争力赢得并扩大竞争优势。

（四）信息一体化

以"客户为中心"的信息一体化是针对中国电信行业提出的。中国电信行业存在的突出问题是，管理体制落后，企业信息化水平相对落后，客户信息利用率低下等，这些问题制约了电信行业在市场经济条件下主动竞争的能力。同时，由于电信企业业务处理环节复杂，网间结算工作繁重，客户流失率高，客户细分复杂，开发新的电信业务和服务以及渠道等问题的存在，迅速建立信息一体化系统成为必然要求。因此，提出了以客户为中心的信息一体化经营理念，信息一体化的核心思想就是统一的信息平台，分层处理模式。通过统一的信息交换平台实现系统的数据交互，保证数据交互的实施性、安全性、可靠性。同时根据其不同功能划分处理层次，实现高效率的处理。

二、生产经营一体化管理

（一）生产与经营概述

生产经营是指在企业内，为使生产、营业、劳动力、财务等各种业务，能按经营目的顺利地执行、有效地调整而所进行的系列生产、运营之活动。企业生产经营是对企业整个生产经营活动进行决策，计划、组织、控制、协调，并对企业成员进行激励，以实现其任务和目标一系列工作的总称。

1. 生产经营的基本任务

生产经营的基本任务就是要合理地组织生产力，使供、产、销各个环节相互衔接，密切配合，人、财、物各种要素合理结合，充分利用，以尽量少的劳动消耗和物质消耗，生产出更多的符合社会需要的产品。

2. 生产经营的主要内容

企业生产经营的具体内容包括：合理确定企业的经营形式和生产体制，设置生产机构，配备生产人员；搞好市场调查，掌握经济信息，进行经营预测和经营决策，确定经营方针、经营目标和生产结构；编制经营计划，签订经济合同；建立、健全经济责任制和各种生产制度；搞好劳动力资源的利用和生产，做好思想政治工作；加强土地与其他自然资源的开发、利用和生产；搞好机器设备生产、物资生产、技术生产和质量生产；合理组织产品销售，搞好销售生产；加强财务生产和成本生产，处理好收益和利润的分配；全面分析评价企业生产经营的经济效益，开展企业经营诊断等。

3. 生产与经营的关系

经营是对外的，追求从企业外部获取资源和建立影响；生产是对内的，强调对内部资源的整合和建立秩序。经营追求的是效益，要开源，要赚钱；生产追求的是效率，要节流，要控制成本。经营是扩张性的，要积极进取，抓住机会，胆子要大；生产是收敛性的，要谨慎稳妥，要评估和控制风险。

经营与生产是密不可分的。经营与生产，好比企业中的阳与阴，"他"与"她"，必须共生共存，在相互矛盾中寻求相互统一。光明中必须有阴影，而阴影中必须有光明；经营与生产也相互依赖，密不可分。忽视生产的经营是不能长久、不能持续的，挣回来多少钱，又浪费掉多少钱，"竹篮打水一场空"，白辛苦。另一方面，忽视经营的生产是没有活力的，是僵化的，为了生产而生产，为了控制而控制，只会把企业管死；企业发展必须有规则，有约束，但也必须有动力，有张力，否则就是一潭死水。

生产经营是相互渗透的，实际情况也是经营中的科学决策过程便是生产的渗透，而生产中的经营意识可以讲是情商的体现。把经营和生产严格区分开来是误区，也是务虚的表现。

经营是龙头，生产是基础，生产必须为经营服务。企业要做大做强，必须首先关注经营，研究市场和客户，并为目标客户提供有针对性的产品和服务；然后基础生产必须跟上。只有生产跟上了，经营才可能继续往前进，经营前进后，又会对生产水平提出更高的要求。所以，企业发展的规律就是"经营—生产—经营—生产"交替前进，就像人的左脚与右脚。如果撇开生产光抓经营是行不通的，生产扯后腿，经营就前进不了。相反的，撇开经营，光抓生产，就会原地踏步甚至倒退。

（二）生产经营一体化管理的理论研究

"一体化管理体系"，又称"综合管理体系""整合型管理体系"，英文缩写为 IMS。就是指两个或三个管理体系并存，将系统各要素整合在一起，两个或三个体系在统一的管理构架下运行的模式。目前我国和世界各国都在研究探索中，还没有统一的概念和模式。只有 2000 版 ISO9000《质量管理体系基础和术语》中提出："组织的质量目标与其他目标，如增长、资金、利润、环境及职业卫生与安全等目标相辅相成，一个组织的管理体系的各个部分，连同质量管理体系可以合成一个整体，从而形成使用共有要素的单一的管理体系"。

（三）生产经营一体化管理的意义

质量管理体系、职业健康安全管理体系、环境管理体系、内部控制体系、企业文化等管理体系在越来越多的企业中得到运用，但并不意味企业要分别建立多套独立的管理体系来平行运行，从各种管理体系标准的发展趋势看，企业建立一体化的综合管理体系势在必行。

1. 生产经营一体化管理避免了管理体系的"重复建设"，防止由于造成职责和权限的交叉和混淆，使得工作重复，资源浪费，执行不利。相反，多个管理体系并行，实际上增大了企业管理系统的复杂性和无序性，降低了系统功能和管理效率。

2. 生产经营一体化管理可以使企业将所有管理活动纳入一个整体考虑。这就意味着任何管理子系统都应该成为企业管理系统的一个运作部分，避免造成不同部门推行不同管理体系的各自分管局面，避免因部门之间缺少协调联系而降低企业的整体管理水平。

3. 生产经营一体化管理能够使员工认清企业发展的远景目标，提高员工的工作积极性和方向性，避免工作仅是为了应付各种不同检查、验收、认证的消极思想。

因此，生产经营一体化理论的提出可以切实解决以下问题：消除部门内部信息传递不畅，实现资源共享；增强企业快速反应能力，提高竞争力；降低管理费用，促进体系内工作的开展；减少管理上的不协调，提高管理效率；各管理领域可以优势互补；提供整体解决问题的手段。

第二节　采油厂生产经营一体化管理模式的构建

石油行业有着与其他制造业不同的行业特点，因此在经营管理方面也有其特殊性，主要体现为生产工艺过程的高度复杂性与高度相关性导致的油气田管理难度大、生产活动的变动性较大导致的规范性管理受到限制和管理弹性大、科技对企业的贡献巨大导致的对科技的管理要求高等方面。因此探究采油厂的管理模式问题，也要从采油厂的经营管理特点出发，实践出适合其生产运营的一套管理模式。

一、模式的理论基础

生产经营一体化管理模式的构建是利用现代管理理论与生产经营实践相结合的成果，它的构建是基于现代系统管理理论、管理过程理论、链式管理理论、协作理论、木桶原理、蝴蝶效应及手表原理。

（一）系统管理理论

任何管理都是对系统的管理。系统具有集合性、层次性和相关性特征。系统管理就是对系统内的组织结构、程序、过程和资源各要素之间的相互关系，以整体为主进行协调、有序的管理，局部服从整体，达到整体效果最优。采油厂系统管理活动涉及方方面面，它包括质量管理、环境管理、职业健康安全管理、人力资源管理、财务管理、物资管理、经营管理、信息管理，以至于党群管理、行政管理等。这些不同的管理类型为了完成各自的任务，都有自己的目标，都需要建各自的体系，我们称之为"分体系"。这些分体系之间，无论是组织结构、职责分配还是资源配置，客观上都会发生交叉、重叠、脱节等不协调现象，影响工作效率，影响管理水平的提高。如果一个企业一次次地进行不同体系的认证，就会带来许多重复工作，造成资源浪费，经济效益不佳，标效果也不一定理想。由此，生产经营一体化管理就是把分散的、多头的管理变为集中的系统的管理。

（二）管理过程理论

管理过程学派的特点是把管理理论和实践归纳为原则与步骤，将管理理论同管理者的职能与工作过程联系起来，认为管理是由一些基本步骤所组成的一个独特过程，这些步骤之间相互联系，递次运转，形成一个完整的管理过程。根据该理论的基本原则，采油厂生产经营一体化管理重视过程管理，对采油厂不同生产经营管理过程分别建立监控体系、预警管理体系及流程化管理系统。

（三）链式管理理论

"链式管理法"的主要思想是：组织就像坦克的履带一样，组织的各个职能部门，各个岗位以及每一位员工就像履带上的各个环节一样。每个环节既相互独立，又环环相扣、相互联动，离不开整个履带的作用，从而使这条履带具有凝聚力、向心力又能激发活力。

"链式管理"所涉及的管理对象大都是一个包含多种要素且相互关联的有机体系，他们具有整体性、综合性、层次性、相关性的特点，这些要素之间相互依存、环环相扣，构成了一个不可分割的有机系统。"链式管理"的精髓和核心是以责、权、利相统一的责任目标为链环,将组织各部门各岗位的每一个员工链接成一个环环相扣、相互联动、相互制衡、高效运行的"链式"管理系统。生产经营一体化管理就是基于这种管理原理建立高效运转的管理体系，更好地运用和发挥生产和经营各自的优势，实现采油厂资源的整体优化配置。

（四）协作理论

生产与经营实际上是基于分工的一个协作系统。企业组织也是一种基于协调机制演化和协调水平增进的协作系统。生产经营一体化管理模式也是从协作系统演化的角度考察采油厂组织的生产经营活动；从协作系统的角度分析，将企业作为一个整体，分析系统内部的有机团结和演化。

（五）木桶原理

一个木桶由许多块木板组成，如果组成木桶的这些木板长短不一，那么这个木桶的最大容量不取决于长的木板，而取决于最短的那块木板。同样，如果桶底不是坚固无缺的，那么当木桶的容量随着木板的加长而增大到一定程度时，桶底便开始泄露，严重的情况下桶底会开裂甚至会脱落而令木桶整个崩溃。

在生产经营一体化管理中，对各个运行内容进行管理，运用木桶原理去完善尚需改进的地方，使各个运行机制能够持续有序地进行，不会因为某一内容的欠缺影响整个管理模式的实现进程。所以采油厂的管理基础，各项管理制度、标准的有效制定对生产经营一体化管理模式的有效实施起到了关键性的作用。

（六）蝴蝶效应

蝴蝶效应是气象学家洛伦兹 1963 年提出来的。其大意为：一只南美洲亚马孙河流域热带雨林中的蝴蝶，偶尔扇动几下翅膀，可能两周后在美国德克萨斯引起一场龙卷风。其原因在于：蝴蝶翅膀的运动，导致其身边的空气系统发生变化，并引起微弱气流的产生，而微弱气流的产生又会引起它四周空气或其他系统产生相应的变化，由此引起连锁反应，最终导致其他系统的极大变化。此效应说明，事物发展的结果，对初始条件具有极为敏感的依赖性，初始条件的极小偏差，将会引起结果的极大差异。生产经营一体化管理模式由许多的生产经营管理内容相互影响，相互连接，一个地方的误差，可能连带出现后续的重大生产经营问题出现，所以生产经营一体化管理对实时改进提出了很高的要求。

（七）手表原理

手表原理是指一个人有一只表时，可以知道现在是几点钟，而当他同时拥有两只表时却无法确定。两只表并不能告诉一个人更准确的时间，反而会让看表的人失去对准确时间的信心。所以，标准只有一个才能成为标准，多个标准就无所谓标准。生产经营一体化管理模式将是要将采油厂规章制度系统化，统一化，让生产经营站在同一个标准之上，才能朝同一个目标行进。

二、模式的内涵及特点

建立采油厂生产经营一体化管理是针对采油厂生产和经营工作相互分离程度较大的企

业特点，竭力构造一种使之相互渗透、相互延伸、相互支持、相互配合的一体化体系，保证采油厂各方面工作稳定协调开展，顺利完成油田公司下达的各项任务，大大提升采油厂的经营管理绩效，增强企业竞争力。

（一）生产经营一体化管理的内涵

根据采油厂追求产量并提高效益的高速发展需求，依据国内外现行经营管理的各种原理并结合油气生产特点，提出生产经营一体化管理的思维、思想和思路：以基于生产过程控制的业务流程标准化管理、基于作业流程的标准成本管理及配套绩效考核管理体系等的有机结合为核心，以一系列管理措施的有效实施为保障，建立提升生产经营一体化管理水平，兼容拓展经营业务流程化、标准成本管理及绩效量化考核的经营管理体系，实现对生产的有效反馈、对过程的有效控制、对结果的有效考核、与厂整体管理的配套一致，体现管理的流程化、标准化，标准的数量化、科学化，考核的细致化、明确化，运行的简约流畅。

在生产经营一体化管理模式下，把经营管理和生产管理放到了同样重要的位置，从采油厂的生产实际出发，切实做好生产向经营渗透，经营向生产延伸，生产管理者也是经营管理者，真正使经营管理工作取得长足的进步。该模式就是要建立生产经营联动的相关机制，要做到"五个一同"，即经营和生产要一同编制预算、生产和经营要一同分析预算运行中产生的偏差、生产和经营要一同制定和落实纠偏的措施和办法、生产和经营要一同落实预算外事项资金预算、经营和生产要一同考核兑现。从理论到实际，从生产到实际，从上级部门到下级部门，从内部到外部，从集体到个人，从纵向到横向，从短期到长期，形成一套完善的经营管理理念和实用的经营管理制度健全的经营管理体系。

生产经营一体化管理模式就是在企业管理中，针对生产经营管理中的每一个环节、每一个部门、每一个岗位，以人为本为核心，制定细而又细的科学化、量化的标准，按标准业务流程、标准成本及相关绩效考核进行管理。

（二）生产经营一体化管理模式的特点

生产经营一体化管理模式具有科学性、预防性、系统性、过程性和持续性的特点。

1. 科学性

在生产经营一体化管理实行的过程中，企业要对企业员工进行有针对性地理论和实际相结合的能力培训，让企业员工充分认识和发挥生产经营一体化管理作用，从而能不断提高企业标准业务流程和标准成本体系编制效率，落实标准成本与实际成本产生的差距，分析原因，再接下来的生产管理过程中做出正确的科学决策，有计划地组织、指挥企业的财力、物力、人力，做到有效地发挥各方面的潜能。

2. 预防性

在生产经营一体化管理中，由标准业务流程的设计和实践、标准成本的控制到绩效考核的成效，形成有效的闭环管理。所谓的闭环管理指的是，一个问题发生，只有进行了有效解决后，才能进行接下来的工作。闭环管理的目的是要绝对避免一个故障出现，解决问题时互相推诿以致不了了之的情况发生，最大限度地排除事故隐患，进而能够使采油厂各组织单位的风险得到有效的预防和控制。

3. 系统性和过程性

近年来，我国石油企业成本管理的发展有了很大的进步，但在成本发展的历程中，我们可以发现，不管是传统成本管理阶段还是在现代成本管理阶段，都缺乏系统性的研究，它们都是针对单个成本管理方法的研究。

在实践中，成本管理方法的应用缺乏联系，常常导致引进的新成本管理方法，却造成原有成本管理的方法很大程度上的放弃，反倒增加了管理成本，采油厂创新的提出生产经营一体化管理模式，构建出系统的成本管理体系，在原有成本管理方法基础上，引进新的成本管理方法，避免了原有管理实践中会有的冲突。

对于采油厂生产经营一体化管理的过程性，就是在于管理模式是以全过程管理的思想设计其构建内容，贯穿采油厂生产过程的始终，确定实现生产经营一体化管理的关键活动，识别和管理由这些活动所构成的企业生产经营一体化的相关过程，有效地辨析各过程之间的相互关系以及相互间的影响，找出规律，按规律将这些过程有机组合成一个系统，管理由这些过程的有机构成所构筑的系统并给予有效的控制，从而对整个系统进行协调。

4. 持续性

生产经营一体化管理不是一个孤立的事物，而是一个典型的活动过程，包括具体内容的制定、发布、实施和对全过程的实施进行监督的过程。

企业推进生产经营一体化管理是一个长期的、循环上升的过程，最初的模式往往是不太完善的，随着企业客观环境的不断变化，及对生产经营活动不断的识别、理解和实践，要不断完善修订生产经营一体化管理模式，适时地对内容进行审查、修订，保持标准的先进性。并采取全过程的管理模式进行持续改进，以适应企业生产、经营、管理、服务和外部环境变化等要求的不断循环，不断上升的过程。

三、模式的框架设计

在生产经营一体化管理模式中，生产是基础，经营则是服务、验证、评价生产组织工作是否有效及各项资源在生产组织活动中是否得到了合理的利用，体现的是生产与经营的相互渗透及互动，两者是相互依存的，而不是互相对立的。生产要靠经营去推动，经营要靠生产去保证，生产任务完不成，经营指标就是虚的，没有实际意义，经营管理跟不上，就会拖生产的后腿，生产任务就不可能完成。

正确地认识生产经营一体化管理模式的基本内容之间关系是更好地发挥生产经营一体化管理作用的关键。这里认为，生产经营一体化管理的主要工作在于：

1. 提出一个战略目标，即生产经营实现一体化管理。必须使全体员工明确生产经营一体化管理这个战略目标，将会使企业和所有员工从中受益，用这一目标引导企业的员工，进而实现企业的发展。

2.建立一套完善的规章制度（企业的硬管理），包括基于过程控制的标准化业务流程管理、基于作业流程的标准成本管理和配套的绩效量化考核系统，并严格遵照执行。"遵照"这两个字似乎过于严厉，但这是企业发展的最根本，也是企业面临的最大困难。

3.树立一种文化（企业的软管理），即生产经营一体化的五项保障措施。用这种文化带动全体员工，形成企业凝聚力，使大家心往一处想，劲往一处使，加快企业建设进程。

企业"硬管理""软管理"支撑着"战略目标管理"，它囊括了生产、技术、设备、安全、计划、财务、党政工团等各个方面，各项工作的共同发展并不意味着重点分散，而是要根据企业不同管理阶段的不同特点，将侧重点放在不同的工作中，但绝不能忽视任何一方面可能带来的影响。

采油厂生产经营一体化的重大企业管理变革，就是由生产型管理转变为生产经营型管理，其重要特征是由原来的只关心产量增长转变为既追求产量增长、又控制成本支出，把企业内部条件同外部环境的发展变化结合起来，实现经济效益目标；从追求短期完成生产任务转变为追求企业长期的持续发展转变，更加重视发展的基础性工作，更加突出企业管理创新，提升企业核心竞争力。首先采取"抓经营从生产入手，抓生产从经营出发"的方式，注意把经营工作与生产工作紧密结合起来，注意把经营工作贯穿于生产的各个环节。经营指标和生产指标一起下达；生产会议和经营会议一起召开；生产投入，经营领导和生产领导一起商量，形成全员、全过程、全指标经营管理体系。另外要与时俱进，不断学习和汲取新的管理理念，提高企业管理水平。随着企业外部环境的变化，企业管理的观念、内容、形式和方法也必须不断改进和创新。企业要有把国际上的先进技术、设备、管理方法和经验引进来的观念。只有这样，企业才能在新的管理体制和发展条件下树立"大管理"概念，运用现代管理理论和管理手段，实现管理系统的整体优化。

四、模式的具体内容

在采油厂生产经营一体化管理模式中，以生产管理、成本控制和绩效考核三个子系统为基础，坚持制度、执行与评估三个运行环节，在科学决策、过程管理与持续改进的支持下实现采油厂生产与经营相融合的管理目标。

（一）生产经营一体化管理模式的基础

1.生产管理子系统

生产经营一体化管理模式的生产管理子系统包括整章建制，梳理现在的标准，修订完善使用的管理标准和制度，推行生产操作程序的标准化和生产建设和运行的标准监控，进而确保生产投入科学有效、经营管理全力保障生产建设为夯实生产经营一体化管理打下坚实的基础。

2. 成本控制子系统

生产经营一体化管理模式中的成本控制子系统主要是加强经营管理的过程管理，主要体现在对采油厂推行全面预算管理、标准成本管理体系、制定合理的成本控制目标及业务流程管理。

3. 绩效考核子系统

绩效考核子系统体现在采油厂生产经营一体化管理中就是要建立生产和经营的岗位绩效量化考核指标体系，加大经营管理的考核力度，努力促进生产经营一体化管理的实现进程。

（二）生产经营一体化管理模式的运行环节

生产经营一体化管理的三个运行体系具体包括：制度环节、执行环节和评估环节。

1. 制度环节

制度是要求大家共同遵守的办事规程或行动准则。企业的制度是企业赖以生存的体制基础，是企业及其构成机构的行为准则，是企业员工的行为准则，是对企业功能的规定、是企业的活力之源，更是企业管理模式得以良性运转的基础。对于采油厂生产经营一体化的实现，制度是首要环节。我们按照"手表原理"，要将采油厂规章制度系统化，统一化，让生产经营站在同一个标准之上，朝同一个目标行进。

2. 执行环节

有了制度，执行是使制度发挥作用的载体。采油厂的组织职能设置为生产经营一体化管理模式的执行环节的运行提供了合理的组织结构，并且组织一切可以调动的资源完成生产经营一体化管理的执行环节。这是生产经营一体化管理运行中最重要的一个环节，制度标准能否完成、目标能否实现、运行是否正常等问题，都取决于生产经营一体化管理的执行环节。为了保证生产经营一体化管理的正常运行，采油厂投入了大量的人、财、物等资源，所以，采油厂要对执行体系中相应的产量、成本、安全、生产率、短期与长期目标的平衡、员工发展、公共责任等进行监控，保证企业运行正常，能够达到预期的管理效果。

3. 评估环节

通过执行体系，管理运行状况已有了结果，企业必须进行严格的评估和考核环节。评估环节为管理模式目标的实现提供了支持，为企业及其下属以后制定制度提供了重要的参考依据；提高了员工的业绩，对员工的努力方向进行了引导，同样为采油厂管理的发展提供了重要的支持；评估还为确定员工及相关方面的报酬提供了依据，特别当评估环节得出运行的客观结果时，可以有效地帮助企业发挥潜能，顺利完成企业的长期目标，进而规范企业的运行过程。评估环节保证了生产经营一体化管理的可持续实现，是保证生产经营一体化管理发挥最大效用的手段。

可以看出，生产经营一体化管理的三个运行环节，缺一不可，密不可分。

（三）生产经营一体化管理模式的运行保障

1.科学决策

企业各项决策正确与否，直接决定企业工作的成败。决策迟缓、决策失误是企业常发生的事情。决策规定了事业的发展方向，规定了达到目标的途径和措施，而科学的决策才能够引导生产管理工作的胜利前进。

因此，科学的决策是采油厂实现生产经营一体化管理的首要支撑力量，科学决策将为生产经营一体化管理的运行指明方向；展望未来，预见企业未来的变化；减少管理模式运行中重叠性和浪费性的活动；为管理模式的管理和改进，设置标准。

2.过程管理

在管理过程中，控制是关键，经营系统和生产系统要施行过程管理，才能有效生产经营一体化管理的执行力。采油厂在生产的各个环节，随时都在发生生产费用，抽油机开抽，原油的运输，会发生运费、电费、材料费，井下作业费等，只有在生产的各个环节，正常运行，没有预算外的费用发生，成本的运行才会平稳，才会在预算范围内运行。根据计算或者预计脱离目标的差异，找原因，并采取措施消除不利差异，才能达到费用实时监控，变事后控制为事前或事中控制的目的，促使生产经营按预期的方向发展。

3.持续改进

动态的管理，达到持续改进，从而提升企业的整体业绩。

生产经营一体化管理不是一个孤立的事物，而是一个典型的活动过程，包括具体内容的制定、发布、实施和对全过程的实施进行监督的过程。

采油厂推进生产经营一体化管理是一个长期的、循环上升的过程，最初的模式往往是不太完善的，随着企业客观环境的不断变化，及对生产经营活动不断的识别、理解和实践，要不断完善修订生产经营一体化管理模式，适时地对内容进行审查、修订，保持标准的先进性。并采取全过程的管理模式进行持续改进，以适应企业生产、经营、管理、服务和外部环境变化等要求的不断循环，不断上升的过程。

五、模式的实施方法及总体思路

生产经营一体化管理模式的有效运行要依赖于有效的管理方法：规范化管理、量化管理和优化管理。

（一）规范化管理

所谓规范化管理是指企业通过有关管理制度、工作标准、业务流程、操作手册等手段将企业各方面的运作程序化、固定化、标准化，使各项工作有章可循，也使得各个岗位的责权明确，以达到提高企业运作效率并提高企业管理水平的目的。从规范化管理的定义可以看出，要进行规范化管理，必须要制定工作标准和基本规章制度等。

工作标准就是企业为了获得最佳秩序和效应，由权威机构对重复性事物和概念所做的统一规定。在企业运行中，企业应制定并执行各种技术标准和管理标准，要将日常所做的工作标准化。技术标准是企业标准的主体，是对生产对象、生产条件、生产方法等所规定的标准，如基础标准、产品标准、工艺规程、操作规程、设备使用和维修标准、安全技术和环境保护等方面的标准。管理标准是指企业为合理组织、配置利用和发展生产力，对各项管理工作的职责、程序和要求所做的规定，如计划标准、组织标准、程序标准、方法标准、信息处理标准、考核及奖惩标准和工作标准等。

规章制度是企业为了保证生产经营活动正常进行而制定的基本规范，是企业全体职工应共同遵守的行为准则，如各种章程、规定、程序或办法等。它大体包括三类：

1. 基本制度。即根本性的企业管理制度，如企业领导制等。

2. 工作制度。即企业中各项专业管理的具体工作制度，如有关计划、生产、技术、物资、销售、人事、财务等方面的工作制度。

3. 责任制度。即规定企业内部各组织、各岗位或各类人员的工作职责和权限的制度。企业的规章制度应以责任制为核心，在责任制中，又以岗位责任制为基础。岗位责任制包括岗位职责、完成职责所必须进行的工作、基本工作方法以及应达到的目标要求。

虽然企业的规范化管理最终要落实到企业的工作标准和规章制度上，但是规范化管理却不是规章制度与工作标准之和。规范化管理是建立在人性理论的基础上，通过一套完整的价值观念体系来实施的、被管理者有一定价值选择自由的管理。规范化管理强调组织的自我完善和自我修复机能。

（二）量化管理

量化管理从企业战略目标出发，利用科学的分解方法，推导出确保目标实施的主要工作有哪些，进而通过对这些主要工作进行分类，直接解决公司组织架构及部门工作职责与目标之间的关联问题。同时，在目标分解过程中，将公司每个员工的工作与企业目标之间建立起清晰的量化关系，从而解决了员工薪酬与企业目标和个人工作之间的难题，真正做到了薪资的公平、公正、甚至公开。这种通过数据反馈主体行为的管理就是量化管理。量化管理是一种科学的管理方法。

全面推行量化管理，促进了企业建立良好的管理秩序和生产秩序，确保企业生产经营有机和谐地运行；有利于加强车间、班组的基础工作，使车间、班组科学管理深化；有利于规范管理行为，促进员工技术水平不断提高，保证产品的质量，提高企业经济效益等等。

在组织的运行中，采油厂要对生产任务、物耗、能耗、安全、设备、劳动、生产现场、经营计划、成本、基础工作和精神文明建设等方面进行量化管理。

第一，建立科学的指标系统。建立指标系统是进行量化工作的前提条件。因此，做好周密细致的工作，集中各方面的经验，采用上下结合的方法，制定量化管理的各项考核指标。在指标制定过程中，要从企业整体出发，制定出岗位标准全、内容全和具有高度系统性的指标系统。同时，对指标系统的要求还有：突出指标的科学性，先进合理、重点突出、具体、数据化、符合生产作业技术要求，符合系统分析的要求；随着企业的发展、员工技术水平的提高，不断修改、完善指标体系；建立考核检查的配套制度等。

第二，严格考核，奖罚兑现。搞好量化管理的关键是考核，奖罚兑现：一、有严格的考核标准，不能搞"一阵风"，时松时紧，不能搞形式主义；二、考核经常化、规范化、制度化；三、要奖罚月月兑现，形成激励机制。

第三，加强思想教育。开展量化管理，建立标准、建立台账，准确积累数据，整理资料等。在初始阶段，员工往往不习惯，所以要加强对员工的教育，促进管理意识更新，使员工产生共识、协调、合作，推进量化管理。

（三）优化管理

优化管理是指以"整体最佳并非样样最优；从实际出发的整体最佳和动态的渐进、而不是静止的"优化管理思想为指导的，提高企业管理水平和确保企业整体目标实现的管理方法。

优化管理方法对组织各项工作的开展起指导作用，它有以下主要观点：

1. 整体最佳并非样样全优。在管理系统中的各个要素，虽个体并不是样样处于最优，但经注入新思想、新方式、新方法，对生产要素、生产条件、生产组织等进行优化组合后，使其形成一个整体，并以整体出现时发挥最佳功能，从而为企业的经营战略目标创造出整体最佳的效益。

2. 从实际出发的整体最佳。针对组织的特点和现状，并不通过引进最先进的技术、管理方法，而是要从企业的现状出发，调整组织各要素的组合，改善落后的环节，从而产生符合实际的、实用的、实效的整体功能和整体效益最佳的效果。

3. 整体优化是动态的、渐进的，而不是静止的。组成组织管理系统的各部分，始终处在一个动态的、渐进的发展过程之中，并形成一个相互联系和促进的有机整体，按照PDCA循环模式，将企业的整体优化管理推向一个更高的层次，实现"超越自我，永攀高峰"的理念。

生产经营一体化管理的规范化管理、量化管理和优化管理三种方法，每种方法既可以单独运行，也可以与其他方法有机结合，共同发挥作用。其中规范管理是前提，量化管理是保证，优化管理是核心，三者相互联系、相互制约、相互促进、相互发展。

根据生产经营一体化管理的相关理论，并积极吸取其他企业的经验，为采油厂制定了实施生产经营一体化管理的框架方案。在生产经营一体化管理框架方案的指导下，明确公司在未来一段时间所要达到的成本、产量、安全等方面的目标及相关要求，并确定工作的方向和重点。

第三节　生产过程控制的标准化业务流程管理

采油厂的生产过程管理首先从基本操作抓起，进而规范生产流程，实现标准化和流程化，为生产经营一体化管理模式的运行提供坚实基础。

统一采油作业区业务流程是生产、经营一体化的需要，生产向经营渗透，经营向生产延伸，生产经营一体化的管理模式，必须通过统一的业务流程来实现，这样可使我们有效的管理资源得到充分的利用，有利于提高管理效率，降低管理成本。

建立统一的业务流程，用内控的理念，管理和约束生产、经营行为，把做什么、什么时候做、由谁来做、做完留下什么作为工作的基本思路，岗位员工各司其职，规范操作，不断发现工作中的风险隐患，及时纠正偏差，减少失误。业务流程，不管是指导性的，还是操作性强的，都要以生产实际为前提，不能搞空中楼阁，大而空，无实际意义的措施只能得到束之高阁的下场。规范标准化业务流程主要体现在标准化操作流程管理和标准化主要成本项目流程管理两个方面。

一、标准化操作流程管理

标准作业程序是指用流程图描述岗位操作中的隐患风险、排查措施，界定操作顺序、协作关系和关键环节控制要点，量化操作参数，提示注意事项，将岗位操作规范化、图片化，便于操作人员理解和掌握。标准作业程序的主要规范对象是具体的工业和工程活动。它首先明确活动目的和工作顺序，然后将整个工作过程细化，使其中每一个步骤标准化，同时明确每一步骤中可能存在的风险和违反操作规范可能带来的不良后果。

（一）推进标准化操作管理的主要做法

1. 提高全员标准化操作意识

公司在推行标准化操作管理过程中紧密结合 HSE 管理体系，侧重体现"预防为主"的思路，环保责任的逐级分解，环保压力的逐级传递，注重把人的操作控制作为提升安全水平的主要途径，通过氛围熏陶、文化激励、警示教育、技措保障、会议学习、观念引导、实战演练等手段，逐步使员工"标准入心、规范入脑、操作入行"，增强了员工标准化操作意识。

2. 提高员工标准化操作能力

全面推行《标准作业程序》，实现操作行为可控。以《标准作业程序》为主要培训内容，突出"说、教、练、考"四个环节，坚持"干什么、学什么、补什么"三个原则，积极组织了标准化操作技能的教培工作，以期实现岗位标准化操作"人人出手都过硬"的操作流程管理目标。

（1）强化"说"。一方面组织开展"我的岗位操作标准我来讲"活动，促使岗位员工熟练掌握所管岗位、设备、流程的标准化操作程序；开展"我的岗位风险我识别"活动，引导岗位员工对照标准化操作流程，通过查找、识别、梳理，清楚掌握所在岗位的危险源点和日常操作中的违章行为；另一方面开展"身边事故案例我分析"活动，组织员工对违规操作进行分析和讨论，让员工说出操作发生的原因和预防措施，让员工明白所有操作必须严格按程序进行，任何一处疏漏和大意，都有可能诱发潜在安全事故。

（2）突出"教"。本着"干什么岗、管什么设备，就培训什么"的原则，各单位制定了具体的、有针对性、可操作的培训计划，逐级组织员工学习标准化操作管理，确保操作要素可知。

一方面专职教培人员结合生产实际，把具体岗位操作的操作要领、操作步骤、操作参数，以及风险隐患、注意事项向员工进行了清楚、明白的讲解和剖析。另外，教培人员深入到生产现场，组织员工进行了现场示范讲解和演练，深入每个岗位开展了"手把手"巡回施教。采取"拜师纳徒、师徒帮教、以老带新、互帮互学"等方式，将理论知识和实际操作有机地结合起来，对在施教过程中发现的违章行为，及时给予纠正，告知操作要领，反复操作演练，直到标准熟练掌握，操作规范无误。

另一方面积极发挥影视媒体可视化的培训功能，由员工培训站牵头，逐级组织员工观看了《采油工多媒体培训光盘》《标准作业程序》多媒体，提高了教培效果。同时加大对工人技师的培养选拔力度，充分发挥他们在实践中的培训指导和传帮带作用。

（3）重点"练"。以技能操作人员达到"三个百分之百"（100%参加培训、100%持证上岗、100%掌握标准化操作技能）为目标，开展"四小"活动（小师傅、小课堂、小专题、小练兵）、岗位技能切磋、互动演练、技术比武等活动，力争让岗位员工熟悉生产流程，熟练操作规程，精通岗位操作，确保员工在岗位操作上做到四个准，即：准确掌握每个工艺流程、准确开关每个阀门、准确规范启停每台设备、准确判断果断处理每项故障。

（4）严格"考"。制定《标准化操作管理考核实施办法》，在全厂范围内开展全员标准化操作技能抽查考核活动，主要从标准操作、应急操作、意识习惯等方面，对一线岗位员工的标准化操作能力综合考评。各生产单位也通过模拟演练、现场操作、案例分析和隐患排查等形式，分期、分批对操作层员工的标准化操作技能进行现场考试，及时了解了基层员工对本岗位所管设备、流程标准化操作技能的掌握情况，总结分析，查找薄弱环节，制定改进措施，按照培训—操作—考核—再强化培训—再操作—再考核的循环方法，不断提升标准化操作培训的效果。

（二）丰富完善标准化操作载体

1. 推行标准化操作挂件——操作要素可知

把岗位设备、流程的标准化操作步骤用简单明了、直观易懂、形象逼真的图片流程展示出来，以标准化操作挂件的方式，在基层班站以最快捷、最有效的办法呈献给基层员工，实现隐型师傅显型化，以时刻提醒、潜移默化的方式培养员工良好的操作习惯，确保员工标准操作、安全操作，实现安全管理工作的简单化、直观化、显型化。

2. 丰富标准化操作辅助载体

推行设备 PSRT 卡管理——故障排除可查。为了使新分新增员工较快地掌握岗位设备流程的标准化操作程序，可用目视卡（即"PSRT"卡）的形式把设备的工作原理（Principle）、内部结构（Structure）、标准化操作规程（Rules）和故障排除法（Trouble shooting）张贴于各种大型设备旁，简洁、明了的对各种设备的操作原理以及操作步骤做出了明确指导说明，使员工在巡回检查和设备操作过程中，可以对照标准化操作流程纠正违章，确保标准化作业，同时也方便了员工随时对各种设备的结构原理、性能参数、操作规程、故障排除进行学习，增强员工自主学习的能力，有效提升岗位员工的标准化操作水平，大大提高操作的标准化管理。

3. 建立危险源显现化警示系统——安全风险可见

对重点设备悬挂危险源辨识牌，对防范措施和监督检查要点进行详细描述，时刻提醒员工按章操作。并在各岗位建立重点隐患提示记录，提示员工在交接班时重点交接、标准巡检。

二、标准化成本项目流程管理

采油厂作业区的成本管理项目很多，相对应的业务流程项目也很多，但就可控成本项目而言，主要是材料费、动力费、运费、井下作业费等，这四项费用是变动成本要素中可控度最大的成本项目，占到总成本的 70% 以上，是作业区业务流程管理的重点。

（一）材料费用的业务流程管理

材料费实行物资采办站—作业区业务主管岗—井区—生产岗位的"四级"监管网络，确保物资按计划对口有效使用。

厂级主管部门是物资采办站，作业区由主管经营经理负责，业务主管负责物资计划的编报、验收、监督、使用信息反馈的收集上报等工作，井区负责物资的管理和对口使用，岗位员工负责物资使用信息反馈。

物资的使用流程是岗位员工或井区根据岗位需要提出用料申请，井区物资管理人员平衡本井区库存后，提出月度材料申请计划，经井区长审批后上报作业区材料主管；材料主管根据各井区申报的计划，在作业区内部调剂后，缺口材料编制计划，由主管生产领导审阅，经主管经营副经理签字后上报厂物资采办站；物资到货后，由物资验收组验收后发放至计划井区。物资验收组由作业区经营副经理任组长，成员主要包括材料主管、工程技术人员等，其职责是实物核对，数量清点，质量检验等，每宗物资验收合格后，每位成员都要签字确认。

在材料费的控制上，建立物资统一计划、分级审批、集中采购供应的管理体制，属于采油厂授权采购的物资，一律通过招标，实行"比价采购、直达供应、零库存管理"的采供模式，对合理配备物资、物尽其用、降低成本起到了积极的作用。材料供应厂不设厂级库房，生产建设物资除依靠存续企业供应主渠道外，利用社会库存，实行批量采购，由供货厂商直接送货到使用现场。在同等质量、价格、服务的条件下，缩短供货周期，减少中转环节，节省运输装卸费用。作业区实行限额领料，根据年度预算及月度生产实际，按月下达领料限额，超过限额，不予审批计划或领料，特殊情况，须经作业区主管领导签字方可发放。

另外还可通过完善管理机构、细化材料费用分解、加强材料计划管理、加强材料验收、加强材料跟踪核销、加强材料费核算、加强材料费用分析、实行严考核硬兑现、以及加强废旧物资管理等九项具体措施。从而使材料费用管理进一步精细化和规范化。

（二）动力费用的业务流程管理

电力是采油最主要的动力，其费用占作业区总成本的30%以上，是成本控制最主要的项目之一。

厂级动力费的主管职能部门是生产运行科，作业区由经营副经理主管，业务由生产运行组管理，其职责是对作业区动力费计量设施的管理，实物工作量的计量核对，节能措施的组织实施，动力费的结算等。根据动力费占作业区总成本比例高，控制空间大这一特点，各作业区都在运行组设立一个专职电管岗位，专门落实动力费控制措施的落实。

在电费管理上，严格按照采油厂电费管理制度执行，作业区下属的各成本责任单元，都分井区，站，井组安装电表，每月由作业区电管人员和各井区负责人抄表，并建立台账；作业区实行"双方共同抄表"制，每月由作业务电管人员和供方共同抄表结算；作业区建立动力费运行分析制度，根据当月发生与上月、上年同期对比，扣除新增因素，分析动力费变化原因，发现问题，制定对策。

各作业区还根据各自特点采取许多有效的控制措施，主要是改、堵、节、优等四项措施，能够取得比较好的效果。

改是通过技术创新，实施"双改"。对老油田可通过电力线路的改造进行节电，使老区的运营成本大幅下降。另外可改大电为燃气发电，充分利用油层伴生气，引进燃气发电机，既保护了环境又节约了成本，经济效益和社会效益十分明显。

堵是堵住电费流失的口子。由于历史的原因，油田所管辖油田，农民私自用电现象十分普遍，造成很大的经济损失，也存在很大的安全隐患。面对日益沉重的成本压力，采油厂必须采取禁、甩、改、收、限的管理措施。"禁"即产建新区坚决禁止给农民接电；"甩"即已接的，能够甩开的尽可能彻底甩开；"改"即地方农电网能够满足生产要求的，切断油网改用农电，这样既可增强企地关系，又可降低成本。就近农电网不能满足生产的，与地方电管部门合作，将挂在采油厂电网上的农民用电改由地方农电管理单位管理；"收"即对无农电的地方，安装电表，收取电费，一方面可以减少经济损失，另一方面实施有偿用电，提高农民的节电意识；"限"即安装限电装置，尽可能限制农民超额用电。

节是通过节能装置的应用降低电费。按照国家建设节能型企业的总要求，必须加大节能项目的投资力度。如使用燃气发电机，一台燃气发电机一年节约成本达七万多元、JQ2000 无级调参装置，使无功功率下降 88.68%，功率因数提高 0.567，节电率达 27.3%；高转差电机档位开关，无功功率下降 8.44kVA，功率因素提高 0.319，平均口耗电下降 40.74kW·h，单井年平均节约电费 0.928 万元；安装低冲次皮带轮，抽油泵效由 29.7% 提高到 30.1%。

优是通过优化抽油机的工作制度降低电费支出。就是对低产低效井，确定一个不影响产量而又能尽量缩短工作时间的工作方法，降低电费的支出。

（三）井下作业费的业务流程管理

井下作业费占作业区总成本的 10%~20%，油田开发的周期影响着井下作业费的高低，开发初期，井下作业费相对较低，开发后期，井下作业费将逐年上升。但在相对同等条件下，修井费用的高低，取决于管理者所采取的管理方法和措施。

厂级井下作业的管理部门是工艺研究所，作业区由主管生产的副经理负责，技术管理实施业务主管，实行岗位员工—井区长—作业区专职修井监督—作业区主管—生产经营的领导"五级"修井监督。

油水井上修审批程序是，井区根据测井、单量资料或油水井的实际工作状况提出修井申请，技术管理科核实相关资料后及时做出修井方案，经作业区主管领导审批后通知井下作业队伍上修。

在井下作业费的控制上，可以采取以下主要做法：

1. 抓住四个方面的质量管理，即：油井日常管理质量；管、杆、泵检查维修质量；新井投产质量；井下作业修井质量。不发生是成本管理的最高境界，油井的日常管理直接关系到油井的生产状况。强化油水井日常管理，认真落实油井管理制度，提高油井时率是油井正常生产和降低修井费用的关键。井筒是采油井生产过程中的重要环节，油水井井筒问题，包括管、杆、泵、附件故障，是导致修井，发生井下作业费用的主要动因。因此，要始终把井筒的治理放在十分重要的位置，因此，岗位员工的管理非常重要。采油厂可通过岗位绩效量化考核，明确岗位员工在油水井日常管理中的具体工作内容、工作标准、工作责任等，这对加强岗位员工油井日常管理起到非常大的作用。另外，还可通过制定《油水井井筒分析标准》《油管杆管理试行办法》《深井泵检修标准》《新井投产管理制度》等技术标准和工作规范。通过采取一系列综合治理措施，从源头上减少井下作业费用的发生。

2. 搞好两个优化，即优化油水井工作制度；优化井下杆柱组合。在不影响产量的前提下，优化油井的工况，可以减少无效抽吸次数，降低抽油井的工作负荷，即延长了三抽设备的寿命又降低了电费的发生，也从源头上减低了井下作业费用。

3. 加强井下作业质量的监管力度。以质量作为井下作业监督管理工作的主题，进一步完善相关标准，加强监督队伍建设，加强现场跟踪监督力度，通过过程监督控制降低作业费用。具体做法可通过制定采油厂《井下作业质量标准》《井下作业定额工时》《油水井维护性作业管理办法》《油水井增产措施实施办法》《大修井实施细则》《井下作业事故井管理办法》《井下责任追究》等适合井下作业管理制度，形成井下作业监督的系列标准，建立"组织到位、人员到位、职责明确，责任追究"的井下作业五级监督体系。

4. 实施井下责任追究制度，就是依据油井修井原因追究责任主体的管理责任。技术室主要负责设计油井的日常维护性作业方案、现场施工的进度和监督、大型作业方案的申报和实施，检泵房深井泵的试压、凡尔罩、标准拉杆、凡尔球的检查和把关、油水井日常管理制度的落实及责任追究。作业区修井监督主要负责现场施工的全过程监督、按设计要求施工、施工过程中特殊情况的及时汇报请示、现场相关资料的收集和汇总；各井（站）主要负责作业油水井的交井和接井、油水井的日常管理、完井前的准备工作，确保油井完井后的正常开抽、作业过程中存在问题的记录并反馈在修井质量认可书上。

油水井完成后，由作业区井下责任追究小组根据油水井上修的情况进行分析，找出造成油井上修的原因，然后对责任主体实施责任追究，并提出改进措施。

（四）运费的业务流程管理

运费占作业区总成本的 16% 左右。运费的单位成本受油田开发规模的影响比较大，新区的产建速度快，运费比率高，老区相对比较低。

厂级的运费管理职能部门是生产运行科；作业区由经营副经理负责，日常工作由生产组来承担，负责车辆的计划、调派、路单的填写、运费的结算等，由于车辆调配的随机性、随意性很强，所以生产组是作业区运费控制的主体；井区长是使用方控制责任人。

用车单位根据生产及工作需要，在前一天向作业区生产组报用车计划，作业区计划组按照"先主后次，先急后缓，次缓结合"的原则，经综合平衡后，予以派车，并于当日晚给井区反馈车辆计划落实情况。井区在计划落实后及时安排准备，确保车辆报到后及时工作；车辆报到后，用车单位严格按计划用车，并有专人记录用车工作量作为签填路单的依据，如果有计划外用车，必须通知生产组，同意后方可使用，并如实填写外增工作量；用车单位根据情况，尽可能做到车辆合理综合使用，提高车辆的使用效率；作业区生产组、井区必须按车号、车型、车辆所属单位、用途、路单号、行驶公里、单价、结算金额建立台账。拉油运费还要填写拉油票据号、司机姓名、井号，拉液量等数据。

运费控制，受人为因素影响最大，所以在控制上我们还是以抓源头为主。首先，把运费作为一种硬性指标下达到基层单位，严考硬兑，激发了基层单位节约运费的热情，用车的计划性、合理性明显增强。其次，充分发挥生产组的组织、协调能力，合理调配作业区的运输力量，及时清退配置不合理的驻队车辆。突出车辆使用的计划性，强化使用过程的有效组织，减少非生产压车时间。拉油车辆核准实际拉油距离，做好拉油点的加温工作，减少拉油罐车的装油时间，缩短了油罐车的拉油周期。

第四节　建设采油厂生产监控体系

生产监控体系建设是在对企业生产过程的制约因素分析的基础上，把握其中的关键、核心因素，建立以组织、技术、管理为依托的监控体系，对这些关键核心因素进行实时有效监控，通过这些因素的变化掌握生产管理与组织存在的问题，并对这些问题设定科学合理的信息反馈和纠错、整理措施，及时恢复正常生产，确保生产目标的顺利实现。

一、生产监控体系的内涵和特征

采油厂生产监控体系的建设与运行管理，就是在以原油产量为中心的生产组织过程中，把握制约生产组织的效率甚至影响了正常的生产秩序，从而导致原油产量异常波动的关键因素，及时采取针对性措施，使原油产量按计划平稳、受控运行。因此，采油厂生产监控体系的建设与运行管理具有科学性、时效性、自适应性的特征。

1. 科学性。监控体系的监控对象（制约原油产量运行的各种因素）准确定位于关键因素，制定的监控措施具有可操作性，设定的防范措施具有针对性和合理性，能够保证体系的高效运行。

2. 时效性。监控体系对监控对象的变化能够及时发现，及时反馈，第一时间采取措施，使监控体系整体运行始终处于活跃、主动状态。

3. 自适应性。监控体系能够跟踪体系运行的效果，能够通过对运行中不断出现的新问题进行总结分析，能够自我完善体系的功能与运行机制，保持对生产组织管理的适应性。

二、建设生产监控体系的意义

（一）建立生产监控体系是原油生产保持平稳运行的有力保障

1. 正常的生产管理与组织运行受到各种企业内外部不利因素的影响。随着油田管护面积和生产管理区域跨度的加大，管理对象涉及计划、组织、人员素质、设备、动力等方方面面，增加了生产运行的不确定性。特别是地方侵权行为和油田周边不法分子盗抢原油、破坏生产设施案件有增无减，大大增加了正常生产组织的难度。

2. 恶劣的自然环境增加了生产管理的难度。采油厂作为油田开发企业，生产区域大多地处梁筛密布、沟壑纵横的黄土高原，地形极其破碎而复杂，加之黄土地区的湿陷性，油田生产道路、水电讯等保障系统维护难度加大，一定程度影响着生产组织。所管辖的油区点多、线长、面广，自然环境十分恶劣，要害生产部位较多，油田交叉作业频繁，生产管理的任务十分艰巨。

（二）建立生产监控体系是培养员工增强产量意识、提高生产组织管理效率的需要

采油厂生产管理始终处于企业管理的中心地位，包括生产计划、生产组织、生产运行等诸多内容，其中影响原油生产管理的因素多种多样且存在不确定性，任何一个影响因素的弱化或滞后都会影响到整体的运行效率和效果。这就要求我们在生产管理中始终要树立超前意识，抢先半步发现影响生产管理的不利因素并加以控制和修正，将事后处理转向事前预防或事中监控，及时采取有效措施，达到防患于未然的效果。

近几年，各油田的采油厂都处于快速发展过程中，为解决企业快速发展与劳动力短缺的矛盾，引入了大量的社会化用工，用工形式的多元化，员工素质的参差不齐，尤其是员工的整体素质水平不符合现代化、精细化生产管理的标准，与油田快速发展的形势差距还很大，是目前采油厂生产管理过程中存在的较大隐患。因此，要想实现原油生产的平稳运行，必须要以生产监控体系明细岗位责任，树立员工的生产运行危机意识和监控意识，帮助员工学习和掌握监控方法，防范化解和避免生产管理过程中的失误，以实现采油厂生产管理的平稳运行。

（三）建立生产监控体系是完成原油产量目标、实现快速发展的内在需要

近几年，各油田公司各采油厂都制定有较高的原油产量目标，同时还要应上市的要求不断提升核心竞争力，但采油厂又面临着不断加大的开发难度，这就要求我们建立生产监控体系，依靠生产组织有效运作提高产量。

1. 新增石油生产能力受到矿权和接替区不足的限制。新增生产能力是采油厂持续发展的基础，而在某些地区石油开采的特殊历史背景下，企地石油资源之争愈演愈烈，产建井位审批面临各种阻挠和牵制，导致某些油田开发建设方案难以有效落实。另外，随着可供建产区域面积和优质储量、落实储量不断减少，产建接替区逐年缩小，产能续建部分储量丰度差、区域分散，产建地质风险大，新增生产能力难以落实，完成新井产油任务的难度加大。

2. 老油田稳产和措施挖潜难度进一步加大。随着老油田进入开发中后期，部分老油田已进入"三高一低"（采出程度高、综合含水高、综合递减高、储采比低）阶段，不但增大了稳产的难度，而且措施挖潜的空间不断缩小，老油田稳产形势严峻。因此，采油厂只有建立并全面实施生产监控管理，才能拉动产量的持续增长，才能确保产量目标的圆满完成。

三、建设生产监控体系的主要做法

在实际生产管理中，采油厂应该始终把握原油产量这个主要监控指标，根据采油厂各

层面对原油产量的影响和控制程度，在建立各层面监控体系的基础上，形成各层面相互联系、有机衔接的生产监控体系。

（一）构建生产管理的"三个机制"，为生产监控体系建设提供保障

为保证生产预警管理的有效运行，采油厂主要通过建立稳固的生产运行机制、良性的产量运行机制和生产管理的骨干培养机制等"三个机制"建设，不断规范和优化生产组织运行，为生产预警管理提供坚实的机制和人力资源保证。

1. 建立稳固的生产运行机制

第一，生产指挥管理靠前，优化生产格局。根据厂部和生活基地的距离，对那些较远的生产油区，可以在生产一线设立前线生产指挥中心，抽调骨干常驻一线，实现生产建设管理重心前移，形成前后呼应、相互协调的生产管理格局。

第二，提高采油作业区独立作战能力，建立运作自如的高效运行机制。厂将生产组织、成本控制、队伍管理、生活服务、党群工作、矿权管护六个方面的权力下移到采油作业区。在生产管理上，采油作业区根据厂下达年度指导性计划和月度指令性计划，自行实施生产管理，探索有效管理方法，提高管理效率。

第三，持续完善有效的生产管理制度，规范生产运行过程。在油田开发技术管理方面，以油藏和井筒分析为先导，坚持"三级动态分析"制度，探索和推广实用技术措施，增强生产管理的预见性管理和系统性规划。在生产管理制度上，改变以往粗放式管理模式，建立和完善管理制度、考核制度和激励政策，发挥规章制度的约束和规范作用，使油田生产的水电讯系统管理、油田道路管理、防洪防汛和冬防保温管理、生产紧急预案和抢险管理逐步走向规范化和科学化，使生产组织与管理水平得到持续提高。在生产管理基础工作上，不断提高计量系统的准确性和信息化水平，持续提高修井作业、增产措施等日常施工质量，持续增强员工的标准化操作水平，有针对性地强化生产管理薄弱环卫。

第四，加快生产信息系统硬件建设，形成快捷、可靠的生产信息传递网络。通过推广应用计算机网络技术，搭建生产管理的信息化管理平台，加快信息传递速度，提高工作效率。同时，不断更新配置先进的通信设施，推行公众移动通信模式，增强信息传递的可靠性。

2. 建立良性的产量运行机制

按照"责任下移、严考硬兑、新老井分开、按曲线检查"的产量管理方法，建立以作业区、井区、井组三级"责权清、覆盖广、反馈快"的产量监控与运行机制，建立逐级产量追究考核制度和产量阶梯激励机制，确保产量按计划受控运行。产量运行机制是对产量变化因素的跟踪与控制，是生产监控体系的核心内容。

3. 建立生产管理的骨干培养机制

第一，创造良好的人才成长环境，为生产管理配置高素质人才。坚持优中选优的用人

导向机制，打破工种、岗位和身份界限，在用人方法上由"相马"向"赛马"转变，注重在有一定基层管理经验、一定技术管理基础的人员中优选生产管理人员，不断增强生产管理系统的组织力量。

第二，加强"三支队伍"建设，增强生产管理人员的工作能力。在中层管理人员队伍建设上，按照"提高采油作业区独立作战能力"的要求，着重培养中层管理人员的自我思维、自己决断、自行组织、自我管理、自我创新、自我约束和自我进步的能力，努力实现执行到决策、操作到组织、单一到综合的转变，增强中层管理人员驾驭生产管理的能力，增强班子的整体战斗力和凝聚力。在技术人员队伍建设与管理上，将技术人才的吸收、培养和开发纳入低渗透油田增效管理的轨道，将学历层次高、技术娴熟、有较强管理能力的人选拔到技术队伍，为油田生产建设储备人才。在操作人员队伍建设上，积极整合自身和社会教育培训力量，采取"全员、全面、全工龄"的"三全"员工基本素质教育，改变培训方式，注重员工实际标准化操作能力的培训，提前介入产建地面建设，超前组织"新设备、新工艺、新流程、新技术"的操作培训；开展各工种不同形式的技术比武活动，为员工提供施展才能的舞台。同时突出技能专家、高级技师、见习技师、技术标兵，技术能手和站长、班组长、井区长的培训工作，以职业资格技能鉴定为途径，不断提高操作人员队伍的整体素质。

（二）明确各管理层面的原油生产监控目标，为生产监控提供科学决策的依据

1. 明确主要管理层面的原油生产监控目标

采油厂层面的原油生产监控目标是实际原油产量。而在作业区、井区、班站和井组的生产中，生产监控目标表现出不同的形式。采油厂通过规范生产计划管理，将产量目标按照作业区—井区两个层次进行逐级分解，结合生产管理特点，采油作业区以原油盘库产量作为有效性指标，实行"五天一盘库，十天一对照，一月一考核"的指标监控方式；采油井区以产液量作为有效性指标，按照作业区下达的五天液量计划进行考核。

2. 厂对作业区生产监控目标的下达

（1）年度生产监控目标（指导性生产计划）的下达。在新井产油、老井产油和措施增油构成的原油产量中，新井产油易受产建形势的影响，措施增油会受措施成功率的影响，整个原油生产还会受自然条件、外部环境等方面的影响，因此年度生产作为指导性计划下达，会随着月度指令性计划的调整做出相应调整。

（2）月度生产监控目标（指令性生产计划）的下达。月度生产计划是计划科综合考虑老井稳产、措施增产、新井产油三方面的产量构成、参考上期原油生产能力而确定的，力求对每个原油产量增长点的计算精确到每天，具有较高的准确性，是各采油作业区必须完成的指令性计划。采油作业区对月度指令性计划的完成情况直接作为月度业绩考核的依据。

3. 各管理层面生产监控目标的具体化

按照厂、作业区、井区（包括班站）、井组（油井）四个层面的管理范围和能力细分管理层次后，采油作业区生产监控目标在目标体系中占有中心地位，是全厂完成年度生产计划的保证。为了保证生产监控体系的时效性，采油井区和井组的监控是主要内容。采油井区主要监控所辖站点的口产液量（精确到班产液量）、单井计量结果、采油时率、外部环境几方面。所有产量都最终落实到井组，因此井组管理重在现场监控，它的预警指标主要是能够直接反映油井生产状态的井口动态特征，由驻井的岗位员工进行监控。

（三）结合各层面管理特点，建立有效的生产监控体系

根据各层面的生产监控目标，采油厂建立各层面相对独立而又互相联系的生产监控体系，实现预警指标的有效监控、实时反馈和及时应对。

1. 井组的生产监控管理流程

一是通过在井口对油井生产状况的实时监控和判断，及时发现油井不出液、产量下降等不正常情况；二是通过周期性的每5天的油井计量，发现产量不正常油井。井组及时上报不正常现象，通过低压测井等方式识别判断，制定相应措施。同时，对设备运行、外部环境发现的不正常情况及时上报，其中对发现的外部环境方面的不法行为要立即采取一定的合理应对措施。

2. 采油井区的生产监控管理流程

对井区每班产液量指标的监控中，若班产液量或口产液量发生不正常波动，应尽快从相关站点、井组层层查找原因，属于井区生产管理问题及时处理，井区无法解决及时上报。同时，通过对不正常停井等影响采油时率的情况的落实，减少生产组织不严密、员工产量意识不强等问题，从而合理安排油井日常维护工作并缩短维护时间，提高产液量。井区在对油井单量数据进行监控时，对计量不正常的井尽快以井口判断、低压测井等方式落实原因，及时上报采取上修、调整油井生产制度、油层改造等措施。通过对外部环境、特别是影响生产管理的盗抢不法行为的监控，发现带有倾向性的重要问题，及时组织防范措施并及时上报，减少原油损失，维护正常的生产秩序。

3. 采油作业区的生产监控管理流程

采油作业区主要发挥对井区的服务、协调、帮促和检查落实职能。在采油作业区生产预警中，将五天盘库产量与井口日产量、以及二者的差值作为生产预警指标，及时发现井区生产管理存在的问题。

对井口日产量和每5天的盘库产量进行监控，及时发现产量的异常波动。对盘库产量和井口产量差值进行监控，重在发现在井区、井组生产管理中没有被发现的、油田开发和生产组织方面存在的问题。

差值在合理范围表明生产正常，若差值大于设定的合理值，一是表明油田技术管理存

在问题，油田开发需要做出调整；二是表明应该达到的生产水平没有得到真正体现，可能存在生产组织不力、外部环境恶化等问题。其中，采油作业区主要发挥技术优势，从油田开发角度实施稳产增产措施，完成生产计划。

四、生产监控体系的运行过程管理

根据影响生产监控体系运行的主要因素，考虑产量变化能够反应生产组织和油田开发状态，主要生产设备运行和外部环境都会严重制约正常生产，因此采油厂在生产监控体系的运行管理中，主要通过对产量变化监控、主要生产设备的运行状况和油田外部环境情况三方面进行监控。

（一）产量变化监控的运行过程管理

按照井组、井区和作业区三个层面针对原油产量的生产监控管理流程，对产量变化监控的运行过程是：井组负责井口生产特征的监控和判断，井区负责井区总产液量及相关站点产液量的监控，作业区负责盘库产量、井口产量的监控，并对井区的监控内容进行检查。在监控过程中，在井组、站点、井区和作业区均建立相关记录台账，便于及时分析，发现不正常现象。

1. 产量监控体系在井组的运行

井组是监控时效性最强的一个环节，是生产监控体系的"第一道监控线"，即通过井口观测（光杆温度、憋压，还可参考抽油机的运转载荷和井口油压的变化情况）监控油井生产状况，对异常情况做出初步的判断。其中，把光杆温度和憋压资料作为主要预警指标，光杆温度超过正常生产时的温度（通常大于 60℃），油井生产可能出现异常。

憋压主要观察憋压时间和压力波动情况，出现憋压时间过长且压力波动异常、憋不起压力等现象，可以初步判断油井生产不正常。生产信息及时反馈是产量监控体系运行的关键，对油井井口生产状况的监控周期可以适当加密。

2. 产量监控体系在采油井区的运行

采油井区通过对每班（8 小时）总产液量的监控和分析，作为"第二道监控线"发现井组生产的不正常现象。当班产液量（或口产液量）波动 5%（或根据实际情况确定合理警戒线）时为异常，要及时落实波动原因，向下追踪到相关站点直至井组进行落实，向上及时汇报至采油作业区，并将异常波动原因的落实情况做好记录。

井区产液量异常可能有井组生产、集输管线运行、原油偷盗等多方面原因，在落实清楚后，由采油作业区相关部门核实原因并采取相应对策。在井区管理的站点，对每 2 小时的产液量进行对比分析，可以更快地发现异常情况，督促井组落实情况。

3. 产量监控体系在作业区的运行

采油作业区在产量监控体系中具有监控和制定措施两种职能。采油作业区成立产量监控小组,负责对各井区口产液量、采油作业区井口日产油量、各主要站点的集输运行情况进行监控,实行"说清楚"制度,要求采油井区对异常情况说明具体原因,把好产量监控的"第三道监控线"。采油作业区的生产预警指标主要是口产油量、五天盘库产量和五天盘库产量与井口产液量的差值,当口产油量、盘库产量波动1%(或根据实际确定合理值),差值超出综合计量误差(一般为5%)的折合产量,就需要及时查找产量波动原因。

(二)外部环境监控的运行过程管理

油田正常的生产管理秩序需要良好的内外部环境作为保障。采油厂可以充分发挥公安分局、经济民警大队、岗位员工"三道防线"作用,建立外部环境综合治理的防控网络,创造稳定有序的油田生产内外部环境。按照"三道防线"的工作格局,外部环境治理建立了以井组(站点)、采油井区、采油作业区、经警大队、公安分局五级监控体系,分工明确,密切配合,高效运行。

通过对外部环境的监控,旨在通过多层级、网络化的防控手段,对影响油田生产的各类不法行为和案件及时发现,对阶段性、突出性的案件动向进行有效跟踪,采取针对性措施重点防范,结合对内外部不法分子的严厉打击,维护正常有序的生产秩序。

针对盗抢、破坏等案件多发生在站点、井组的实际,在加强站点和井组员工教育的同时,充分发挥站点和井组员工的防范作用,做到案件及时发现、及时上报,减少损失。采油井区一方面在日常生产管理中组织人员进行油区巡查,加大防范力度;另一方面及时对站点、井组发生的不法行为采取,及时上报采油作业区,并根据巡查和不法行为发生情况,随时向采油作业区汇报阶段性井区生产外部环境的总体情况。

采油作业区以经警中队力量为主,并紧密配合,深入重点油井、大站大库和主要输油管线开展24小时不间断巡查,以打击盗、抢原油的不法行为为核心,以整治非法倒油点、土炼油炉和"三无"黑车为重点,结合实际在易发案部位和路段合理布控,并在重要路段设立流动检查点,步行与车巡相结合、定点盘查与流动巡查相结合,最大限度地减少不法分子盗、抢原油和破坏油井设施所造成的损失。同时,采油作业区根据盗抢等案件发生情况,对带有倾向性的情况及时汇报采油厂,以适当增加警力,提高预警和防控力量。

采油厂公安分局可以"打"为主,整治采油作业区反映的突出问题,维护油区治安和生产秩序的稳定。首先,大力开展破案专项行动,以查处现发案件、侦破群抢伤人等重特大案件为重点,严惩涉油刑事犯罪分子,发挥警示作用预防案件发生。其次,与采油作业区、经警大队密切配合,集中整治影响油田生产建设的突出问题,对非法收购、倒卖、运输、炼制原油等违法犯罪活动严厉查处,并结合法制宣传活动,为油田生产创造良好的外部环境。

(三)设备运行的监控过程管理

设备是油田生产的基础。在对设备运行的监控中,推行设备的"点检"管理,突出设备的主动定期检查、主动发现异常、主动分析检修、持续评价改进,提高设备的利用率和完好率，实现设备的受控运行。

设备的"点检"管理，是借鉴"预防医学"原理，把对婴儿的护理法移植到设备管理上，建立设备点检体系，推行了"三位一体"的点检管理。点检管理将设备日常管理分为定点、定标、定期、定项、定人、定法、检查、记录、处理、分析、改进和评价十二个环节，通过岗位员工认真做好岗位日常点检、专业点检员定期点检、专业技术人员（专业设备管理、维修人员担任）专业技术诊断与倾向管理、精度测试检查，对设备进行预防性、精确性点检，实现对同一设备进行系统的维护、诊断和修理，掌握设备故障的初期信息，找出设备异状，发现设备隐患，查明故障原因，及时制订消除故障的措施，防设备故障于未然，将故障消灭在萌芽阶段，使设备性能常处于高度稳定状态，保证正常生产需要。

定点、定标、定期、定项、定人和定法是设备检查的准备阶段。定点是找准设备可能发生故障和老化的部位，确定设备的检查保养点，一般包括滑动部位、回转部位、传动部位、与原材料相接触部位、荷重支撑部位、受介质腐蚀部位等六个点。定标是对设备定点部位制订检修标准，如间隙、温度、压力、流量、松紧度等要有明确的量的标准。定期是指设备检修要有明确的检查周期而不考虑设备运行是否已经发现异常，这就突出了"点检"管理超前性和强制性，也是预警管理的体现。定项是指对检查项目要有明确规定。定人是由谁来进行检查，一般是操作员工、检修人员和专职点检技术人员，应根据检查的部位和技术精度要求，落实到具体责任人。定法是指确定检查规则，是人工观察还是用工具测量，要有具体的检查方法或具体的检查措施。通过以上"六定"，为计划性、预防性地进行设备检修、及时发现设备各个部位的故障隐患做好准备。

检查、记录、处理是设备"点检"管理具体操作阶段，其中检查是明确检查的环境、步骤、方式要有规定，即是在生产运行过程中检查还是停机检查，是解体检查还是不解体检查，并按照"六定"对设备进行详细检查。记录是对检查情况按规定格式填写清楚，标明检查数据与规定标准的差值，记录检查初步印象、发现问题和处理意见等内容。对设备管理资料进行持续整合优化，集中形成一个设备管理手册，更新各类设备操作规程，对各大类主要设备的现场操作以流程图的形式进行分解，便于指导现场员工的作业。处理是指对发现的问题及时处理，对没有能力或没有条件处理的，及时上报相关专业管理人员，并做好处理的记录。

分析、改进、评价，是设备"点检"管理总结阶段。专业人员对检查记录和处理记录都要定期进行系统分析，找出设备管理的薄弱"维护点"，即对故障频率高发点要进行针对性较强的分析。对检查到的共性问题，要提出改进意见和建议，或组织专业技术人员进行技术攻关，想方设法给予解决或改进。同时，对每一项改进措施进行科学的经济效益和改进效果评价。

设备的"点检"管理，实现了生产设备管理从静态向动态、从被动向主动、从粗放管理向精细管理的三个转变，将监控、超前的管理思维渗透到设备管理当中，确保原油生产的平稳运行。

第五节　绩效考核管理

在实现生产经营一体化的过程中一大重点是，建立配套的绩效考核体系，完善薪酬激励和约束机制，准确、公正地考核各基层单位（部门）履行职责和任务完成情况，针对厂基层单位、机关职能部门、机关附属单位和其他需要厂进行业绩考核的单位，建立科学规范的业绩考核体系，实施有效的业绩管理，确保厂各项生产经营目标的顺利实现，将生产经营一体化落到实处。

一、采油厂绩效考核的原则

考核是人力资源管理的关键环节，以岗位员工在一定时期内所承担的工作任务、完成的结果情况、过程中的行为态度、做出的工作实绩以及对企业发展经营所产生的影响为依据，由员工本人、上级主管、同事、下属等共同对员工个人的"德、勤、能、绩"等方面做出的多视角、全方位的综合考核和评价，是企业管理者和员工之间进行有效沟通的一项重要管理行为。绩效考核制度及办法的制定都必须遵循以下原则：

1. 可持续发展的原则。在考核工作的全过程中，引导单位（部门）以可持续发展为导向，以完成各项生产经营任务为目标，千方百计完成或超额完成生产经营指标。

2. 总量控制、挖潜增效的原则。控制费用和用工总量增长，鼓励各单位采取多种措施挖掘潜力、提高效率，充分调动员工的工作积极性，确保各项工作任务顺利完成。

3. 客观公正的原则。考核指标力求客观、科学、规范；考核办法力求符合实际，简便易行，可操作性强；考核内容、标准、方法和结果公开，考核过程透明，考核结论公正。

4. 强化过程控制保证结果的原则。加大过程监控力度，将过程考核与业绩考核有效结合，确保重点工作的正常运行及全年业绩指标的顺利完成。

5. 严考核、硬兑现的原则。严格按照月度、季度和年度确定的各项指标进行考核，并把考核结果作为各单位（部门）兑现薪酬以及管理人员使用、培养的主要依据，使工作业绩与个人利益紧密挂钩。

二、采油厂绩效考核体系的建立

绩效考核体系架构包括三部分：组织体系、指标体系、制度体系。

绩效考核体系中考核层级：井区（队）及其所辖井站（班组）全体岗位员工。绩效考核体系中考核对象包括三类：管理人员岗位、技术人员岗位、操作服务人员岗位。

（一）建立各层面绩效考核体系

在绩效考核体系中，突出业绩，把工作职责与关键业绩指标挂钩，分解落实，考核标准与工作目标一致，与薪酬挂钩，并定期考核兑现。

1. 管理人员绩效考核体系

管理人员绩效考核体系以合同为基础，以业绩为重点进行考核。管理人员岗位包括：井区（队）长、党支部书记、副井区（队）长等岗位，以及分布在行政、生产、经营、党群管理与后勤服务保障等岗位的一般干部。

2. 技术人员绩效考核体系

技术人员绩效考核体系以合同为基础，以业绩为重点进行考核。

技术人员岗位包括：井区（队）级工程或地质技术人员（井区、队未设技术人员的则省略此项）。

技术人员岗位绩效考评体系架构与管理人员岗位绩效考评体系架构相同。

3. 操作服务人员绩效考核体系

操作服务人员的绩效考评，以完成本工种、岗位工作中的业绩为考核重点，兼顾技术业务水平和工作表现共同考核。

操作服务人员岗位包括：井区（队）所属的生产作业、技术服务、维修、运输、后勤保障及服务等工种。分为采油岗、注水岗、计量岗、消防岗、锅炉岗、化验岗、电工岗、焊工岗、维修岗、综合岗和汽驾岗等岗位。

（二）建立绩效考核组织体系

绩效考核组织体系是实施绩效考核评价工作的重要系统。按照一级考核一级的原则，自上而下建立厂、作业区（采油区、大队）、井区（队）三级考评机构，使考核工作在组织上得到保障。考评机构采用委员会制，考评委员会的成员构成应基础广泛并具有一定的权威性，并明确考评委员会及其成员的职责。考评结果和奖惩要有权威性，并体现效益优先、兼顾公平的原则。

1. 厂绩效考核评价委员会

负责对绩效考核评价工作的组织和管理，对作业区（大队）绩效考核评价制度的审查及作业区（采油区、大队）考评工作的指导。由厂领导和厂机关相关科室负责人组成。

2. 作业区绩效考核评价委员会

负责制定、修改绩效考核评价制度并经作业区职代会审议通过；确定绩效考核评价领导小组成员及职权；对绩效考评中的重大问题进行纠偏和决策；负责对绩效考核评价工作的宣传、组织、管理和对基层考评工作的指导；负责实施对井区（队）的一般管理人员、技术人员和岗位员工的考评。

3. 井区绩效考核评价领导小组

负责绩效考核评价的具体实施，赋予相应的考核职权，由各井区井区长、班站长、员工代表组成，负责对岗位员工进行日常绩效考核。

（三）建立绩效考核制度体系

岗位绩效考评制度是评价绩效考核行为应遵循的规范，是开展考评工作的依据。绩效考评制度体系包括编制定员、岗位职责、工作目标、考核办法和反馈制度等内容。

1. 编制定员

编制一般管理人员、技术人员和操作服务人员岗位定员。

2. 岗位职责

通过岗位分析和岗位职责描述，做出工作岗位评价，编制岗位说明书；按照不同类型岗位，确定不同岗位的岗位等级系数（根据岗位影响力、工作环境、劳动强度、管理难度和技术含量五个要素，确定岗位等级系数），以此作为考评的依据之一。

3. 工作目标

工作目标采用工作目标量化分析法，以作业区（采油区、大队）对井区（队）的绩效考核的目标、指标、任务为基准，按照目标、指标、任务的构成及其包容性、相关性等，采取细分、联分和微分的方式，逐级层层分解到井区（队）、班站、岗位，形成全体员工共同承担的不同层次的目标值。

4. 考评办法

对井区管理人员的考评，按照业绩完成情况、日常工作、民主测评三项内容进行综合考评，并将考评结果进行公示，同时建立绩效量化考评档案。

对井区技术人员的考评，按照月技术指标完成情况、日常工作、民主测评三项内容进行综合考评，并将考评结果进行公示，同时建立绩效量化考评档案。技术指标考核具体采用一般管理（技术）人员岗位绩效考评表。日常工作考评、民主测评及权重均与井区管理人员的考评相类同。

对操作服务人员的岗位考评，从工作业绩、业务技能、工作表现三个方面进行综合考评，并将考评结果进行公示，同时建立绩效量化考评档案。

5. 奖惩办法

由作业区（采油区、大队）建立健全《绩效量化考核细则》《绩效量化考核标准》等考核奖惩制度，作业区（采油区、大队）或井区依据考核结果进行兑现和奖惩。

6. 反馈制度

依据业绩合同，按事前、事后的时间程序，对业绩完成情况进行分析，及时发现问题，提出改进意见和措施。考评结束后，考核者及时安排时间与被考核者进行沟通，提供考核结果，指明成绩和不足，让被考核者了解组织对其工作的看法与评价，帮助其提高工作质量，改进工作绩效。业绩考核的结果和受约人的建议存入个人业绩档案，作为下一年度考核分析的依据。通过信息的反馈使绩效评价的框架方案不断完善。

（四）采油厂绩效考核的方法

采油厂在落实绩效考核的过程中主要运用关键指标控制（KPI）技术。

关键业绩指标（KPI）的选择和指标的确定，要与采油厂生产经营目标相一致，既具体明确，重点突出，便于考核，并有时间、数量、质量要求，又具有挑战性和可实现性，且每年核定一次KPI，当年指标年初确定。指标一经确定一般不作调整。如遇油田公司对厂主要业绩指标调整或遇重大自然灾害、不可抗拒因素等特殊情况确需调整，由发约人向受约人单位或个人以书面形式通知，或由受约单位或个人向发约人提出书面申请，并按规定程序审批。未获批准的，仍以原指标为准。

采油厂关键业绩指标，由厂人事组织科会同计划科、财务资产科、地质研究所、采油工艺研究所、质量安全环保科、企管法规科等职能部门共同设计和选择。具体指标数值，根据油田公司批准的厂年度业务计划、财务预算和油田公司与厂主要领导签订的业绩承包合同以及单位（部门）生产经营能力测定后，报厂审定。指标权重的确定，根据责权利一致的原则，不同岗位不同工作性质的单位（部门），考核指标的权重有所不同。

第六节　生产经营一体化管理模式的保障措施

对于生产经营一体化管理模式的推进，正是企业在管理工作上的持续改进，是对企业一体化管理工作的不断完善，在运作过程中应注意避免出现多个管理体系并存的现象，同时，各管理模式的相互融合所涉及的问题繁多，如何处理好各种接口，还需要企业投入更多精力。规范的基于生产过程控制的标准化流程管理、全面推广的基于作业流程的标准成本管理及相配套的绩效考核机制使得生产经营一体化管理模式在采油厂得以实现。但若要将生产经营管理模式的作用在全厂发挥到最大，还需要一系列的保障措施来促进生产经营一体化管理的实施效果。

一、统一思想，全员参与

（一）认识到位

1.领导重视。领导重视是企业生产经营一体化管理活动取得成效的前提，生产经营一体化工作贯穿于企业、生产经营活动的始终，只有企业所有部门和全体员工共同参与才能发挥其作用。因此，企业领导的重视和支持，是生产经营一体化管理活动能否得以贯彻落实的前提。

2.加强生产经营一体化管理思想的培训工作是提高生产经营一体化管理实施效果的关

键。让所有员工认识生产经营一体化，了解生产经营一体化，在生产中真正做到贯彻生产经营一体化管理模式，这对采油厂进行员工培训工作提出了更高的要求。采油厂以适应油田发展需要为原则，造就培养一支"素质过硬、技能精湛、作风顽强"的员工队伍。制定中长期员工培训规划，逐年加大对技术人才的培训力度，形成油田自己的技术核心队伍。创新培训机制，大力推行目标培训机制，实施分级培训，针对员工不同的岗位进行学用一致、按需培训；针对员工理论知识和实际操作技能不协调进行配套培训；针对员工不同专业类别和技能制订分层分类、整体提高的层次培训。

采油厂可以成立以主要领导为组长，以财务、企管人员为成员的成本管理领导小组，配备觉悟高、业务精、能力强的成本管理人员，及时组织职工进行成本管理宣传动员，利用板报、橱窗、网络等宣传工具广泛宣传生产经营一体化成本管理的意义和作用。举办生产经营一体化管理培训班，积极动员全体职工参与生产经营一体化活动，组织职工学习讨论控制成本的办法和途径，切实提高全员的成本意识；定期组织企业管理层、企管人员、基层正职召开成本分析会，结合工作实际查找成本失控、资源费的根源，深入剖析失控原因，研究制定整改措施，彻底消除成本管理模式的误区和薄弱环节；企业领导应经常深入基层调研，挖掘精细管理的典型，广泛宣传其成本管理的先进经验，充分发挥典型的示范作用，引导基层职工人人关心生产成本，积极参与到生产经营一体化管理的工作中去。

（二）全员措施到位

在思想认识到位和机制健全的基础上，要实现采油厂生产经营一体化管理模式的有效运行，还要采取具体高效的"四全措施"：全员定责、全过程管理、全系统分析和全方位协调。

1. 全员定责

近几年，采油厂在追求管理模式创新的同时，按照工作的职能不同建立了财务资产科、概预算管理站、内控管理科、生产运行科、员工培训站、厂办、对外协调科、工程项目室、物资采办站、企管法规科等科室职能部门，并且对各个科室的管理制度、其实施细则及岗位职责都有明确的界定。

实现全员定责，进行岗位职责分析是必需的工作，但应该说这是一个比较有难度的工作。首先，它要求岗位职责分析的实施者有一定的专业素质要求。如果实施者缺乏必要的专业常识和专业经验，很可能需要多次的反复。尤其对于石油生产这样专业性很强的企业。其次，岗位职责分析不是一项立竿见影的工作，很难为企业产生直接立即的效应。这种特点可能会使人事经理将职务分析工作一拖再拖，往往成为一项"跨年度工程"。再次，岗位职责分析工作不是人力资源部门单独可以完成的，它需要企业每个部门甚至每位员工的协助，有时可能会不可避免地影响到正常工作。最后，岗位职责描述和岗位资格要求要随着企业职位的调整和职能的转变而相应地变化。岗位职责分析是一个连续的工作，当企业任何一个岗位发生变化时，就要对这个岗位重新进行岗位分析，调整该岗位的岗位描述和岗位资格。

但如果仅有岗位描述和岗位资格等细则的规定，而没有结合绩效考核制度予以落实，那么岗位描述和岗位资格就会成为一纸空文，发挥不了任何作用。有些单位人事经理在进行完一次岗位分析后，就将分析的成果束之高阁，使全员定责成为形式。采油厂只有在充分地保证了全员定责的情况下，才能使生产与经营相互结合，相互促进，更好地落实绩效考核，增强生产经营一体化管理的实施效果。

2. 全过程管理

成本的发生，在生产的过程中，经营的收入，是靠生产产品的销售。经营工作必须与生产紧密结合，经营工作如果脱离了生产将成了无源之水、无本之木。近几年，采油厂做到了"抓经营从生产入手，抓生产从经营出发"，注意把经营工作与生产工作紧密结合起来，注意把经营工作贯穿于生产的各个环节。经营指标和生产指标一起下达；生产会议和经营会议一起召开；生产投入，经营领导和生产领导一起商量。三个"一起"使经营与生产得到了无缝连接和紧密的结合，取得了比较好的效果，落实了全过程管理。从管生产的领导到管党务的领导，从厂机关的干部到基层队的每一个员工，人人都有了经营的意识，人人都在算经济账。

通过全过程管理，采油厂优化老油田的工艺流程，关、并、停无效或效率低下的油井站。对大水坑油田牛毛井联合站实行简化工艺流程，报废部分运行和维护费用较高的设备，取得了节约费用上万元的效益。并利用已经成熟的输油技术，将摆红线（摆宴井—牛毛井的输油管线）的中间加热站（新泉井站）关闭，采用越站熟油技术，降低了新泉井站的运行费用，节约了成本。

3. 全系统分析

在管理过程中，成本控制是关键，经营系统和生产系统要施行全系统分析，才能有效生产经营一体化管理的执行力。成本控制时，对生产经营过程中的资本耗费过程进行规划、调节，促使成本按预期方向发展的过程。根据计算或者预计脱离目标的差异，找原因，并采取措施消除不利差异，过去，一般使用的方法侧重于事中控制和事后控制，只有将采油作业区的成本控制管理真正地融入生产实际过程中，才能达到费用实时监控，变事后控制为事前或事中控制的目的。

采油厂严格成本控制，积极加强经营系统和生产系统的协调和沟通，及时解决生产和工作中存在的问题，从源头抓起，落实好生产经营一体化管理，将每一笔费用支出落实到生产任务上。比如，采油厂在对整井更换油管杆的管理，严格执行审批制度，经使用单位申请，工艺所审核，主管领导审批，作业区实施更换，财务部门核查认可，保证"不该换的不换，改换的按程序换"，并且对换下来的油管进行修复，在使用于零星更换油管杆上，既保证了开井时率，又降低了费用支出。

在生产的各个环节，随时都在发生生产费用，抽油机开抽，原油的运输，会发生运费、电费、材料费，井下作业费等，只有在生产的各个环节，正常运行，没有预算外的费用发生，成本的运行才会平稳，才会在预算范围内运行。采油厂实行"五个一、三不放过"为主体的不同时间层面的成本过程控制督察制度。其主要内容是对成本费用运行情况一月一督察，一月一分析，一月一考核，一月一通报，一月一说清。对成本费用超支单位原因说不清楚不放过、未追究责任人责任不放过、未制定出切实可行的控制措施不放过，真正实现了生产经营一体化管理的全系统分析。

4. 全方位协同

生产经营一体化管理要求采油厂在生产经营各方面协同管理，而不是相互孤立。在生产方面，从生产组织、方案制定、过程实施等各个环节都要体现节约意识，要算账干活，单位主管经营的领导必须参加生产会议，积极参与生产决策，积极出主意、想办法，用最少的钱、最优化的方案解决生产中出现的各类问题，以最优化的服务保证生产建设任务的完成。

在经营方面，成本预算、指标分解等各项经营管理活动都要围绕原油产量这个中心去开展。主管生产的领导也要承担相应的预算控制责任，要处处算经济账，要用最小的投入，实现最大的产出，同时也要主动给主管经营管理的领导出主意、想办法，共同为生产经营目标的双双实现而努力。在预算及指标分解时，就要通过定额、标准、实物工作量与价值量的结合，真正实现经营管理的有效服务职能，把生产经营一体化落到实处。

所以说即不能把生产经营一体化复杂化，也不能生产、经营两张皮，二者是相互促进，全方位协同的关系。

二、调整组织结构设置

好的管理模式需要高效率的组织机构来实现。企业以往的每次组织机构变革都陷入"精简——膨胀——再精简"的怪圈中，组织的大量资源都浪费在这样的无效循环中。究其根源，以往的每次调整都在不变动组织结构的前提下精简机构人员，从未对组织结构本身做出调整；组织机构的调整与完善又要适应管理模式的需要才能发挥其最大作用。在工作程序上，两者是同步的，在管理模式创新时必须考虑与管理模式相配套的组织机构，也就是说需要在新的管理模式创新之时，对原有组织结构设置进行适当调整，将对生产经营一体化管理模式的有效实施起到极大的促进作用。

采油厂组织结构的调整，应为着实现主辅分离、压缩基层生产单位管理层次、分流主业冗余人员，精简职能管理部门、建立高效的指挥管理中枢的目标，达到提高专业管理程度、提高管理效率、提高主业劳动生产率的效果而进行。

（一）厂级职能部门设置

厂级职能部门优化，主要根据生产经营一体化工作方案，系统整合职能部门，优化内部管理流程和岗位设置，分流冗余人员，为采油厂专业化管理奠定基础，形成精干、高效、协作的指挥管理中枢。

1. 合并职能部门。撤销原宣传科、工会、共青团等部门，将其整合为企业文化科，将党委办公室与厂长办公室、党委组织科与人事科、计划科与财务科合并，充分体现企业的专业化定位。

2.分离主辅单位。按照核心业务与非核心业务分离的原则，将担负原油生产单位的各作业区统一划归采油厂管理，将其余的辅助性生产单位划归相关处室管理，实现专业化管理。

（二）生产组织机构设置

生产系统组织机构优化，以管理体制改革为重点，系统整合基层单位，按扁平化组织模式设置基层单位，减少管理层次，厂内部实现三级管理，规范岗位设置，全面提高工作效率。

1.转变职能，重心前移，建立指挥中心——作业区模式

采油厂的生产基地与后勤基地往往相距较远、生产指挥难度较大，针对这种实际情况，可以在生产一线成立生产指挥中心，协调生产经营工作；厂机关及其附属单位的工作人员要长被派驻到生产指挥中心，协助各作业区及时解决生产、经营中急需解决的问题，不但使原油生产按运行曲线平稳运行，而且还实现管理重心向生产一线的转移，真正做到服务于生产、服务于基层。

2.优化基层组织机构，压缩老区人员，支援新区建设

为了解决新区人员不足的矛盾，按照"稳定老区、支援新区"的工作思路，要陆续压缩一些老油田作业区的人员，合并、划分成立新的采油作业区，实现基层组织单元的精细化。

（三）井区化组织机构设置

随着采油厂生产经营一体化工作的推进，一直沿用的"采油厂—作业区—采油队—班站"的管理模式已不能适应新体制、新机制的要求。采油厂应适时撤销采油队建制，建立由作业区直接管理到油水井井站的井区化管理新模式。

1.取消采油队建制，建立由作业区直接管理到油水井区的新型管理方式。

2.优化作业区机关组室。合并机关组室，精简机关人员，实现一人多岗，一专多能。对原作业区机关调度组、地质组、工程组、机动组、安全组、计划组、财务组、人事组、政工组、后勤组等进行优化、整合，组成生产运行组、技术组、经营组和综合管理组四个组室，全面负责作业区生产、技术、经营与管理，使机关组室大大减少。

3.压缩综合队人员，补充缺员的经济民警中队和采油岗位。实行兼岗、并岗，精简、压缩、分离机关及生产辅助人员，充实到生产一线，缓解生产规模不断扩大和一线员工严重短缺的矛盾。

4.实行技术干部、特殊工种集中管理，从原各采油队抽调技术人员，成立技术管理室，负责作业区地质、技术资料录取及采、注、修等技术管理工作，使技术人员从原来繁杂的日常事务中解脱出来，集中精力进行技术分析和技术研究，既大大缓解基层技术人员不足

的矛盾，又有利于技术人员的横向交流；将低压试井、化验、资料等特殊工种人员实行集中管理、综合使用，既提高工作效率，又降低运行费用。

5. 党、工、团组织，作业区原设机构不变，适当调整油水井区党、团员的分布，根据区域成立相应的党、工、团小组，直属作业区相应组织管理。

三、建立生产经营管理的长效机制

企业长效管理机制的内涵为：在企业运作过程中能有效预防阻碍企业目标完成的因素，保证企业的一切工作都能顺利进行，并对今后一段时期内企业的运作产生积极影响的运行方式、管理模式和监督体制的总和。采油厂生产经营长效管理机制的核心体系涉及生产管理体系和绩效考核管理体系。

（一）生产管理长效机制

开发生产管理研究，必须坚持、贯彻和落实"油田发展必须依靠技术创新，技术工作必须面向油田发展"的指导思想。即以油田生产建设为技术管理研究工作的主战场，以提高油田生产技术水平、生产效率和总体经济效益为宗旨，积极搭建技术管理平台，不断激发管理层、技术层和操作层相关人员应用油藏经营管理理念的热情，使他们积极投身到系统、规范、有序和可控的精细油藏管理体系的建设与开发进程中来，达到有效整合现有的人力资源、技术资源和管理经验等目的，通过观念创新、方法创新、体制创新、制度创新和技术创新等活动，稳步推进油田开发管理创新工作。构建生产管理长效机制，必须把握其主要方向：

1. 油田开发与勘探增储一体化，这是真正实现"开发向勘探渗透，勘探向开发延伸"的有效途径与方法。

2. 油藏管理与经营管理一体化，在深入认识油藏的基础上，合理、有效地利用各种方法及通过优化工程设计，达到经济高效地油田开发与生产之目的。

3. 油田开发与人力资源开发相结合，实现油田开发技术管理人员的层次化和系统化，实现油田开发技术队伍素质、开发技术水平和开发效果的同步提升。

4. 现有开发技术与国际、国内先进技术接轨，突出经济效益、系统配套、引进与攻关相结合，进行超前储备。

5. 油田开发技术与信息化管理水平同步提高，促进油田开发与多学科的交流和协作，为快速实现成果与资料资源共享提供强有力的软件和硬件支持，最终提高油田开发的科学决策水平和现代化管理水平。

6. 油藏管理、井筒管理与地面工艺配套一体化研究，遵循"地面服从于井筒，井筒服从于地下"的基本原则，优化油藏管理与生产管理之间的关系，解决原油上产与开发技术政策执行之间的矛盾实现科学决策。

（二）绩效考核管理长效机制

实施人才开发战略，抓好全员素质提升工作，建立有效的激励约束机制，强化管理人才、专业技术人才和操作人才三支人才队伍建设工作，为大油田建设提供人才支撑。

1. 优化环境，用环境凝聚人才

首先，要营造良好的舆论环境，在企业全体员工中形成"尊重知识，尊重人才"的良好氛围。利用现代媒体，将采油厂的专业技术人才政策和专业人才的创新成果、创业历程及取得的经验传播到企业的每一位员工中，教育引导企业全体员工，特别是各级管理者，使之树立"人才兴、企业兴"的理念，激励并引导专业技术人才在开拓中立业，在市场中建功，在发展中定位；其次，强化创业精神教育，提升知识分子的责任感、使命感，培养专业技术人员的创业创新精神。创新能力蕴藏于创业精神中，没有创业精神很难谈得上提高创新能力。

2. 培养使用并重，用事业激励人才

培养与使用，是人才能够安心立业的重要因素，也是人才管理的重要环节。树立在培养中使用，在使用中培养的观念，创建科学的人才管理系统，正确处理使用与培养的关系，真正做到二者兼顾，同步发展。

3. 创新分配机制，用待遇吸引人才

待遇是对人才社会价值的承认。通常认为，一个人的待遇是同其能力、水平、贡献成正比的。一是以积极的姿态进行薪酬制度改革，以职位评估为依据，确立不同职位不同人员的基本报酬。提高人才的待遇，以待遇留人；二是加大对有突出贡献的人才的奖励力度。对企业做出突出贡献的人才，往往代表着该企业的某一领域在行业、地域、国内甚至国外的领先水平，具有典型性和辐射带动作用。加大对这部分人员的奖励，既可起到积极的示范作用，又可稳定专业技术人员的心态，满足其心理需求，激发其创造性。

4. 实施情感管理，用感情留住人才

情感的需求是人特有的需求。在市场竞争日益激烈的今天，人对情感的需求、渴望从没有这样强烈过。关心、爱护、满足专业技术人员的心理需求是实施情感管理，用感情留人的重要手段。首先，营造和谐融洽的人际关系。创造和谐友善、健康向上、关系融洽、平等互助的人际关系，进一步增强人才的安全感和归属感，促其放心大胆地进行创造性的工作。其次，营造比较舒适的生活环境。

5. 加强管理人才队伍建设，为建设大油田提供管理保证

以廉洁自律和提高管理素质为重点，实行分类分层次管理知识培训，进一步强化各级管理人员的综合素质。强化"三长"（站长、班组长、井区长）培训，确保其"岗位效率最高、群体效能最大，企业效益最好"的实现，全面提高"三长"的综合素质，使之成为名副其实的生产排头兵。

6. 加强专业技术人员队伍建设，为建设大油田提供人才保证

通过采取岗位培训和专业技能培训相结合，走出去与请进来相结合，集体培训与个人自学相结合，导师带徒与职业生涯设计相结合，理论探讨和实际锻炼相结合，课题攻关与岗位交流相结合等措施，全面强化和提升专业技术人员的综合技能，有效地解决油田开发上水平所需新工艺、新技术对人才的需求。注重对新分配大学生的培养，根据工作需要提供在不同岗位锻炼的机会，真正把"待遇留人、感情留人、事业留人"落到实处，为建设大油田续足人才宝库。

7. 加强操作人员队伍建设，为建设大油田打造主力军

员工是企业的主体，是采油厂快速发展的保证。建设一支高素质的操作岗位员工队伍，是建设大油田、实现大发展的力量源泉。以岗位绩效量化考核为手段，建立科学有效的竞争激励制度，开展多种形式的职业技能竞赛、岗位练兵和技术创新活动，营造良好的学技术、比技能、岗位成才的氛围，为员工搭建施展才华、建功立业的舞台，使员工充分体验到成就感和归属感，形成建设大油田的强大合力。

四、加大内部控制监督力度

内部控制是企业经营活动中强化内部会计监督、进行自我调节和自我约束的内在机制。

内控的客体应该是企业内部的各种经济活动。因此，凡涉及资金支出的项目均属企业内部控制的范围，国内各油田公司内部控制范围大致包括规划计划、建设过程、生产过程、物资采购、服务采购、产品销售、存货管理、人力资源业绩与考核、技术发展、健康、安全与环保、财务资产、合同与纠纷等15个大类。

完整的企业内部控制体系应分为对内控要素的细化和作业层级控制两个层级。内控要素的细化渗透在企业的作业中，作业层级控制活动的好坏体现着内控目标的实现与否。因此，在内部控制体系建设中必须注意以下五方面。

（一）建设良好的内部控制环境

控制环境直接影响到企业内部控制的贯彻和执行以及企业经营目标及整体战略目标的实现。它是一种氛围，影响企业员工的控制意识，影响企业内部各成员实施控制的自觉性，决定其他控制要素能否发挥作用，是内部控制其他要素作用的基础。影响控制环境的因素是多方面的：如管理者的品行及管理哲学、企业文化、组织结构与权责分派体系、人力资源政策、信息系统等。

（二）进行全面的风险评估

风险评估是提高企业内部控制效率和效果的关键。对于内部控制的研究不可能脱离其赖以存在的环境及企业内外部各种风险因素，而需从环境及其风险的分析入手。战略管理中常用的"SWOT"分析法就是风险分析的一种，不仅企业在战略目标的制定过程中要进

行 "SWOT" 分析，而且在企业日常的内部控制过程中也应该时时这样做，才能将风险降至最低。企业进行风险评估一般需经历风险辨别、分析、管理、控制等过程。特别要注意的是，当企业内外部环境发生变化时，风险最容易发生，因此企业应加强对环境改变时的事务管理。

（三）设立良好的控制活动

控制活动是确保管理阶层的指令得以实现的政策和程序，旨在帮助企业保证其已针对 "使企业目标不能达成的风险" 采取了必要行动。控制活动出现在整个企业内的各个阶层与各种职能部门，包括诸如核准、授权、验证、调节、复核营业绩效、保障资产安全以及职务分工等多种活动中。控制活动是针对关键控制点而制定的，因此企业在制定控制活动时关键就是要寻找关键控制点。

（四）加强信息流动与沟通

一个良好的信息系统有助于提高内部控制的效率和效果。企业须按某种形式在某个时间之内，辨别、取得适当的信息，并加以沟通，使员工顺利履行其职责。信息系统不仅处理企业内部所产生的信息，同时也处理与外部的事项、活动及环境等有关的信息。一个良好的信息系统应能确保组织中每个人均清楚地知道其所承担的特定职务；一个良好的信息沟通系统不仅要有向下的沟通渠道，还应有向上的、横向的以及对外界的信息沟通渠道。

（五）加强企业的内部监督

要确保内部控制制度被切实地执行且执行的效果良好，内部控制就必须被监督。监督可通过日常的、持续的监督活动来完成，也可以通过进行个别的、单独的评估来实现，或两者结合。在内部控制的监督过程中，有两项职能发挥着重要作用。一是内部审计，二是控制自我评估，以此发现和解决内部控制过程中出现的问题。

内控体系是一项企业管理系统工程，涉及企业生产经营各项业务及管理理念等环境控制，必须要与原有管理体系接轨，与党群工作和行政工作有机结合。企业各级管理人员和全体员工应共同努力，把内部控制体系贯穿到管理工作的全过程，实现油田公司整体管理水平的提高。

五、坚持不断创新

（一）管理创新

管理创新是指组织为了更有效地运用资源以实现目标而进行的创新活动或过程，它贯穿于组织的各项管理活动之中，通过组织的各项创新活动来表现自身的存在和价值。其中，创新在整个管理过程中处于轴心的地位，通过对计划、组织、领导、控制职能的创新，推动着管理向更有效地运用资源的方向进行。

企业管理创新是企业对管理创新的具体实践活动。它通过改进与创新管理行为，创造一种新的更有效的资源整合范式。使之与环境相协调以更好地实现企业目标。变革旧的生产方式、变革旧的组织管理方式、变革一切与现代企业生产经营管理不相适应的东西，使其不断适应经营和提高效益的需要，是采油厂创新管理的重点。

近几年，各采油厂在管理创新上取得了不同程度的成绩，主要表现在：建立了较牢固的生产运行体系，以目前的井区化为代表的扁平化管理，作业区机关形成"三组一室"的模式，提高工作效率；建立了较牢固的生产保障体系，完善生产管理制度，实现生产的规范化管理，并选准生产的突破点，落实硬措施，提高生产管理的基础工作，如现场修井监督，在线仪表设备以及配套附件的管理等，使现场管理稳定、有序；建立技术管理体系，以优化工艺配套，实现工艺设计的"两低""两高"，针对陕北山大沟深、梁筛交错的特殊地理环境，坚持"因地制宜，适用简约，低耗高效"的指导方针，形成一套"优化布站，井组增压，区域转油，环网注水，全系统密闭"的油田工程管理模式，达到了"低能耗""低成本"和"高效益""高水平"。

尽管采油厂在管理创新方面取得了很大成绩，但坚持管理创新是企业持续稳步发展的要素之一，采油厂应深入研究现代企业管理发展方向，高度重视管理创新机制，将为实现低成本战略目标发挥重要作用。

（二）技术创新

我国石油企业虽在科技方面取得了较大成就，但与国际先进水平相比仍然有很大差距，距离某些前沿技术领域差距则十分明显。许多石油企业装备不先进，科研成果没有得到推广应用，新工具、新技术、新工艺的推广力度不大，导致了劳动效率较低，能源消耗很大，企业成本高。

科学技术是第一生产力，是降低企业生产成本、提高竞争力的有效武器。坚持技术创新就要以市场为导向，以提高国际竞争力为目标，充分利用新工艺、新技术，优化投资结构、调整投资方向，加大技改力度，转变经济增长方式，加快企业技术改造，消除瓶颈制约，提高原油采收率，走出一条"低投入，高产出，适时投入，快速产出"的集约投资发展道路。

在采油厂这样技术密集性的油田开发企业，科学技术的创新对生产效率的提高更为突出。采油厂可以从培养员工技术创新意识、积极引进先进工艺的设备和技术来实现技术创新。

1.培养员工技术创新意识。人力是企业发展的第一资源，是实施有效成本管理的决定因素。因此，石油企业要牢固树立员工技术创新的观念，通过技术创新、岗位比武、发明创造等创新活动，广泛开展不同岗位、不同层次、不同类别的技术培训，强化职工对石油新知识、新理论、新技能的学习培训，向职工灌输生产经营一体化成本管理的新经验、新方法，激发职工参与成本管理和科技创新的积极性、主动性，全面提高职工整体创新意识，为采油厂生产经营一体化管理的有效实施奠定基础。

2.积极引进先进工艺的设备和技术。企业要生存发展就必须加强自主创新，变掌握"已知"为探索"未知"，变"拥有"知识为"创新"知识，变消极适应为主动设计，变跟进模仿为积极自创，才能真正实现科技新跨越，从而降低成本消耗，提高劳动生产率，从而提高企业经济效益。

近年来，采油厂在油田注水和油水井措施方面大力利用高新技术。例如对油田开发采取温和注水适时的注采调整，采取"一防三高二及时"（防止油层污染；高地层压力、高强度压裂改造油层、高剂量封堵裂缝调剂；及时投转注水、措施后及时排液）的油水井措施，提高措施成功率；对油藏采取"三小一低"（小强度压裂、小型酸化、小型解堵和低密度洗井）的地层压裂技术等。

正是采油厂不断加强新工艺新技术在采油作业区的推广应用，加强技术的不断创新，促进了采油工艺技术水平和经济效益的提高。如果说技术创新会影响生产经营的效率，那么管理创新将会影响生产经营的效果，因此管理模式、生产科技的不断创新，将进一步促进生产经营一体化管理模式的有效实现。

生产经营一体化管理不是孤立的体系，是由多个系统、多个机制相互关联和有效配合才能发挥生产经营一体化的最大效用。作为该模式核心的基于生产过程的业务流程的标准化、基于作业流程的标准成本管理，以及相配套的绩效考核机制，任何一个机制的实施不到位都会影响到其他机制的有效执行，最终影响生产经营一体化管理的整体效果。各管理机制的有效实施，从领导到员工的思想认识和全员参加是必不可少的基础，而坚持管理和技术的双重创新又是保证生产经营一体化管理体系永葆活力的"保鲜剂"，因此各项保障措施缺一不可，共同保证和促进了生产经营一体化管理模式的有效落实和长远发展。

第五章 海外油田平台工程施工项目管理

第一节 项目总承包商合同风险管理

一、国际石油 EPC 工程概述

（一）国际石油 EPC 工程的概念

当前国际上石油工程项目管理主要的项目管理模式有：设计—招标—建造模式（Design-Bid-Building, DBB），也即传统的项目管理模式；建筑工程管理模式（Construction Management, CM）；设计—建造模式（Design-Building, DB）；项目管理承包模式（Project Management Contractor, PMC）；建造—运营—移交模式（Building-Operation-Transferring, BOT）；设计—采购—施工模式（Engineering-Procurement-Construction, EPC）。

EPC 是指一种工程总承包模式。即总承包商与业主签订一个从设计到采购再到工程建设全流程由总承包商负责的总承包合同，总承包商对整个项目的质量、安全、环保、工期、沟通协调等进行全方位负责，最终交付给业主一个各项功能与指标都符合合同规定的工程，即通常所说的"交钥匙工程"。目前在国际石油、石化等能源领域得以广泛应用。

（二）国际石油 EPC 工程分类

国际石油 EPC 总承包模式经过多年实践中的发展，根据业主需求的不同，又衍生出如下新的分支类型。

1. EPCs 英文全称为 Engineering, Procurement, Construction superintendence。EPCs 的主要工作范围为设计、采购和工程监理，另外还需负责材料设备管理以及试运行服务等。在这种模式下，如果施工方单独与业主签订监理合同，那么这种做法与 EPCs 承包商无关。

2. EPCm 英文全称为 Engineering, Procurement, Construction management。EPCm 的主要工作范围为设计、采购和施工管理。EPCm 承包商需对施工承包方实施管理。

3. EPCa 英文全称为 Engineering，Procurement，Construction advisory。EPCa 的主要工作范围为设计、采购和施工阶段的咨询服务。

（三）国际石油 EPC 工程特征

EPC 项目管理模式的优势在于，将承包的范围向建设工程的前端延展，总承包商承揽建设工程的全过程，并对工程的质量、工期、造价等全面履行责任，做到设计、采购、施工一揽子负责，真正有效的调控人力、物力、财力，减少浪费，降低成本。EPC 模式对于业主来说是最省心，最省钱的模式。

国际石油 EPC 工程主要有以下特征：

1. 固定总价合同

"一般来说，EPC 工程的建设规模大、技术上要求高、项目周期长，总承包商承揽了项目建设周期内几乎所有的工作，业主为有效地降低自身的风险，EPC 合同一般采用固定总价合同"。相比较于传统的承包模式，国际石油 EPC 工程签订合同时往往选择固定总价，总承包商不能擅自在项目实施过程中向业主提出调价申请。

2. 总承包商承担较大风险

总承包商对项目的全过程负总责。鉴于国际石油工程的难度较大通常会进行分包，造成工作界面交集多。分包越多，管理难度越大，风险也越大。总承包商作为直接面向业主的唯一合同相对人，需要对自己的分包商和供货商的行为负责。

3. 总承包商在项目实施中处于核心地位

国际石油 EPC 工程中，总承包商根据自身的专业技术水平、项目管理手段以及组织协调能力，不仅负责项目的设计、材料设备采购、施工建设，还要管理和协调各个分包商的相关工作，以便从各个方面为自身创造更大的利润空间，向业主交付一个符合合同要求的工程。总承包商是 EPC 工程中所有项目参与者的核心与纽带，是整个项目实施的把控者，是项目各方沟通与协商的发起者。

4. 合同极具复杂性

国际石油 EPC 项目通常是一个工程量很大、系统性很强的工程，工程耗时几年甚至十几年，相关的资料体系非常庞大，导致合同本身极具复杂性。总承包商与业主签订合同后，还需要和许多分包商签订合同，所有的分包合同必须与总包合同不冲突并做到紧密衔接，稍有疏忽就会导致巨大损失，这之间的管理和协调工作是十分艰巨的。

（四）国际石油 EPC 工程风险

EPC 工程风险存在于工程进行的各个阶段，由于内外部环境的复杂多变，会在预期收益和实际损失之间产生巨大落差。但是这里所指的风险是指损失的不确定性。基于国际石油 EPC 工程的特点，总承包商在项目决策和实施过程中要对绝大部分风险承担责任。首先，根据国际石油 EPC 项目的目标，总承包商需要对项目的成本、进度、质量、HSE 等指标进行控制；其次，国际石油 EPC 项目涉及的阶段以及参与的主体较多，面临不确定性因素较为庞杂，需要承担的风险较大。因此，实施合同风险管理对于 EPC 工程说非常重要。

二、国际石油 EPC 工程合同

（一）国际石油 EPC 工程合同的定义

国际石油 EPC 工程合同即国际石油工程"交钥匙合同"或"总承包合同"，国际石油 EPC 工程合同的制定通常遵循国际咨询工程师联合会制定的《设计采购施工（EPC）/交钥匙工程合同条件》。

（二）国际石油 EPC 工程合同的相关主体

对于国际石油 EPC 工程合同来说只存在两个合同主体，业主和总承包商。在实践中应注意的是因分包商与业主没有签订合同，所以分包商并不是合同的一方主体，这也是总承包商对项目负总责的一个表现，总承包商必须对其分包商的行为负责。

业主，即国际石油 EPC 工程的策划者、投资者。业主可以是公司、组织、个人、政府等。

总承包商，即国际石油 EPC 工程合同任务的承揽者。总承包商可以是公司或者个人。

业主代表，即代表业主方对国际石油 EPC 合同履行的监督者、管理者。业务代表可是外部项目管理机构，也可以内部专业管理团队。

（三）国际石油 EPC 工程合同风险管理

国际石油 EPC 合同风险管理是合同主体在根据合同来界定属于自己的工作范围和相关责任之后，判断己方可能存在的风险并制定相应措施把风险概率降到最低的过程。EPC 项目本身特点决定了总承包商的合同风险更加显著，国际石油 EPC 总承包商只有不断提高自己的风险管理能力才能获取更大的项目收益。

对于合同风险的分析不应仅局限于合同条款的分析，合同条款风险是合同风险的一个小分支。为了全面的囊括所有与合同有关的风险因素应当从项目相关风险入手，在此意义上合同风险的分析有很大一部分也是项目风险的分析。

三、国际石油 EPC 工程项目合同风险阶段

（一）决策阶段合同风险

对于总承包商而言，投标决策阶段是开展一个项目的起始点，在这个阶段中，总承包商需要对项目进行整体的考察和全面的分析，包括面临的机遇和挑战，以及内外部环境，而项目本身的可行性研究又是前期决策的重要支撑依据。

1. 项目竞争情况

国际石油项目的竞争程度决定了成功机会的大小，只有充分了解对手的实力，才能更好确定自己的投标方案。

2. 项目所在地信息

对国际石油 EPC 总承包项目来说，在决策阶段需要大致了解当地的政治、经济、自然条件、法律法规、宗教、劳动力等实际情况。另外，承包商在进行国际石油 EPC 项目投标的时候应该密切关注国际情势的变化，了解国际社会正在发生的大事，各国的政治态度，以此分析投标项目所在国的国内形势在项目履行期内是否有发生重大变化的可能性，以及这些变化对项目可能造成的不利影响，而且这些因素在后续谈判阶段需要更深入的了解。这需要有经验的市场开发人员在项目决策前期对项目所在地进行详细调研，因此，在某种程度上市场开发人员的积极性和工作态度对项目的成败有着重要影响。

3. 项目业主信息

业主的实力、信誉、以往业绩、公司运营状况、支付能力等信息非常重要，影响合同机会。

在决策阶段目前存在的问题是：由于国际石油 EPC 项目走出国门不易，经常忽视了这些前期的工作。多数项目都是以拿到中标通知书为目标，不考虑中标后是否有盈利的可能性。合同在决策阶段对合同风险评估不足，是导致许多国际石油 EPC 工程项目无法达到预期收益甚至项目建成后承包商发生亏损的重要原因。

（二）谈判和签约阶段合同风险

到了合同谈判和签约阶段，便进入到国际石油 EPC 工程合同风险比较集中的时期，在考虑风险的时候也需要更加细致和全面。这需要对于整个项目有一个整体的风险评估，以便决策是否进行项目投标，以及合同签订后如何制定风险规避方案。合同谈判和签约阶段的风险更多是合同条款的风险，合同条款风险主要是指国际石油 EPC 项目谈判阶段在合同文本商定时需要考虑的风险因素，如条款规定过于偏向于业主方，如合同条款模糊含义不清，容易造成后续索赔不利等。再有就是需要注意对方签字人是否有完整合法的授权书，避免授权不合法带来的无效合同风险。

有些风险是不可避免的，有些风险是可以避免的。为保证工程的有序开展，需要预先商定风险承担方及风险控制方式，合同谈判和签约阶段的风险因素如下：

1. 技术要求

技术要求作为合同附件其变更产生的风险在谈判阶段需要重点考虑。考虑到设计方案在国际石油项目进行中可能被要求变更，一旦变更将会对项目的工期和费用带来较大影响。业主对技术标准的要求也需要加以重视，技术标准过高工程费用相对也会较高，甚至对后续采购的设备材料要求不同、选型不同，也将直接影响到采购周期和采购费用的支出。中石油某工程建设公司对本公司的海外项目进行统计，结果显示 100% 的国际石油 EPC 项目在总承包合同签订后出现有技术变更，约 76% 的变更对项目成本和工期有影响。这些技术变更风险应该在谈判阶段尽量明确出来，需要与业主商讨出应对这些问题的解决办法。

2. 业主习惯

不同的国家的业主有不同的背景和利益偏好，在决策阶段对业主信息的搜集仅限于相关背景、业绩及信誉等方面的信息，到了谈判阶段，需要深入到业主的工作习惯，在这里主要指的是管理流程，工作管理流程顺畅与否直接关系到后续履约过程中各类工作衔接的是否流畅。有的业主的体系可能并不适合国内的公司，某些国外的工作体系甚至会严重影响到项目进度，所以正确的做法是在谈判阶段即时与业主沟通，争取修改体系内不适用的相关内容。完整的业主信息将会帮助总承包商在合同洽谈中争取到有利地位，避免掉入业主设置的陷阱。

3. 物价上涨与调整

国际石油工程 EPC 总承包项目建设周期通常超过两年，工程类项目通常都需要市场价格变化比较大的钢材、电缆、水泥等材料。"基于这种物价的变化可能在整个项目合同期内对项目成本产生较大的影响，总承包商应该在合同内考虑设置规避风险的条款。通常的做法是设置价格调整公式，在实践中，总承包商应当注意对调价公式包含的价格影响因素考虑全面"。在某石油 EPC 工程项目的采购中，供货商的电缆在报价时标注报价有效期为 1 个月，中标后与总承包商签订合同，总承包商认为交货期很短价格应该不会有大的变化，合同中未明确约定调价公式，2 个月后市场上铜的价格大幅度上涨，电缆供货商要求涨价，与供货商多次协商未果，只能重新招标，不但影响了工期，电缆的价格也没有控制住。

4. 合同索赔条款

在国际石油 EPC 总承包合同中，合同双方都有权利就对方的过失向对方索赔。业主基于项目中的有利地位和保函、质保金等条款的有利加持，对总承包商的索赔是相对容易的。但总承包商对业主的索赔就需要总承包商掌握充足的事实和法律证据，掌握科学的索赔技巧，抓准索赔理由的切入点，同时具备较强的法律后援。

目前流行一种说法"中标靠低价，赚钱靠索赔"，充分反映索赔在 EPC 总承包合同中的重要性。在工程索赔中应当注意以下问题：总承包商应当注意不要忽视小变更项的变更；变更需要及时提，不可迫于工期压力搁置谈判先期展开施工，这样容易造成后期谈判的困难；多个项目变更时在索赔中需要各个列明，切忌一揽子打包解决；重大变更需要集合项目团队力量反复研究合同提出解决方案。

5. 工程工期条款

工程工期条款应结合索赔和超期罚款来看，如上述索赔条款所述，索赔既包括价格索赔又包括工期索赔。国际石油 EPC 总承包项目的工期是固定的，但是由于国际石油 EPC

项目本身的复杂性在实践中往往都会超期，工程超期如果是由于业主原因，总承包商可以提起工期索赔以延长工期，在投标阶段由于双方地位的不对等总承包商往往对业主要求的工期只能被动接受，而业主规定的工期通常比较严苛，后期如何索赔工期将成为避免超期罚款的重要手段。总承包商应该据理争取在合同条款中写入有利于工期索赔的合同条款。

6. 质保条款

关于质保金的条款总承包商应该特别予以关注，银行信用好的总承包商可尽量在谈判中要求使用质量保函以减少资金占用。关于质保金的比例一般不超过10%。

就谈判和签约阶段来说风险主要来自于合同条款，在实践中存在比较突出的问题有以下三点：

第一，合同文件中的含糊表达。为了留有余地业主在合同文件中常常会有意留有一些模糊不清的表达，不能够明确界定其范围或者标准，没有具体的量化指标。

第二，工作内容不清晰。在合同中没有非常细致的描述工作内容或与其他文件有矛盾，这导致合同条款中不清晰的工作内容需要参见其他招标文件中的工作范围，如果双方理解有偏差很可能导致风险发生，工作范围的界定是国际石油 EPC 工程项目最容易出问题的风险点。在国际石油 EPC 工程项目的招标文件中工作范围的描述一般出现在工程规定总则、相关图纸和报价清单中，同时合同中会规定在以上文件之间出现矛盾之处时，以最严格的要求为准且最终解释权归业主。在现实中文件中出现矛盾的情况非常普遍，这种风险需要总承包商在投标谈判阶段加以识别并向业主提出澄清，一旦没有发现，签约后就丧失主动权，业主必然向有利于自己的方向解释，对总承包商来说可能造成费用、工期的损失。例如在某工程中，消防水池仅仅在工程规定的总则中提了一句话，没有相应图纸和 BOQ 清单，而总承包商忽略了这一情况，合同签约后在履行过程中业主坚持消防水池属于总承包商的工作范围，造成总承包商多支出 10 万美元的费用。为了解决工作范围的矛盾问题，总承包商应该非常重视研读招标文件中的工程规定、图纸和报价清单，同时各个专业间应该互相通气，多交流而不是各行其是。

第三，合同谈判团队建设相对薄弱。目前国内公司普遍不重视法务队伍建设，合同从业人员往往并不具有法律背景，仅靠多年经验积累显然已经不够。而国内公司也往往没有专门经费用于聘请专业法律顾问。尤其是石油等能源行业，国内多是由国有企业占据主导地位，在行业内的一体化经营优势非常明显，很少遇到法律诉讼。但对国际石油 EPC 工程项目来说，这一优势已成为劣势。例如，在海外市场并不会像在国内市场一样，公司间的纠纷靠关系解决，海外市场的法律诉讼只能以法律作为武器来应对。而国内企业法务队伍建设的薄弱，让国有石油企业只能寄希望于"但愿不会发生纠纷"，要想解决根本问题，应从加强企业法务队伍建设入手。

（三）履行阶段合同风险

在合同履行过程中，主要存在以下风险：

1. 业主支付风险

国际石油 EPC 工程总承包项目需要的资金量较大，一般是按照合同付款履行支付，一旦满足履行条件即可付款。在合同履行过程中业主可能找各种原因延迟支付进度款，甚至在验收交工后还不支付进度款或者质保期满后无故扣留质保金。对总承包商来说，国际石油 EPC 工程合同的利润可能就包含在质保金的 10% 里，如果不能收回质保金工程就亏损了。所以在实践中，总承包商应该密切跟踪付款履行，一达到清款状态就立即启动清款。关于质保金的回收，一定要注意相关证据如业主下发的验收证书的留存，以备在无法通过协商要回质保金时拿起法律武器，依据合同提起诉讼捍卫自己的权利。

2. 管理风险

在项目实施过程中，人员配置不合理、职责分配不明确都将引起项目风险。

项目工作人员之间的默契程度、团结程度等也是项目成败的重要因素。

项目组织机构设置、人力资源配置和管理是国际石油 EPC 工程总承包项目履行阶段中最重要的工作之一。项目内人力资源的配置应当符合项目需要，项目应设一名总的项目经理，设计、施工、采购各设责任经理，设计各个子专业都应有配备至少一位有经验的工程师作为专业 LEAD，采购过程中应按照设备类、仪表类、材料类、电气类四大专业分别配备有经验的采买工程师和监造、运输人员，项目整体配备合同人员、招标人员、项目文控、费用控制人员、计划控制人员。各个成员应符合相应岗位的要求，尤其项目经理应同时具备领导能力和专业素养。

管理风险关系到承包商在合同履行中对工期、费用、质量、安全、环境的整体协调。这与前期投标谈判团队，后期项目管理团队的团队建设密不可分。前期投标谈判团队的作用主要体现在项目信息收集和投标方案确定上，后期项目管理团队则需要各个成员有比较突出的协调和管理能力，包括对分包商、供货商进行相应的管理。

3. 项目人员流动情况

项目的核心人员尤其是项目经理应该保持岗位的稳定。几乎核心人员如果经常更换会使得人员对项目缺乏了解，造成项目工作衔接上的断裂，容易遗漏重要项目情况，从而导致合同风险。而且经常更换项目人员也不利于团队建设，团队人员刚刚熟悉彼此的工作习惯就更换，使成员一直处在磨合期。稳定的项目团队有利于创造一个和谐的项目工作环境，避免沟通不畅带来的风险。在某中东 EPC 石油工程项目中，项目投标期的人员在中标后都换到其他投标项目上工作，履行期的人员对项目不是很了解，造成实际工作中与业主对接困难，引起业主不满。在项目竣工期，公司又有新中标项目所以抽调大量人员去了新项目，导致竣工文件进度非常缓慢，最终被强烈不满的业主罚款，造成项目利润损失。项目前期投入大量人力物力，最后虎头蛇尾使得项目失败，这种情况是非常得不偿失的。

4. 分包风险

在国际石油 EPC 项目中，存在着大量的分包，最多见的是采购分包和施工分包。

就采购分包来说业主一般会指定一些材料、设备的供货商，而总承包商可能对这些供货商或产品不熟悉，如果处理不好与指定供货商的关系以及对供货商背景不了解，都将给物资采购带来风险。其次，供货商的交货期如果不能控制住，容易造成工期延误。另外，在项目实施中供货商抬高设备及材料价格、现场技术和服务不全面、提供的资料不能满足业主要求都会给承包商带来风险。例如某石油工程中业主推荐采用的液位计是选用ROSEMOUNT 进口的产品，总承包商以为国产的就可以，就同意了业主的要求并签署了合同。然而在合同执行的过程中，总承包商发现 ROSEMOUNT 的该型号液位计没有国产的，必须从美国进口，进口液位计的价格超出投标时参考的同类型国产液位计的价格三倍，总承包商经过与业主的多次磋商，最后只能牺牲其他利益作为代价换取业主同意替换成其他品牌国产液位计。

施工分包相对采购来说一般分包金额更大，需要注意的是分包的招标严谨性。施工作为国际石油 EPC 项目最后一环也是至关重要的一环，施工队伍能力跟不上会导致前面的努力全部白费了。

5. 竣工期风险

竣工期风险包括竣工文件不齐，业主索赔，质保期出现质量问题，验收不达标等风险。

合同履行阶段存在的问题比较多，在实践中应注意以下几点：

第一，工期延误。工期延误时总承包商应分析延误的原因，如果原因是业主要求的工作范围的增加可以进行工期索赔，在索赔中应该注意不要轻易过早的决定工期补偿时间，应该收集业主造成工期延长的证据，等到工程即将完工可以确定实际增加工期再向业主进行工期索赔，否则万一由于增加工期估计不准，再发生延误将无法索赔更多的工期，反而会被业主反过来提出工期延误罚款。

第二，后继立法引发风险。在合同签订后，国家或地区颁布或者修改的新的法规，新增或修改部分条款对项目有一定的影响，合同双方可能对于造成的影响责任承担或分担问题引起争议的风险。总承包商有责任提示业主新增法律对项目产生影响，双方应通过协商对相应风险责任划分分担界限。由于国际石油行业普遍位于中东、拉美、非洲等法律法规不健全的地区，所以这类风险在实践中屡见不鲜。

第三，总承包商与多方有利益关联，且工程环境复杂。国际石油 EPC 工程的总承包商对上与业主有总承包合同关系，对下可能有施工分包合同关系、设计分包合同关系、采购合同关系、运输合同关系、监造咨询合同关系等。作为 EPC 总承包商要抨顺各种合同关系，协调各方利益，避免与各方发生摩擦产生的风险，保证项目的顺利有序进行。

第四，由于总承包商所签订的国际石油 EPC 工程项目所在地遍布全球，而总承包商的相关管理人员也不可能适应任何一个地方的社会、人文、政治、地理环境。"在 EPC 工程合同履行的周期内，对项目所在地的社会、人文、政治、地理环境的不适应性难免会增加更多的不确定性，甚至可能会遇到相差较大的技术标准和要求"。合同当事双方非常容易在这种环境背景下产生冲突，进而引发风险。

第二节 进度与费用控制管理

项目进度和费用控制是一个系统工程，是保证项目顺利实施并取得成功的重要手段。所谓控制就是按照项目计划目标，对项目各个部分进行检查、监督，以保证实现项目规定的总体目标。控制的主要任务是把计划执行情况与计划目标进行比较，对比较的结果进行分析，纠正和预防产生差异的因素，使项目总体目标得以实现。

一、进度和费用控制目标

按照批准的油（气）田总体开发方案（ODP）的要求，运用先进的项目管理技术，对油（气）田建设的工程设计、采办、建造、安装、连接、调试等工作的

进度和费用进行连续的监控、分析和预测，使油（气）田按照总体开发方案确定的投资和工期目标，优质高效建成投产。

二、进度和费用控制程序

（一）项目控制过程是从项目建立—项目计划—项目执行—项目追踪（研究）—信息反馈的过程。

1.项目建立：确定项目经理和项目组织机构，项目管理目标，明确各部门负责人和部门的职责。

2.项目计划：制订项目总计划，确定项目计划目标，并在项目执行过程中，根据实际资料分析对比，修订项目计划，实现项目的目标。

3.项目执行：根据总项目和分项目计划，实施各项工作，并收集执行中各项实际完成情况等有关资料。

4.项目追踪（研究）：对各项实际资料与计划资料相比较，分析其差异，确定下一步的措施与行动，指导计划修改，确定项目继续实施的修改方案或决定必须采取的措施。

5.信息反馈：将各项信息资料反馈到各有关部门。

（二）在整个实施过程中，项目控制是一个反复循环的过程。在项目控制循环中要抓住四个关键环节，即：计划、监控、比较、措施。即：项目控制的职能主要包括编制计划、实施监控、比较分析、提出纠正措施和相关报告。

1.计划：按照ODP确定的投资估算和投产日期，编制项目实施各个阶段的工作进度计划和费用开支计划，使项目工作内容条目化、预算化。

2.监控：按照项目管理的需要建立不同层次的进度和费用的跟踪、监测系统，对项目的各项活动和承包合同的进度、费用支出进行监测和控制。

3. 比较：通过收集项目进度、费用监测系统得到的资料，把项目实际工作的进度和费用与计划进度和预算进行对比、分析预测、如果计划与实际工作之间出现偏差，应分析其原因，提出纠正偏差措施的建议。

4. 措施：及时报告项目执行过程中出现的进度、费用偏差，提出纠正措施或修改计划，并定期编制和出版反映项目实施情况的进度、费用报告。

项目控制的四个环节或四个主要职能，其具体的工作内容在项目的确定阶段和实施阶段应各有侧重，有所增补，互相作用，在不断循环中实现项目控制的目标。

三、进度和费用控制文件

项目进度和费用控制文件是项目进行进度、费用管理与控制必不可少的工具，其主要文件有：

1. 批准的 ODP 报告以及公司颁发的有关工程项目管理的政策，行政法规、规定、制度和工程造价定额等。

2. 合同包括各项建造、安装合同，各种设备材料采办合同和采购订单，承包服务合同，检验、研究合同，技术协助支持合同等等。

3. 设计文件包括各阶段设计的图纸、资料、说明书以及设计文件规定采用的标准、规范、规定、手册等。

4. 施工、验收标准、规程。

5. 项目信息控制制度：包括协调程序，文件发放审批程序、采办程序、上报制度等。

6. 项目各类计划以及项目周报、月报、年报，专题报告等。总之，通过各种控制文件检验各项工作及其各个环节是否与所制订的项目计划、要求和确定的原则相符合，发现和纠正项目执行过程中出现的偏差和问题，以保证项目如期、按质量按预算完成。

四、项目进度和费用控制的主要工作活动

项目组在组织项目实施的过程中，应对项目所处的不同阶段所要进行的控制活动有明确的了解，方能有效地履行项目组的职能，顺利实现项目控制的目标。

（一）确定阶段

1. 由于项目前期研究是由研究中心实施完成，在项目进入确定阶段时，作为工程项目组，首先应了解项目总体开发方案的以下内容：

（1）了解前期研究工作的过程及其成果。

（2）理解和掌握前期研究工作中决策的思想和依据。

（3）了解工程总体开发方案的编制及概念设计。

（4）复核工程进度、投资估算。

2. 在确定阶段，项目组要按照总体开发方案和概念设计，认真研究确定项目的工作内

容和编制项目实施方案。在这个阶段，项目控制对项目的影响最大，因此，项目经理应及时确定项目组的组织机构和组成人员，建立起相应的控制和报告制度，并开展下列工作：

（1）确定工作内容

制定明确的工作内容，是编制项目实施方案的一个重要基础，在确定阶段还应进一步细化实施阶段的工作内容并做出说明。

（2）优化研究

在确定阶段初期，项目组应对前期研究的结果进行审核，并对所存在的问题进行深入研究，对方案进行优化，确定项目实施的最佳技术政策、方案和最佳施工方法。

（3）工作分类结构图（WBS）

根据确定阶段和实施阶段的工作内容及说明来制作工作分类结构图，此分类应能符合编写项目月报的要求并将工作细分成可控的组分。

（4）编制进度表

在项目工作内容和 WBS 都确定后，应编制出供实施阶段执行的进度控制表，该表反映工作顺序、相互关系和工作持续时间。这个进度表可用于确定关键线路的工作内容和可能的工作期限，并为下一步实施阶段工作，制定发包策略，作为项目工作运行的指导性依据。

（5）编制费用概算

在确定阶段中，依照进度表、基本设计方案、合同发包策略、市场询价、将估算费用按 WBS 进行分类方式编制费用概算。

将此概算与总体开发方案中的费用估算进行比较，来判断项目费用是否超出允许的范围。如超出时，就应采取措施纠正。同时，还应对实施阶段的费用，按照进度表和发包策略，做出分阶段的费用支出计划。

（6）系统分析

在确定阶段就应确定实施阶段的控制要求。项目组应该编制有关该系统的说明文件，以确定子系统的要求，如进度表编列、概算、费用支出、工作变更的控制、人时控制、文件控制及实现值等。应针对各系统之间的关系，阐明项目组与承包商之间的资料传递关系。

（二）实施阶段

实施阶段是项目控制具体实施的过程，是项目取得成功的关键，项目控制的主要工作活动是：

1. 项目工作内容条目化、预算化

对每一可控工作包进行分包或发包，要求承包商对此工作包的内容具体细化，并按照细化的单元编制更详细的次级进度表，如导管架制造、组块制造、吊装等。考虑到项目的整体目标和发包策略，这种分析是一个反复过程，找出一个最佳的工作时间表，并由此做出单项预算。对在分析过程中发生的变更都要有记录并反映到进度表中。

2. 项目进度和费用控制的工作落实和监控

在与承包商签订合同时，项目控制的主要工作是督促承包方做出符合项目计划和目标的执行计划与程序，在工作现场掌握工作状态，包括人力、设备、场地及材料的投入，工程进度、质量等，并据实记录存入控制系统内。

按照合同，项目组控制部人员应鉴别各承包商工作进展状态，是否达到合同要求，为办理付款提供依据。

3. 执行情况分析和预测

根据所掌握的情况进行综合分析评价，将投资实际完成情况与批准的投资概算进行对比和分析，将支出费用状况与控制概算每月支付计划进行比较；在实物进度方面，根据承包商提供的实现值通过 WBS 向上逐级归总，并与计划的进度作比较。如果存在差异，项目控制要评价其差异对项目费用和进度的影响，同时预测在此种趋势下为完成项目所需的费用和进度变化的预警报告。

4. 执行状况和差异的报告

项目经理如果确认上述差异及对项目进度和费用所带来的影响，应尽早采取措施纠正不利的差异。对完成项目所需费用，应定期正式做出新的调整，随项目进度方面的状况定期以预定的格式做出报告。

项目控制的上述活动，在设计、采办和施工的全过程中至少每月循环一次，有时甚至每周要重复一次，以便及时发现，了解情况，使工程项目实施的各项作业活动处于受控状态之中。

第三节　成本控制体系构建

一、海外石油公司成本控制目标和原则

（一）海外石油公司成本控制目标

公司的竞争集中表现在成本方面的竞争，通过成本最优化来实现利润的提升。当前，国际石油市场竞争激烈，而能否通过成本的优化来实现效益的持续提升是海外石油公司核心竞争力优势获取的关键。海外石油公司如果想要实现低成本获取竞争优势，需要不断的优化成本，实现可持续竞争的战略实现。

早期阶段的海外石油项目，主要以低成本可持续发展作为成本管理目标；但经过多年的发展，一些海外石油公司由于低成本的经营理念引进了部分实力差的工程队伍，购买了

部分质量不合格的设备和材料，并由此造成了一定的经济损失，综合分析，不仅成本没有得到有效的控制，反而造成了一定的浪费。因此，海外石油公司经过了这个阶段以后，在严格执行战略成本目标的前提下加强成本控制目标管理，在每个子项目正确获得最优的成本，进而提升海外石油公司的竞争优势，这也是海外石油公司长期发展的关键因素。海外石油公司的成本管理目标是以最优的成本获得效益最大化，因此，在实现战略成本管理的目标下，成本控制也是以最优的成本获得效益最大化为目标开展全过程的生产经营活动。

（二）海外石油公司成本控制原则

1. 节约原则

如何实现成本的持续节约是海外石油公司成本控制的关键因素。成本节约不能仅仅局限于成本的降低，而是相对的成本节约，要加强成本的事前控制、加强成本管理的过程控制。同时，在实施成本战略过程中，要经常性的检查和监督成本发生状况，优化成本开支，从项目管理的角度不断地去提升海外石油公司的运营效率，进而能使得公司的成本最优。

2. 全面控制原则

全面成本控制其主要包括了两个方面的含义，一是项目的全员成本控制，海外石油公司的成本控制优化设计到各个部门和各个环节，不能仅仅将其视同哪个部门或者哪个人的事情，而是和公司每个员工的利益相互衔接的。因此，需要不断的调动有关部门的积极性，让员工充分参与到成本控制的各个环节，真正数量全面的和全员的成本控制。二是成本控制需要涉及各个过程。海外石油公司成本项目控制涉及项目的整个周期，也涉及项目的各个环节，从施工准备开始到施工完成后交付使用，到海外石油公司成本的口常运营的全部过程，可以说，海外石油公司的成本控制涉及每个阶段，是全过程的成本控制。

3. 目标控制原则

目标管理是成本控制的关键内容，通过将公司成本控制的具体方法和任务目标化，提高海外石油公司成本控制的针对性，将各项目目标进行逐步的细化，并进行逐步地分解，并加以落实。在目标成本控制中，不是目标设定的越优越好，而是和公司的实际相结合，做到切实可行。同时，在进行目标管理的过程中，要将具体的目标管理细化，落实到各个部门或者个人，将目标管理和责任管理落实到具体人，做到有目标有方向有责任。

4. 动态控制的差异化分析原则

成本控制是在不同的环境下进行的，因此，在进行海外石油开发成本控制的过程中，需要贯穿动态控制的原则，动态控制需要根据环境的不同变化而进行不同的调整，要注重对相关数据的收集，和实际值比和目标值比，检查石油公司口常成本控制过程中是否有偏差，能否按照既定的目标进行，并对可能发生的成本偏差进行原因查找，采取果断的措施来纠正偏差。

5. 责权利相结合的原则

在进行海外石油公司成本控制中，需要根据各个部门和各个班组所承担的成本控制责任，来进行责任归属的划分。要对成本控制的业绩水平进行定期的检查和评价，并实现有针对性的奖罚。

二、海外石油公司成本管理组织体系

海外石油公司的组织体系和部门设置依据生产经营的需要，组织体系流程包括：计划制定和下达、财务核算、生产部门和辅助部门组织实施、计划财务和生产部门适时监控和及时整改、计划财务部门综合考核的一个闭环的生产经营流程。

计划部：负责组织编写公司中长期规划和月、年度生产经营建设计划，并对月度计划进行监督、检查，项目的前期论证、立项和上报工作，参与项目竣工决算及项目的评估，项目管理组织工作，项目后评估管理工作，投资、生产、综合统计工作，组织制定公司经营承包方案和考核兑现工作等。

财务部：负责根据公司生产经营的实际需要，确定公司的财务资产管理组织方式和会计成本核算办法，生产经营资金的筹集工作，资金管理、会计、成本、资产核算等财务管理工作，日常财务收支、原始单据的审查，监督管理和控制工作；固定资产的清查、评估、报废等管理工作等。

勘探部：负责物探、探井井位部署、探井钻井录井措施制定和跟踪，试油设计和试油措施的制定，储量计算和储量答辩。

开发部：负责组织油井维修和采油方案的编制，油田开发生产的管理；组织和监控年度、月度、当日原油产量的完成情况，提出产量任务完成的措施，并监控实施；编写和论证油、气、水井的作业设计，审查并组织实施，公司科技管理和科技项目实施，采油工艺技术项目管理、实施，科技信息的收集、整理、研究和采油工程综合信息管理等。

钻井部：负责钻井承包商的招标，钻井生产管理和钻井材料管理，钻井综合工程报表和材料报表的统计及存档工作。

地面建设部：负责组织联合站、预处理站、计量站、注水站等集输方案的设计编制，组织建设各类地面设施，对联合站、预处理站等口产生产运行过程中的生产组织和管理、维护工作。

HSE部：负责组织公司员工安全环保培训，制定油田各级单位、各岗位的安全操作章程，监控油田现场的各类安全违规现象，处理处罚各类安全事故和违章，保障油田的正常的安全生产。

行政部：负责上行、下行文件的处理，公司文件的制发，各类大型会议、活动的会务和会议文件的起草、会议纪要的整理、印发和督办；日常行政事务的管理工作，以及接待管理、文秘管理、机要保密、档案管理、后勤管理、群众来访等。

人事部：负责公司的人员招聘、薪酬管理和内部分配管理工作，职工养老保险、医疗保险、失业保险、工伤保险、各项补贴管理工作，员工培训工作，职工劳动合同的管理，以及招聘员工的管理工作等。

法律部：负责审批各类工程合同、材料购买合同及其他相关合同的审批审核工作，进行法律风险评估，对出现的各类经济纠纷通过法律途径解决。

采办部：负责公司的工程服务、生产工作、材料购买等必需的招标组织工作，对生产材料进行管理和登记、发放，材料报表的编制和上报、存档工作。

海外石油公司的组织体系设置是成本管理和控制的核心环节，整个成本控制的过程需要体系内的各个部门、各个责任人实施完成。因此优化组织体系，合理进行部门设置不仅可整合资源，提高生产效率，降低隐形浪费，更对成本控制的实施能够达到事半功倍的效果。

三、海外石油公司成本控制体系

海外石油公司在确定了成本控制目标的前提下，以全过程目标控制为原则，构建成本控制体系流程，包括成本预算、成本核算、成本动态监测及经济效益评价，以成本控制为主线贯穿于以上四个流程，促使经济效益评价不断接近于成本控制目标——以最优成本实现效益最大化，最终实现成本管理的闭环控制。

（一）成本预算

目前，国内石油公司一般采用的是"水平法"的预算管理方法，来进行公司的目标成本管理和核算，通过对石油公司各项目标成本进行分解，来实现分部控制和分部考核，进而可以强化各个部门的责任意识，促使石油公司内部各部门、各单位之间的横向联系和沟通。同时，牢固树立公司员工的成本节约意识，通过目标分解和责任到人的原则，来提高员工对成本控制的主动性和积极性。在目标成本的编制过程中，石油公司一般采用的是水平预算编制方法，也既是增量法，就是通过按照基期为成本的出发点，结合公司在预算期可能发生的业务增减变化以及可能采取的成本控制措施，来进行预算的调整，进而确定公司可行的目标成本。这种目标成本的控制方法一般按照"横向到边，纵向到底"的原则进行编制。

成本预算根据年投资工作量进行分解，按照不同的施工项目，一般基于 WBS 为基础进行，主要确定具体项目工作量和子项目工作量的规模、投资金额等。并以此预算为依据，编制年度计划（包括工作量和设备材料采购），统称为年度采办计划。将全年的全部工作和设备材料汇总进年度采购计划后，列入计划内的单一项目需编制财务预算审批表，即AFE（Application for Expenditure），未列入审批的项目或数额超过 AFE 的项目严禁实施。通过 AFE 计划管理的方式，杜绝了无计划预算、盲目编写计划预算的现象，不仅加强了成本的无序控制，更大大促进了预算和计划编制的准确性和严肃性。

（二）成本核算

在成本指标的分解中，要根据上级管理部门下达的生产任务和成本控制指标，按照归口管理的原则，分解到各个责任部门或者各个责任人，做到横向管理到位。在纵向管理方面，为提高指标控制的有效性，可以采取以下几种形式进行成本控制。方式一，采油公司可以按照指标分解法，将各项生产任务进行分解，利用计划吨油成本对总量指标还原。根据还原计算所得总成本数，然后按照成本项目的不同和责任归属的不同，将成本项目归属不同的项目责任人，对于节约的给予一定的奖励，而对于超支的则给予责任人一定的处罚。方式二：石油公司根据各个采油队的作业，根据承包油田的总体指标情况，将指标进行分解，具体到人，进行总量控制。方式三：对于开发过程中，可能存在的零星井，可以实行公司总部控制的方法，交由承包区代管核算。主要承包原油产量、生产成本和各项管理指标、安全生产、保护国有资产完整等。石油开采公司在进行目标成本管理的过程中，首先，要充分落实上级所下发的各种产量任务和成本控制任务水平，形成公司的一级责任考核预算管理制度。其次，要结合公司的具体实际情况，全面推行石油公司的责任成本管理制度，将各种预测的成本控制指标进行分解，落实到相关责任人和责任部门，将成本控制进行细化传递，进而可以提高全员参与控制的能力和水平。另外，为了有效地控制石油公司成本上升的问题，需要根据一票否决的方法，将石油公司的负责人确立为第一责任人，将成本控制指标和领导的奖惩进行挂钩，这样，就可以有效地将成本控制压力进行传递，提高成本控制的主动性和责任性。

成本核算是将发生的投资进行归类、汇总和计算，做到精细化核算，以此来对比预算数据和核算数据，具体来看，就是将项目的运作从分过程、子过程细分到具体的作业，然后以作业为对象进行间接成本的分配，达到成本具体摊销的目的。

以作业投产为例，全部的作业过程包括搬家、洗井、射孔、下泵投产等作业成本，但进行成本精细核算时，还需要把前期购买的已下井的油管、抽油泵，以及地面设备抽油机、电控柜、电缆和后期的电费、修理费、折旧费、耗费的燃料等一并摊销，作为一个核算单元，从而统一将不同类型的工作成本、设备和材料成本及其他成本合并到这口投产油井中。

（三）动态成本控制

挣值法管理作为海外石油公司成本动态控制的重要工具，是成本控制得以实现的关键环节。在项目实施过程中的某一个阶段可以对比已完工的预算和计划预算，从而分析项目超出预期的原因。对物价上涨、人为原因导致工程滞后、计划不准确造成工作量增加等及时作出判断，从而及时制定针对性的措施，保证项目的工期不存在拖延现象。

一般海外石油公司对以上出现的重大原因导致工期滞后都能够在预算阶段进行预测和避免，而一些类似的内部管理效率低下、员工工作热情不高等隐性原因常常出现原因判断不准，不及时整改的情况。

海外石油公司动态成本控制的主要做法是采取月度生产经营例会的方式，对重要的生产经营指标，包括净现金流、净利润、吨油操作成本、管理费等进行月度计划数据和实际完成数据对比，查找原因，及时调整工作措施，以保证全年的各项生产经营指标得以完成。一般情况下，实际月度指标在个别的月份会出现滞后计划的情况，但年度指标一般都能够顺利完成。否则，年度指标未能完成可能是年度预算和计划制定不合理，或者在生产经营的年度出现了项目承包商计划外工作量骤增、货币贬值导致进口的设备材料价格暴涨等原因。

（四）经济效益评价

海外石油公司成本项目繁多复杂，控制和降低的难度较大，但由于其成本构成的特殊性及油气田公司生产经营特点，决定了公司控制和降低成本的潜力巨大。海外石油公司一般对重大的项目投产完成后进行综合的经济效益评价，对项目决策初期的效果和终期的实际效果进行全面、科学、综合对比考核，对建设项目产生的财务、经济、社会和环境等方面的效益与影响进行全面的评估。

同样，石油公司半年和全年等一定时期内，也会对生产经营活动进行综合的经济效益评价。勘探项目主要是单位勘探成本、经济储量规模；开发项目主要是净现金流、净利润、单位现金操作成本、管理费等。

（五）海外石油公司考核激励

海外石油公司的激励制度是保障海外石油公司责任人能够按照考核的要求来完成工作的先决条件。海外石油公司的考核需要采取多个指标进行综合考核，确保考核指标和各个责任人之间能够相互衔接，并兑现奖惩。考核指标要全面，但也不能太过于繁杂，考核力气科学合理。对油田进行成本控制是十分重要的，但进行成本不能局限于成本一个方面，必须要将成本管理贯彻到公司管理的各个方面，要落实到具体人和具体环节。

在这些指标中，投入产出以及效益指标是较为重要的指标，其他指标主要是围绕以上指标进行必要的补充。依据指标的设计，可以结合各个部门和各个责任人的工作特点进行考核，对节约较为明显的进行必要的奖励，对没有完成指标的进行惩罚。通过责任制度的建立，可以将实际成本控制情况和个人的利益相互挂钩，利用激励措施来对个人控制情况进行调节，来达到成本控制的效果。需要注意的是，在控制过程中，要防止个人或部门在本位主义的驱使下，进行成本信息的需要，这就要加强石油公司的内部审计工作，通过审计来发现问题，进而解决问题。

四、海外石油公司成本控制体系的保障措施

（一）成本指标责任明确，责任单元和责任人相统一

加强海外石油开发项目的成本控制的前提是制定明确的成本控制指标，分解到责任单元和责任人，最终通过组织机构和人力资源两者有机的结合，提高成本控制的实施效果。责任明确、赏罚分明还需要通过对责任团体、责任人施行成本控制的激励政策，既需要培养员工对成本控制的责任心，还要将成本控制从外在的压力型转变为员工的主动行为。同时，在成本控制的过程中，不能仅仅控制显现成本的部分，也要考虑对资源和环境成本的

控制，做到成本控制的全面性。在海外石油公司成本控制中，要将成本控制和员工的切身利益相互结合。让员工对于成本控制不能仅仅认识到是一种责任，而是让员工认识到成本控制的权力性，既通过成本控制可以获取公司所给予的奖励，真正做到主动性全员成本控制。

（二）贯彻成本控制制度，严格执行成本控制政策

为了全面贯彻落实海外石油公司项目全过程成本控制体系，需要通过贯彻落实成本控制制度，严格考核经济指标，坚决避免人治造成的原始成本控制乱象，这也是国内的个别海外石油公司易出现的常识性误区。在制度方面，要求根据各个岗位的特点要求，建立相应的岗位责任制度，将各项制度落实到员工的日常行为中去。在制度约束方面，要提高组织的保障水平，确保各个岗位工作能够得以顺利实施。海外石油项目全过程成本管理能够实现，重点是看个各个岗位目标能否实现。由于海外石油项目是一项综合性很强的工作，需要各岗位各部门进行密切的配合，确保相互工作的协调一致。除了要建立专门的岗位进行利益协调以外，还要防止部门之间的冲突而导致成本次优化行为的发生。这种规范可以从建立冲突规范制度、岗位协作以及灵活处理等多种手段来进行解决，确保公司的成本控制制度得以落实。

（三）技术创新实现高效成本控制

海外石油公司的成本控制研究随着科学的进步，多专业、多学科的创新不断的带来成本控制的科学理念，海外石油公司不仅仅要加强借鉴和学习，更要以自身项目的实际情况为主，开发和改进后，推行适合自身公司需要的科学成本控制策略，以满足国际化石油市场日益增长的残酷竞争的实力需要。

第四节　海外石油工程项目价值管理

我国石油企业需要从传统的重产量、重规模发展的思维转向以价值创造为中心的管理理念，海外石油项目作为与国际化管理接轨的重要窗口，更需要也有条件率先建立以价值创造为理念的价值管理模式体系，促进经济发展方式的转变，实现项目价值的持续良性增长。

一、海外石油项目定义及特点

海外石油项目是指中方投资者为了达到其特定目的或取得其特定效果，在一定的时间内，以一定的海外地质单元为对象，由油气勘探、开发、生产作业等活动组成的综合油气投资工程。

海外石油项目具有包括项目的目标性、周期阶段性、一次性、系统整体性、合同限定性、高投入和高风险等 6 个方面的特点。

（一）海外石油项目的目标性

海外石油项目与一般投资项目有着相似的项目成果性和项目效率性目标，即油气开发项目必须以有效完成其任务为目标，获得油气产品或取得良好的投资回报，并通过国际油气合作学习掌握国际化经营能力。

（二）海外石油项目的周期阶段性

海外石油项目的勘探开发全过程，与一般投资项目有相似的工作程序，从开始到结束都经过一个时间过程，这一过程是由若干个阶段组成的，存在项目筛选、投资决策、规划、实施及总结等阶段。海外石油项目一般周期较长，合同期长达 20~30 年。

（三）海外石油项目的一次性

海外石油项目具有明确的地理范围和任务范围，有特定的工程任务和任务目标。因此，每个油气开发项目都是一个相对独立的、完整的、特定的系统，不会有完全重复的另一个系统存在。

（四）海外石油项目的系统整体性

海外石油项目勘探开发是由多专业、多学科协作所构成的系统工程。单项工程通常有物探、钻井、测井、固井、完井、试油压裂、井下作业、油气集输、供水、电力、通信、道路、消防、后勤以及污水处理、环境治理等诸多类型。各个单项工程子系统是构成油田开发整体系统的有机组成部分，必须按系统工程来组织、管理。

（五）海外石油项目的合同限定性

海外石油项目必须按照资源国法律法规、合同条款来执行，在一定合同区域内，在时间、投入资源（投资及工程量等）、质量和技术标准等约束条件内实现各个阶段的任务。

（六）海外石油项目的高投入和风险性

油气勘探开发是一个高投入、高风险的行业。石油勘探开发的实施是以投入巨额资金为支撑的，大的石油项目需要几十亿，甚至上百亿美元的投入。由于对地质规律的认识和勘探技术的局限性，即使对油气勘探项目进行了科学严密的论证，在实施过程中也会出现很多难以预测的情况，可能成功也可能失败，能够由勘探阶段转入开发生产阶段的概率只有 10% 左右。风险是油气行业的固有属性。

而海外油气投资项目由于还受资源国政治、经济、社会安全、法律法规、合同条款等因素的影响，其风险性更加突出。

二、海外石油项目价值管理框架

海外石油项目的价值管理，就是要树立价值创造的理念，通过战略规划、实施运营、绩效考核和风险管控，以保障和推动海外业务加快发展，提高投资效益回报，促进项目价值最大化的目标实现。

（一）战略规划

战略侧重于对企业内外部环境和发展趋势的分析，对企业使命、愿景、业务方向和核心竞争力的定义，需要具有前瞻性、宏观性和相对的稳定性。战略目标的选择要在价值管理理念的指导下制定，指引企业未来价值增长的方向。战略发展规划在战略与实施运营间起到承上启下的作用，既要关注现有的价值增长，也要关注潜在的价值增长机会，注重价值增长点的培育和接替；要制定重大举措和重要里程碑的事项，确定资源分配的优先级原则；规划目标逐年滚动，对重大的全局性战略进行调整。

我国三大石油集团之一的中石油结合世界和我国油气工业发展阶段、企业自身情况，提出了要建设综合性国际能源公司的战略目标，战略目标以价值最大化为中心，既具有国际能源公司的一般特征，又具有中国石油的特色。其基本内涵是：以油气业务为核心，拥有合理的相关业务结构和较为完善的业务链，上下游一体化运作，国内外业务统筹协调，油公司与工程技术服务公司等整体协作，具有国际竞争力的跨国经营企业。

中石油还根据战略目标，制定了海外业务扩张的战略发展规划整体目标，在未来10年内，计划投资600亿美元，将海外年油气当量产量提高至2亿吨。按照"突出中亚、做大中东、加强非洲、拓展美洲、推进亚太"的思路，继续做大做强各海外油气合作区；加快四大油气战略通道建设，提升国家能源安全保障能力。

（二）实施运营

实施运营就是将战略规划付诸实施的过程，是实现战略目标的行动阶段，所谓"三分战略，七分执行"，体现了该阶段的重要性。有了好的战略，如果不能付诸实施，不执行到位，一切都会成为纸上谈兵。要确保海外战略规划落地，需要做好项目决策、组织与流程、管理与系统等方面的实施运营工作。

1.项目决策。海外业务的发展有了战略规划之后，首要的就是要以价值为标准，对项目进行投资决策。在单项目经济评价、多项目投资组合优化的基础上，通过直接与资源国政府双边谈判、公开竞标、股权收购等方式，选择符合公司发展战略要求、符合投资回报要求的海外项目油气资产，并根据项目执行情况、内外部环境的变化，适时进行全球资产组合管理。

2.组织与流程。公司组织结构与价值创造紧密结合，项目执行时，需要以油气区块为价值创造业务单元，结合合同模式，资源国的要求、合作伙伴的意见，形成基于价值管理的组织体制，为价值的可持续创造提供组织保障。实施时检查每一项作业或活动是否是核心业务、是否能够实现价值增值，合并和简化非增值作业，优化公司业务流程，最终使项目形成一个高效良性运行的系统。

3. 管理与系统。要加强预算、财务、人力资源及业务部门的职能管理，形成管理体系与合力，为资源配置和价值增长战略提供一个协调与管理机制，创新管理理念、管理方法、管理工具和行为。并以信息系统为支撑，建立详细、具体、符合项目合同模式的项目价值模型，以协助管理层更好地把握项目历史业绩和未来剩余价值的预测，并且能够迅速反映市场参数和项目运行的变化对项目价值变动的影响。

（三）绩效考核

绩效考核可以从根本上驱动管理者的行为，是价值管理体系的重要环节，是确保实现战略规划、取得好的实施运营效果的重要措施和手段。以价值创造单元为基本考核对象，向上逐级扩展，不同层次有不同的考核指标，形成由价值驱动因素到公司价值的一个考核链条和指标链条，将价值创造的责任落实到价值链的各个环节中去。绩效考核要以项目长期价值创造为导向，在考核中充分考虑项目规模、发展阶段、行业区域对标等因素，并从投资者（股东）角度进行考核。考核结果与激励机制相衔接，可以进一步实现对经营过程和经营结果的正确引导，确保战略目标的实现和经营管理的健康运行。

（四）风险管控

海外石油项目的特点和经营环境决定了项目面临较大的风险，需要在价值创造和价值管理过程中时刻注意风险管控和防范，通过风险管理，保障价值的持续成长。首先，从识别风险源入手，找出可能存在的风险，这些风险源可能是人的行为、管理活动和控制、经济环境、政治环境、自然因素、技术问题等。其次，进行风险分析，主要包括风险发生的可能性和风险导致的结果两个方面，利用风险矩阵、决策树等分析工具对风险进行定性和定量分析，估计风险水平。再次，根据分析结果对各种风险进行评价，将风险水平和已经建立的标准相比较，识别可接受的风险和不可接受的风险。最后，进行风险处置，对风险的减少、转移、保留等做出决定。

三、基于全面预算的价值管理模式

全面预算管理将规划、计划、预算、预测、报告和考核紧密相连、协调一致，是现代企业实施管理和控制的重要手段，一方面它是战略规划的细化和延伸，服务和服从公司的整体战略目标，另一方面，预算紧贴公司业务运行，又连接并支持着绩效管理系统，从而将公司目标与部门利益、员工利益有机结合。全面预算是一种集事前、事中和事后管理于一体的全过程管理。正如美国著名管理学家戴维·奥利所指出的那样：全面预算管理是为数不多的几个能把组织的所有关键问题融合于一个体系之中的管理控制方法之一。

全面预算是投资者控制海外石油项目的主要手段，是海外石油项目开展工作的重要依据。且海外石油项目的资源获取和销售都面向市场，经营环境多变，大都是与其他伙伴或资源国合作，管理复杂性更高，故海外石油项目都高度重视预算工作，认为预算不仅有计划、预测、控制职能，还要重视和发挥其价值创造的功能，预算编制的过程提供了一个识别公司风险和机会，评估和优化公司业务、组织结构等的途径，并将预算管理作为促进和引导企业走向精细管理的重要手段。

价值管理体系涉及项目公司外部环境、内部战略规划、执行、考核、风险防控等方面内容，实施基于全面预算的价值管理，就可以将公司价值管理的诸多方面形成一个密不可分的整体，防止战略规划与业务运行的脱节，全面预算是实施价值管理的主要平台。

基于全面预算的价值管理模式是立足于项目组织结构和治理环境，以项目价值最大化为出发点，通过合同期预算、滚动预算和年度预算的编制，全面对接战略规划，使战略目标和战略规划落实为具体的年度预算执行方案和指标；实施项目运营，勘探开发、销售、采购和科研等业务在预算范围内执行，并应用 AFE（费用授权制度）、Cash Call（筹款通知制度）和项目化、流程化管理等手段实现预算控制；通过预算考核，实现对项目创造价值的衡量，达到激励与约束的目的；以风险识别、分析和控制，保障项目价值可持续提高。

（一）预算编制衔接战略规划

预算编制与战略规划的衔接是战略落地的重要保障，是真正实现以战略驱动运营的前提和关键环节。只有实现衔接，才能保证海外战略目标与预算管理目标的一致性，切实保障海外石油项目战略相关行动得到优先的资源配置和保障。

通过自上而下、自下而上的预算编制过程，以及各职能部门间的充分沟通和协调，公司价值创造的理念、公司战略在公司内部得以广泛的宣传和贯彻，战略目标和预算目标得以落实。海外石油项目通过合同期预算、滚动预算和年度预算的编制，全面对接战略规划，使战略目标和战略发展规划落实为具体的年度预算执行指标，并通过预算指标分解，将海外石油项目整体预算指标转化为各个业务单元指标。

（二）预算执行和控制保证实施运营

预算管理不是编制确定完一系列数字表格就结束了，预算的执行就是把预算由计划、由数字变为现实的具体实施步骤，至关重要。预算一经批复，就具有严格约束力，各预算执行部门，就要在预算范围内，组织开展勘探、开发与生产作业、销售、采购和科研活动等。海外石油项目应用 AFE（费用授权制度）、Cash Call（筹款通知制度）和项目化、流程化管理等手段，在项目内部构建有利于执行的预算管理机制，大大提高预算执行的可行性和可靠性，预算执行和控制变得有章可循。

（三）预算考核是绩效考核的重心

预算指标是项目战略目标的年度细化，是项目价值创造的最具体、最直接的体现，预算指标通常在项目绩效考核指标中占有最大权重，预算考核是项目绩效考核的重心。年终通过考核预算指标的完成情况，可以全面评估项目价值创造的实施效果，掌握战略执行进展程度，并可以根据执行中发现的问题反馈给战略管理部门，修正完善战略规划。并将预算考核结果与奖罚挂钩，强化激励约束效果。

（四）预算管理是风险管控的保障

预算是一种集事前、事中和事后控制于一体的管理，使得预算本身具有一种主动抗风险机制。预算编制时，各业务和部门需要全面评估目前所处的经营环境和自身发展阶段，识别出影响战略目标和预算目标实现的风险因素，提出应对策略，拟定保障措施并在预算执行时贯彻。如，预算编制时，做不同油价下的预算方案，进行弹性预算，掌握项目公司实现盈亏平衡的保本油价，减少非经济产量的发生，防范价格风险；在年度预算中考虑汇率、利率变化，并制定风险对冲和防范策略；可以进行现金流量预算管理，防范流动性风险等。

第五节　海洋油气开发工程项目安全管理

海洋油气开发中安全管理的目的是规避风险，降低开发成本，保障员工和财产的安全。在工程完工交接阶段和平台正常生产阶段，安全管理的主要目标是保证设备设施的安全运行及使用，避免出现各类事故。

一、海洋平台工程项目交接阶段的安全管理

（一）简述

海洋平台进行油气开发生产的过程中，很多事故的致因是由于设备设施的因素造成的，为保障平台投产后设备设施的正常运转，必须在前期做好平台的完工交接工作。完工交接是对工程的检验、生产安全的保障，是海洋油气开发安全管理的一个重要组成部分，同时也是目前油气开发的一个薄弱环节。

在进行完项目的详细设计后，开始工程建造。为了加快工程建造进度，使平台能够更早投产，早日取得收益，详设和建造阶段部分一般是重合的。采取完成一部分详细设计后开始一部分的工程建造工作。固定式平台的建造工作一般以导管架开工为建造里程碑。

1. 建造工作分为三个阶段

（1）陆地建造阶段。所有平台的结构设施和大型设备均在陆地进行建造，主体完工后在陆地进行部分主要设备设施的单机调试工作。

（2）海上安装阶段。此阶段包括导管架安装、上部生产组块安装、生活楼组块安装。当导管架、生产组块、生活楼建造完毕后，利用浮吊将其运至海上按照顺序进行安装。

（3）海上调试阶段。当导管架、生产组块、生活楼在海上完成建造工作后，开始海上调试工作。调试工作包括单机海上调试、单系统调试、系统联合调试。联合调试完成后

为平台的机械完工点，此时平台具备生产能力。

为使平台建造和详细设计能够基本同步进行，一般详细设计的工作计划按照工程建造的先后次序安排详细设计完成顺序，首先完成导管架等结构主体部分，然后完成上部组块的主要设备设施的布置，之后进行工艺流程的配管工作。

工程建造阶段开发项目组的主要安全工作是海上施工作业的安全控制。生产方的安全工作重点是安全系统的调试工作，在具备投产条件前，必须保证安全系统设备设施能够正常运转，为今后平台的安全生产提供保障。

2. 生产方的安全工作内容包括

（1）核对安全设备设施是否满足 ODP 及详细设计的要求，当两者有冲突时以 ODP 为准。

（2）参与安全系统设备设施的单机调试，透彻了解其性能特点。

（3）参与安全系统设备设施的系统联合调试。

在开发项目组进行详细设计和工程建造阶段，中国海洋石油公司所属的该油田的作业公司成立生产项目组，生产项目组是最终用户，油田的操作者。生产项目组确定后将介入平台的调试工作。平台主要设备（包括安全救生设备设施）机械完工后，平台调试具备生产条件后开发项目组将平台移交给生产项目组，由生产项目组进行操作开始生产。

平台的设备设施的状况直接关系到平台的安全状况，只有设备设施处于一个良好的状态，才可能保障在今后的正常生产过程中人员不受到设备设施的意外伤害。因此设备设施的交接工作是项目阶段生产方的安全工作控制重点。通过制定一套完整、严谨、可行的机械完工及交接验收的程序、规定，能够有效提高平台完工交接的效率。

（二）设备设施机械完工交接点的确定及机械完工验收交接的步骤

油田的所有设备、设施安装到位，管线连接完毕，单个容器、管线试压全部结束；所有单机设备调试完毕；附属电气、仪表设备安装调试完毕；系统在具备调试条件的情况下调试完毕；在具备了以上条件后，即可认为整个油田具备了机械完工的条件，可以向生产项目组进行最后的交接工作。

机械完工验收交接的原则：海洋平台的所有设备设施按照行业习惯划分成若干个系统；每一个系统都由若干种类的设备组成，这些设备包括一种或一种以上的机械、电气、仪表、工艺、安全等专业设备。

机械完工验收交接开始时，应先对所有单机设备逐个进行验收交接确认；在所有的单机设备验收交接完成时，再按照已经划分的系统逐个进行验收交接（当一个系统中包含的所有单机设备进行完验收交接时，也可先对该系统进行验收交接）；只有当所有的系统进行完验收交接确认后才可以认为整个平台具备了交接验收的条件。

（三）单机设备调试验收交接

1. 单机设备调试

单机设备调试包括陆地和海上单机设备调试，整个调试过程主要依据工程部门提供的单机设备调试验收大纲来进行。单机设备调试前工程建设方提前通知生产项目组（通常提前时间至少为 3 天），生产项目组安排相关人员参加单机设备调试。单机调试结束后形成单机设备调试问题清单或会议纪要，工程项目组根据调试过程中发现的问题给予答复和解决，并要逐项确定负责整改的单位、负责人、完成期限等内容。无法及时解决的问题出具油田设备遗留问题清单。遗留问题表格清单由工程项目组、主要承包商、生产项目组人员共同签字认可。单机设备调试过程中发现的问题将在以后的设备验收交接时重新讨论。

单机设备调试结束后由工程部门组织相关人员对调试记录（或表格）签字认可，其中必须有生产项目组人员的签字；生产项目组人员此时的签字仅仅是对调试过程中的见证和对调试结果的认可，不代表对单机设备的交接。在单机调试结束后到投产完成时设备再发生的问题仍然需要由工程项目组负责解决，但由生产部门操作不当所引起的问题除外。

2. 单机设备验收交接

在完成单机设备调试并且遗留问题不影响设备正常运行的，如果工程项目组同意认可，可以对该设备的操作使用、维护保养向生产项目组先行进行交接。

当某一个设备具备验收交接条件、工程项目组决定交接时，工程项目组应准备相关的交接资料，至少提前两天通知生产项目组人员做好单机设备交接准备。生产项目组人员在接到单机设备交接准备信息后，立即安排相关专业人员对该设备进行系统交接前的最后验收。在验收交接时应对设备在单机调试过程中发现的问题重新进行讨论并更新，确定仍然未解决的问题，未解决的问题应根据问题的影响程度决定是否继续进行单机设备交接或后续的系统交接。更新的单机设备遗留问题表格经签字确认后即可进行单机设备验收交接。验收交接由工程项目组、生产项目组人员共同签字认可，签字认可后表明该设备已经由工程项目组移交到生产项目组，相应操作、维护和保养的职责也同时移交到生产项目组，但设备出现故障后的维修仍由工程项目组负责。由生产部门操作不当所引起的问题除外。

在验收交接完单机设备后仍然存在遗留问题，工程项目组人员仍然需要继续解决，各方要逐项确定负责整改的单位、负责人、完成期限等内容。

（四）系统调试验收交接

某一系统调试验收交接具备的首要条件是系统所包含的专业种类的具体设备已经验收交接完毕。当某一个系统具备验收交接条件、工程项目组决定交接后，工程项目组应准备相关的交接资料，至少提前三天通知生产项目组人员做好系统交接准备。

生产项目组人员在接到系统交接准备信息后，安排相关专业人员对该系统及系统附属的所有设备进行系统交接前的最后验收。遗留问题及交接过程同单机设备验收交接程序。

（五）整个油田机械完工交接

整个油田所有的系统交接完毕后，即可进行整个油田的验收交接。此时的验收交接主要是对所有系统交接后的遗留问题重新进行讨论，确定最后的机械完工遗留问题并形成机械完工遗留问题清单。遗留问题表格清单需要工程项目组、生产项目组人员共同签字认可。

总的遗留问题清单经确定更新完毕后，工程项目组人员、生产项目组人员共同签署旅大油田机械完工交接文件。机械完工交接文件签署后，所有的旅大油田投产前的各项组织工作都由生产项目组人员来完成。

二、海洋油气开发事故的预防

（一）事故具有的性质

1. 事故的因果性

工业事故的因果性是指事故由相互联系的多种因素共同作用的结果，引起事故的原因是多方面的，在伤亡事故调查分析的过程中，应弄清事故发生的因果关系，找到事故发生的主要原因，才能对症下药，有效地防范。

2. 事故的随机性

事故的随机性是指事故发生的时间、地点、事故后果的严重性是偶然的。这说明事故预防具有一定难度。但是，事故这种随机性在一定范畴内也遵循统计规律。从事故的统计资料中可以找到事故发生的规律性。

3. 事故的潜伏性

表面上，事故是一种突发事件。但是事故发生之前，人、机、环境系统所处的这种状态是不稳定的，也就是说系统中存在着事故隐患，具有危险性。如果这时有一触发因素出现，就会导致事故的发生。在工业生产活动中，企业较长时间内未发生事故，如果麻痹大意，就是忽视了事故的潜伏性，这是工业生产中的思想隐患，是应予以克服的。掌握了事故潜伏性对有效预防事故起到关键作用。

4. 事故的可预防性

现代工业生产系统是人造系统，这种客观实际给预防事故提供了基本的前提。所以说，任何事故从理论和客观上讲，都是可预防的。认识这一特性，对防止事故发生有促进作用。因此，应该通过各种合理的对策和努力，从根本上消除事故发生的隐患，把工业事故的发生降低到最小限度。

（二）事故的宏观预防对策

采取综合、系统的对策是搞好职业安全卫生和有效预防事故的基本原则。随着工业安全科学技术的发展，安全系统工程、安全科学管理、事故致因理论、安全法制建设等学科和方法技术的发展，在职业安全卫生和减灾方面总结和提出了一系列的对策。安全法制对策、安全管理对策、安全教育对策、安全工程技术对策、安全经济手段等都是目前在职业安全卫生和事故预防及控制中发展起来的方法和对策。

1. 安全法制对策

安全法制对策即利用法制的手段，对生产的建设、实事、组织、以及目标、过程、结果等进行安全监督与监管。主要实现方式有：（1）职业安全卫生责任制度就是明确企业一把手是职业安全卫生的第一责任人，管生产必须管安全；（2）实行强制的国家职业安全卫生监督；（3）建立健全安全法规制度；（4）有效的群众监督。

2. 工程技术对策

工程技术对策是指通过工程项目和技术措施，实现生产的本质安全化，或改善劳动条件提高生产的安全性，可采用如下技术原则。

（1）消除潜在危险的原则——即在本质上消除事故隐患。基本的做法是以新的系统新的技术和工艺代替旧的不安全系统和工艺，从根本上消除发生事故的基础。

（2）降低潜在危险因素数值的原则——即在系统危险不能根除的情况下，尽量地降低系统的危险程度，系统一旦发生事故，使所造成的后果降至最小。

（3）冗余性原则——就是通过多重保险、后援系统等措施，提高系统的安全系数，增加安全余量。

（4）闭锁原则——在系统中通过一些元器件的机器连锁或电气互锁，作为保证安全的条件。

（5）能量屏障原则——在人、物与危险之间设置屏障，防止意外能量作用到人体和物体上，以保证人和设备安全。

（6）距离防护原则——当危险和有害因素的伤害作用随距离的增加而减弱时，应尽量使人与危险源距离远一些。

（7）时间防护原则——是使人暴露于危险、有害因素的时间缩短到安全程度之内。

（8）薄弱环节原则——即在系统中设置薄弱环节，以最小的、局部的损失换取系统的总体安全。

（9）坚固性原则——即通过增加系统强度来保证其安全性。

（10）个体防护原则——根据不同作业性质和条件配备相应的保护用品及用具。采取被动的措施，以减轻事故和灾害造成的伤害或损失。

（11）代替作业人员的原则——在不可能消除和控制危险、有害因素的条件下，以机器、机械手、自动控制器或机器人代替人或人体的某些操作，摆脱危险和有害因素对人体的危害。

（12）警告和禁止信息原则——采用光、声、色或其他标志等作为传递组织和技术信息的目标，以保证安全。

3. 安全管理对策

通过制定和监督实施有关安全法令、规程、规范、标准和规章制度等，规范人们在生产活动中的行为准则，使劳动保护工作有法可依，有章可循，用法制手段保护职工在劳动中的安全和健康。安全管理对策是生产过程中实现职业安全卫生的基本的、重要的、日常的对策。海洋油气开发安全管理对策具体由管理的模式、组织管理的原则和安全信息流技术等方面来实现。安全的手段包括：法制手段，监督、监管；行政手段，责任制等；科学的手段，推进科学管理；文化手段，进行安全文化建设；经济手段，伤亡赔偿、工伤保险、事故罚款等。

4. 安全教育对策

安全教育对策是应用启发式教学法、发现法、讲授法、谈话法、读书指导法、演示法、参观法、访问法、实验实习法、宣传娱乐法等，对政府官员、社会大众、企业职工、社会公民、专职安全人员等进行意识，观念、行为、知识、技能等方面的教育。安全教育的对象通常有政府有关官员、企业法人代表、安全管理人员、企业职工、社会公众等。教育的形式由法人代表的任职上岗教育。

（三）人为事故的预防

人为事故在工业生产发生的事故中占有较大比例。有效控制人为事故，对保障安全生产发挥重要作用。

人为事故的预防和控制，是在研究人与事故的联系及其运动规律的基础上，认识到人的不安全行为是导致与构成事故的要素。要有效预防、控制人为事故的发生，依据人的安全与管理的需求，运用人为事故规律和预防、控制事故原理联系实际，而产生的一种对生产事故进行超前预防、控制的方法。

1. 人为事故的规律

人既是促进生产发展的决定因素，又是生产中安全与事故的决定因素。人的安全行为能保证安全生产，人的异常行为会导致与构成生产事故。

为了深入地研究人为事故规律，还可利用安全行为科学的理论和方法。

在掌握了人们异常行为的内在联系及其运行规律后，为了加强人的预防性安全管理工作，有效预防、控制人为事故，可从以下四个方面入手。

（1）从产生异常行为表态始发致因的内在联系及其外延现象中入手。有效预防人为事故，必须做好劳动者的表态安全管理。

（2）从产生异常行为动态续发致因的内在联系及其外延现象中入手。想有效预防、控制人为事故，必须做好劳动者的动态安全管理。

（3）从产生异常行为外侵导发致因的内在联系及其外延现象中入手。想有效预防、控制人为事故，还要做好劳动环境的安全管理。

（4）从产生异常行为管理延发致因的内在联系及其外延现象中入手。想有效预防、控制人为事故，好要解决好安全管理中存在的问题。

2. 强化人的安全行为，预防事故发生

强化人的安全行为，预防事故发生，是指通过开展安全教育，提高人们的安全意识，使其产生安全行为，做到自为预防事故的发生。主要应抓住两个环节：一要开展好安全教育，提高人们预防、控制事故的自为能力；二要抓好人为事故的自我预防。

（1）要自觉接受安全教育，不断提高安全意识，牢固树立安全思想，为安全生产提供支配行为的思想保证。

（2）要努力学习生产技术和安全技术知识，不断提高安全素质和应变事故能力，为实现安全生产提供支配行为的技术保证。

（3）必须严格执行安全规章，不能违章作业，冒险蛮干，即只有用安全法规统一自己的生产行为，才能有效预防事故的发生，实现安全生产。

（4）要做好个人使用的工具、设备和劳动防护用品的日常维护保养，使之保持完好状态，并要做到正确使用，当发现有异常时要及时进行处理，控制事故发生，保证安全生产。

（5）要服从安全管理，并敢于抵制他人违章指挥，保质保量地完成自己分担的生产任务，遇到问题要及时提出，求得解决确保安全生产。

3. 改变人的异常行为，控制事故发生

改变人的异常行为，是继强化人的表态安全管理之后的动态安全管理。如何改变人的异常行为，控制事故发生，主要有如下五种方法。

（1）自我控制——是指在认识到人的异常意识具有产生异常行为，导致人为事故的规律之后，为了保证自身在生产实践中的自为改变异常行为，控制事故的发生。

（2）跟踪控制——是指运用事故预测法，对已知具有产生异常行为因素的人员，做好转化和行为控制工作。

（3）安全监护——是指对从事危险性较大生产活动的人员，指定专人对其生产行为进行安全提醒和安全监督。

（4）安全检查——是指运用人自身技能，对从事生产实践活动人员的行为，进行各种不同形式的安全检查，从而发现并改变人的异常行为，控制人为事故发生。

（5）技术控制——是指运用安全技术手段控制人的异常行为。

（四）设备因素导致事故的预防

设备与设施是生产过程的物质基础，是重要的生产要素。在生产实践中，设备是决定生产效能的物质技术基础，没有生产设备特别是现代生产是无法进行的。同时设备的异常状态又是导致与构成事故的重要物质因素。因此，要想超前预防、控制设备事故的发生，必须做好设备的预防性安全管理，强化设备的安全运行，改变设备的异常状态，使之达到安全运行要求，才能有效预防、控制事故的发生。

1. 设备因素与事故的规律

是指在生产系统中，由于设备的异常状态违背了生产规律，致使生产实践产生了异常运动而导致事故发生所具有的普遍性表现形式。

（1）设备故障规律是指由于设备自身异常而产生故障及导致发生的事故，在整个寿命周期内的动态变化规律。认识与掌握设备故障规律，是从设备的实际技术状态出发，确定设备检查、试验和修理周期的依据。设备在整个寿命期内的故障变化规律，大致分为三个阶段：

第一阶段是设备故障的初发期；是指设备在开始投运的一段时间内，由于人们对设备不够熟悉，使用不当，以及设备自身存在一定的不平衡性，因而故障率较高，这段时间也称设备使用的适应期。

第二阶段是设备故障的偶发期；是指设备在投运后，由于经过一段运行，其适应性开始稳定，处在非常情况下偶然发生事故外，一般是很少发生故障的。这段时间较长，也称设备使用的有效期。

第三阶段是设备故障的频发期是指设备经过了一段、两段长时期运行后，其性能严重衰退，局部已经失去了平衡，因而故障—修理—使用—故障的周期逐渐缩短，直至报废为止。这段时间故障率最高，也称设备使用的老化期。

从设备故障变化规律中得知，设备在第一阶段故障初发期，尽管故障率较高，但多半是属于局部的、非实质性故障，因而只需增加安全检查的次数，即检查周期要短。可同第二段故障偶发期的试验、检修周期相同。但到了第三阶段故障频发期时，随着设备故障频率的增高，其定期检查、试验、检修的周期均要相应地缩短，这样才能有效预防、控制事故发生，保证设备安全运行。

（2）与设备相关的事故规律—设备不仅因自身异常能导致事故发生，而且与人、与环境的异常结合，也能导致事故发生。

（3）设备与人相关的事故规律是指由于人的异常行为与设备结合而产生的物质异常运动，在导致事故中的普遍性表现形式。

（4）设备与环境相关的事故规律是指由于环境与设备结合而产生的物质异常运动，在导致事故中的普遍性表现形式。其中又分为固定设备与变化的异常环境相结合而导致的设备故障。另一种是移动性设备与异常环境结合而导致的设备事故。

2. 设备故障及事故的原因分析

导致设备发生事故的原因，从总体上分为两大原因：内因耗损是检查、维修问题。外因作用是操作使用问题。

设备事故的分析方法，同其他生产事故一样，均要按"三不放过"原则进行，即事故原因查不清不放过，事故的责任者及群众受不到教育不放过，没有制定防范措施不放过。

通过设备事故的原因分析，针对导致事故的问题，采取相应的防范措施。

3. 设备导致事故的预防、控制要点

设备事故的预防和控制，要以人为主导，运用设备事故规律和预防、控制事故原理，按照设备安全与管理的要求，重点做好如下预防性安全管理工作。

（1）根据生产需求和质量标准，做好设备的选购、进厂验收和安装调试，是投产的设备达到安全技术要求，为安全运行打下基础。

（2）开展安全宣传教育和技术培训，提高人的安全技术素质，是其掌握设备性能和安全使用要求，并要做到专机专用，为设备安全运行提供人的素质保证。

（3）要为设备安全运行创造良好的条件。

（4）配备熟悉设备性能、会操作、懂管理、能达到岗位要求的技术工人。

（5）按设备的故障规律，定好设备的检查、试验、修理周期，并要按期进行检查、试验、修理，巩固设备安全运行的可靠性。

（6）要做好设备在运行中的日常维护保养。

（7）要做好设备在运行中的安全检查，做到及时发现问题，及时加以解决，使之保持安全运行状态。

（8）根据需要和可能，有步骤、有重点地对老旧设备进行更新、改造、使之达到安全运行和发展生产的客观要求。

（9）建立设备管理档案、台账，做好设备事故调查、讨论分析，制定保证设备安全运行的安全技术措施。

（10）建立、健全设备使用操作规程和管理制度及责任制，用以指导设备的安全管理，保证设备的安全运行。

4. 设备的检查、维修及报废

设备的检查、修理及报废，是对设备进行预防性管理，保证安全运行的三个相互联系的重要环节。

（五）环境因素导致事故的预防

安全系统最基础的要素就是人、机、环境、管理四要素。显然，环境因素也是重要方面。异常环境是导致事故的一种物质因素，通过相应的措施能够有效地预防、控制异常环境导致事故的发生。

1. 环境与事故的规律

依据环境导致事故的危害方式，海洋油气生产平台的环境分为五个方面：设备设施的布局；平台工作环境的温度、湿度、光线等；生产环境中的尘、毒、噪声等；所处的海洋环境；环境中的雨水、盐雾、冰雪、风云等。

环境是生产活动中的必备条件，任何生产活动均置于一定的环境中，没有环境生产是无法进行的。同时环境又是决定生产安危的一个重要物质因素。其中，良好的环境是保证安全生产的物质因素。例如，在油气开发生产过程中，由于环境中的温度变化，高温天气

能导致员工中暑，严寒能导致员工冻伤，也能影响设备安全运行导致设备事故。又如，油气生产中的油气如果发生泄漏，在某处凝聚，可能产生爆炸事故；生产环境中物料堆放杂乱，或有其他杂物等，均能导致事故的发生。

环境是以其中物质的异常状态与生产相结合而导致事故发生的。其运动规律是生产实践与环境的异常结合，违反了生产规律而产生的异常运动在导致事故中的普遍性表现形式。

2. 环境导致事故的预防、控制要点

良好的环境是安全生产的保证，异常环境是导致事故的物质因素。依据环境安全与管理的需求，对环境导致事故的预防和控制，主要应做好如下四方面工作：运用规章制度加强环境管理，预防事故的发生；治理尘、毒、噪声等的危害，预防、控制职业病发生；正确应用劳动保护用品，预防、控制环境导致事故的发生；运用安全检查手段改变异常环境，控制事故发生。

因此，为了使生产环境的安全管理、劳动防护用品使用等均能达到管理标准的要求，防其发生异常变化，就要坚持做好生产过程中的安全检查，做到及时发现并及时整改生产的异常环境，使之达到安全要求。同时对不能加以改变的异常环境，如临时用电作业、危险部位等，还要设置安全标志，必要时进行隔离锁定，从而控制异常环境导致事故的发生。

第六章　国内海洋石油工程项目的实施

第一节　海洋钻井平台分类与技术特点

海上钻井平台主要用于钻探井的海上结构物。上装钻井、动力、通信、导航等设备，以及安全救生和人员生活设施。海上油气勘探开发不可缺少的手段。主要有自升式和半潜式钻井平台。

一、海上钻井平台的分类

（一）按运移性分类

1. 固定式钻井平台；

2. 移动式钻井平台：坐底式钻井平台（包括步行式钻井平台、气垫式钻井平台）、半潜式钻井平台、自升式钻井平台、浮式钻井船（又称钻井浮船）。

（二）按钻井方式可分为

1. 浮动式（浮式）钻井平台：半潜式钻井平台、浮式钻井船、张力腿式平台；

2. 稳定式（海底支撑式）钻井平台：固定式钻井平台、自升式钻井平台、坐底式钻井平台。

二、海上钻井平台的结构及特点

（一）固定式钻井平台

它是从海底架起的一个高出水面的构筑物，上面铺设甲板作为平台，用以放置钻井机械设备，提供钻井作业场所及工作人员生活场所，固定式平台的特点是：稳定性好、运移性差、适用水深浅、经济性一般。在我国渤海区域先后建成了几十座固定式平台，现已拆除 3 座，报废 2 座，其余的都改装成采油平台。例如，渤海北油田的 A，B 平台，每座设计钻井 32 口，现已改装成采油平台。胜利油田埕岛海上油田开发采用的主要是固定式平台。

（二）坐底式钻井平台

这是一种具有沉垫浮箱的移动式平台。我国自行设计的"胜利一号"坐底式钻井平台正在胜利油田浅海区钻井。结构组成如下：

1. 工作平台。它用于放置钻井设备，提供作业场所以及工作人员生活场所。

2. 立柱。它用于支撑平台，连接平台与沉垫。

3. 沉垫。它是一个浮箱结构，有许多各自独立的舱室。每个舱室都装有供水泵和排水泵。沉垫用充水排气及排水充气来实现平台的升降。就位时，向沉垫中注水，平台就慢慢下降。控制各舱室的供水量可保持平台的平衡。沉垫坐到海底后，可进行钻井作业。

特点是稳定性好、运移性好、适用水深浅、经济性较好。

（三）半潜式钻井平台

半潜式钻井平台其结构组成如下：

1. 工作平台。它用于放置钻井设备，提供作业场所以及工作人员生活场所。

2. 立柱。它用于支撑平台，连接平台与沉垫。

3. 沉垫（下船体）。它也是一个浮箱结构，有许多各自独立的舱室。每个舱室都装有供水泵和排水泵。它用充水排气及排水充气来实现平台的升降，

4. 锚泊系统。它用于给平台定位，通过锚和锚链来控制平台的水平位置，把它限定在一定范围内，以满足钻井工作的要求。

特点是稳定性好、运移性好、使用水深、经济性好。

（四）自升式钻井平台

它是一种可沿桩腿升降的移动式平台。平台就位时，先将桩腿放下插入海底，然后将工作平台沿桩腿升起到一定高度即可进行钻井作业。钻完井后，工作平台降至海面，提起桩腿即可搬家。结构组成如下：

1. 工作平台。它是一个驳船结构，拖航时浮在海面，支撑整个重量。它用于放置钻井设备，提供作业场所以及工作人员生活场所。

2. 桩腿。它的作用是在钻井时插入海底，支撑上部平台。桩腿有圆柱形和桁架型两种。圆柱形桩腿结构简单，制造容易，但由于直径大，承受的波浪力较大，故用于浅水；桁架型桩腿与之相反。桩腿的根数及布置（成三角形、正方形……）以及桩腿本身的端面形状均有多种。桩腿的升降方式有气动，液压和齿轮齿条传动三种，圆柱形桩腿一般采用气动或液压传动；桁架型桩腿采用齿轮、齿条传动。

3. 底垫。它的作用是增加海底对桩腿的反力，防止由于海底局部冲刷而造成的平台倾斜。

特点是稳定性好、运移性好、使用水深中深、经济性好。

（五）浮式钻井船

它是一种移动式钻井平台，它是用改装的普通轮船或专门设计的船作为工作平台，其船体可以使一个或两个，前者必须在海底完井，否则船移运时会撞坏井口装置，后者可在海面完井。

浮动钻井船一般采用锚泊定位，但现在已逐步开始采用动定位。

结构组成如下：

1. 船体。相当于平台的工作平台。

2. 锚泊系统。作用同半潜式的锚泊系统。

3. 自航系统。这是浮动钻井船区别于其他钻井平台的特点，其他钻井平台的搬迁要依靠拖轮，而浮动钻井船具有自航能力，所以其运移性能最好。

特点是稳定性差，运移性好，适用水深较深，经济性好。

三、海上钻井平台的选择

选择依据海上钻井平台的选择是一个涉及面很广的问题，需要综合考虑各种因素。主要考虑：

1. 钻井类型。是钻勘探井还是生产井、是直井还是丛式井以及完井方式等。

2. 作业海区的海洋环境条件。包括水深、风、波、潮流等海况，海底地质条件及离岸距离等。

3. 经济因素。主要是各种装置的建造成本、租金及操作费用。

4. 可供选择的钻井平台及其技术性能、使用条件。

综合考虑上述各种情况，可对钻井装置做出最后选择。

四、海上钻井平台的布置

平台的总体布置是解决工艺布置与结构布置的总体问题。海上钻井平台作为海上钻井的场地，所安装的各种机械设备和堆放的器材及物资不能像陆地井场那样比较随意地改换位置，这是因为每座平台在设计和建造时都是按一定的工艺设施分布条件来确定平台各部分的结构形式和尺寸的。改变平台的工艺布置，对平台的强度和稳性都会产生不同程度的影响，所以平台在设计和建造时是按工艺要求选定设备，并根据这些设备在平台上的布置位置确定平台的结构尺寸。通常，为了使工艺设备的分布和平台结构之间配置合理，需经过反复研究和比较才能确定。

（一）需选择确定的主要设施

对已经建成使用的平台，如要变更它的设备或设备位置，必须首先考虑平台的结构强度和稳性是否允许，否则就不能改变。通常，在钻井平台的总体布置中要选择确定的主要设施有以下几个方面：

1. 钻井机械设备，包括井架，绞车，转盘，泥浆泵和制浆设备，"三除一筛"等泥浆净化设备，固井泵、气动下灰装置等固井设备和空压机等。

2. 动力设备，包括柴油机、发电机、电动机、晶闸管整流装置等钻井用动力设备和航行、动力定位、桩腿升降等专用动力设备，锚泊、起重等辅助动力设备及应急发电机组等。

3. 器材及物资，包括钻头、钻杆、钻铤、方钻杆等钻具和套管、重晶石、泥浆、化学处理剂、水泥、燃油、润滑油及生活给养物资等。

4. 测井、试井设备，包括测井仪、测斜仪、综合录井仪等测井设备和分离器、加热器、试油罐、燃烧器等成套试油设备。

5. 起重设备、锚泊和靠船设施，包括起重机和锚机、锚缆、大抓力锚等锚泊设备及护舷材料等靠船设施。

6. 安全消防和防污染设施，包括耐火救生艇或救生球、工作艇、救生圈、救生衣等救生设施和水灭火系统、化学灭火系统以及废油、污水、废气的回收处理装置。

7. 供水、供电、供气设备，包括锅炉房、水泵房、海水淡化装量、配电室、空调设备、通风设备等。

（二）平台布置的原则

海上钻井平台布置的基本原则有以下几个方面：

1. 保证平台工作时安全可靠。各种工艺设施的布置要适合工艺作业的要求，各系统相对集中，便于操作和维修；配备的设备要能力大、性能可靠、使用寿命长，能在预定的工作环境条件下工作；对平台钻机工作有直接影响的主要机组必须配备应急设备。

2. 满足平台的结构强度和稳性要求。平台上的各种设备工作时的载荷要与平台的承载能力相适应。载荷大的设备应有局部加强结构，而且尽量对称布置，以使平台承载均匀。分层布置时，层数不宜过多，以防平台稳性降低。

3. 合理利用平台的面积和空间。海上平台的面积和空间十分有限，因此要尽可能选用技术先进、体积小、重量轻、功率大、效率高的机械设备，尽量采用先进的工艺程序，提高机械化和自动化程度。所选定的设备可按设备功能和工艺流程装在若干个组合模块里，以便平台的组装和改造。组成模块时要考虑模块的外形尺寸和重量应满足现有起重船的起吊能力要求。

4. 必须有完备的安全、消防和防污染的设施。这些设施包括可燃气体和火灾探测与报警系统，通风和灭火系统，应急进、出口设施，各种救生器具等。在敞露的甲板上要设栏杆、扶手和安全网。上、下平台要有安全的移乘设备。平台上含油和化学药剂的物品及非卫各种污油、污水要经处理设备处理后再排放。

5. 要有良好的通信、靠船和直升机起降设施及生活设施。平台上要设置先进的对内对外通信联络设施和安全可靠的靠船设施。生活区要同作业区严格分隔开，而且要离振动和噪声大的设备远些或有减振隔音的措施。另外，还应设置直升机起降设施。

6. 满足有关建造规范的要求。移动式平台要满足海上移动式钻井船入级与建造规范中的有关要求，设备的选择和布置要尽量采用国际上通用的规范和标准，以提高平台的竞争力。

（三）总体布置的步骤

总体布置包括 4 步：确定主体设备的位置和区域、调整各区的边界、在各区域内安排设备、规定相互间的通道。总体布置时要兼顾各方面的需要，如工艺流程的连续性、辅助设施使用的方便性等；要分清主次，采取措施，尽量使各区域间的相互关系达到最佳状态。对于人员正常上下通道和紧急时的撤离通道、危险区域的分类及安排均应予以重视。

第二节　海洋石油钻井工程技术现状及发展

一、海洋平台发展现状

（一）钻井设备产业基础薄弱

近几年，虽然我国海洋石油钻井装备产业取得了骄人业绩，但同发达国家近百年发展历史相比，仍存在较大差距。

1. 关键设备国产化程度低

尽管我国在一些比较先进的油气工程装备方面已实现国产化，但国内厂商还基本停留在结构件的制造上，相关配套技术滞后，关键设备和技术仍然掌握在国外厂商手里，严重制约着海洋油气的规模开发。我国海洋石油钻井平台的国产化率仅 30% 左右，自配套产品范围较窄，性能和质量同国外有较大差距，关键设备几乎全部依赖进口，进口所用费用几乎占到设备建造费用的 1/2 以上。

2. 海洋石油钻井平台需求强劲

我国在近海海域发现了一系列富含油气的盆地，主要分布在渤海、黄海、东海、珠江口、北部湾和莺歌海等区域。在我国管辖南海海域又圈定的 38 个沉积盆地中，海上油气资源可达 400 亿吨以上的油当量。中国南海石油储量在 230~300 亿吨油当量，占中国总资源的 1/3，有"第 2 个中东海湾"之称。所以，我国是世界上海底油气资源非常丰富的国家之一。

（二）海上钻井装备取得骄人业绩

我国油气开发装备技术在引进、消化、吸收、再创新以及国产化方面取得了长足进步。

1. 建造技术日趋成熟

从 1970 年至今，国内共建造移动式钻采平台 58 座，已退役 7 座，在用 51 座，在建 7 座。我国已具备自升式平台、座底式平台的设计、建造能力，并且有国内外多个平台、船体的建造经验，现已成为浮式生产储油装置（FPSO）的设计、制造和应用大国。我国 FPSO 的数量与研制技术走在世界前列，但其他海洋石油工程装置还是落后于世界先进水平 20 多年。

2. 部分配套设备性能相对稳定

海洋钻井平台配套设备设计制造技术与陆地钻井装备类似，但在配置、可靠性及自动化程度等方面都比陆地钻井装备要求更高。国内在电驱动钻机、钻井泵及井控设备等研制方面与国外相比虽有较大差距，但技术相对比较成熟，基本可以满足 300m 以内海洋石油钻井开发生产需求。

3. 深海油气开发装备研制进入新阶段

目前，我国海洋油气资源的开发仍主要集中在 300m 水深以内的近海海域，尚不具备超过 500m 深水作业的能力。随着海洋石油开发技术的进步，深海油气开发已成为海洋石油工业的重要部分。虽然我国在深海油气开发方面距世界先进水平还存在较大差距，但我国的深水油气开发技术已经迈出了可喜的一步，为今后走向深海奠定了基础。

二、海洋石油钻井技术发展现状

国外海洋石油钻井技术发展已有上百年时间，而深海石油钻井技术研发最早开始于 20 世纪 80 年代，至今已有三十多年。世界范围内的海洋石油钻井技术快速发展，水平突飞猛进，而我国海洋石油钻井技术通过先进技术引进及研发也有了很大程度的提高。现在，我国海洋石油钻井技术发展态势良好，特别是深海石油钻井方面的核心技术很多，如深度水位定位系统、深水位双梯度钻井技术、深度水位钻井设备、大幅度位移井和分支水平钻井技术、随钻测井技术、随钻环空压力监测、动态压井钻井技术、喷射下导管技术等，特别是顶驱、铁钻工、司钻控制台、双井架交叉作业已经很成熟了。单就深海石油钻井而言，深度水位石油钻井技术的科技含量较高，但这种技术在应用前需要投入大量资金，工程造价较高。尽管如此，其依然以自身独特的技术优势广泛应用于我国海洋石油钻井工程。当前，深水位随钻测井技术、井下闭环钻井技术、喷射钻井技术、深水位双梯度钻井技术等在我国海洋石油钻井工程中应用较多，技术水平已经达到国际先进水平。

（一）深水位随钻测井技术

随钻测井技术，是一种在钻井的同时使用仪表化的钻铤对地层进行测量，提供岩石物理分析与油气评价所需要的信息，并实时指导钻进的一种石油钻井技术，是近 20 年发展速度最快和最为成熟的石油钻井技术之一。在海洋石油钻井工程应用中，其具有明显优势：

第一，能在井况复杂情况下进行测井资料采集；第二，能及时获得真实反映原状地层特性的信息；第三，能精确的地质导向，提高石油开采安全和采收率；第四，能实时监测，掌握并分析井内异常情况，便于降低井控事故率；第五，具备较高的安全可靠性，能适应各种作业环境。

（二）井下闭环钻井技术

它是一种集成化钻井技术，包括井下随钻测量、数据采集、数据整体综合解释、井下操作自动控制等多项核心技术。井下闭环钻井技术是在钻井技术从智能化向自动化过渡过程中逐步形成的，钻井施工中主要包括井下操作和平台操作两部分。随钻测井，了解和分析井下地质信息；数据采集，收集整理钻井需要的信息数据；数据整体综合解释，将测量数据翻译成可以用于钻井工程的参数；井下操作自动控制，对井下操作进行自动控制，使井下施工设备和底部钻具协调配合。

（三）喷射钻井技术

喷射钻井技术是一种利用改良的连续油管技术。在钻头上安装高速射流的喷嘴，利用高压钻井液通过喷嘴产生的水射流对井底产生冲击，冲刷岩屑，辅助钻头破碎岩石。一般射深有 100m。采用这种钻井技术，可以在同一水平面上或不同水平面上，在不同方位设置多个井眼，能降低井附近压力，扩大泄油面积。其应用效果是良好的，能够有效解决油田低产问题，尽快恢复并提高油井产量。

（四）深水位双梯度钻井技术

深水位双梯度钻井技术是一种控制压力钻井技术，适用于深海石油钻井工程。深水位双梯度钻井技术包括无隔水管钻井、无隔水管钻井等部分，能有效解决海洋石油钻井中的技术问题。这种海洋石油钻井技术的主要思想是：在使用隔水管情况下可以先将管内充满海水，利用海底泵输钻井液，或者在隔水管中输入低密度介质，如气体等，使隔水管环空内的密度与海水持平。同时，还要保持整个钻井液返回回路中是双密度钻井液体，以便实现对井眼环空压力、井底压力等参数的有效控制，保证钻井的安全性和经济性。在海洋石油钻井工程中，钻井工程对钻井平台的依赖性较大，钻井平台技术水平的高低直接决定着钻井技术水平的高低。目前，我国海洋石油钻井平台技术发展，自升式平台荷载不断增大，平台的排水量、甲板作业空间及安全性提高明显。此外，多功能半潜式平台集成能力增强，同时集聚动力系统、辅助系统等系统，不仅能钻井还能修井，集成化程度较高。

三、我国海洋石油钻井技术发展趋势

（一）导向钻井

测井是海洋石油钻井施工前的一项基础性工作，收集地质、储层条件等信息，指导钻井工程。在以往工作中常用有线测井方式，增加了开采区域地质勘探难度。随着无限数据传输技术在石油钻井工程中的应用，无线测井成为可能，并且这一方面已经有了相关研究成果，如随钻测井。在当前及未来海洋石油钻井工程实施中，通过随钻测井技术进行导向钻井将成为发展趋势之一。

（二）智能钻柱海洋石油钻井技术

智能化是必然趋势，智能钻柱势必成为海洋石油钻进技术的主要发展方向。智能钻柱是一种把传感器和微处理器连接起来，通过传输线路传递井下和平台之间的数据。在这方面，海洋石油钻井基本实现数据自动化传输，但是智能钻柱技术依然处于研发阶段，需要进一步加大研究力度。

（三）钻井设备大型化、自动化

海洋石油钻井机向着交流和变换频率发展，工作能力明显提升，自动化辅助设备技术相应也得到了发展，大幅度提升钻井设备的自动化操作效率。而且，为适应当前海洋石头大位移井的需要，钻井设备集机、电、液一体化技术于一体，规模越来越大，自动化程度越来越高。海洋石油钻井深度越来越大，有的工程需要向海底以下5000m或更深的地层打钻，这就要求提升直径钻杆，使用深水大型隔水管，增强钻井平台工作能力。从中可以明显看出，大型化、自动化的钻井平台是海洋石油钻井平台技术的主要发展方向。而且，已经有越来越多的海洋石油钻井技术采用FPSO装置，这种装置的甲板上密布了各种生产设备、管路，有特殊的火炬塔、系泊系统，与井口平台管线连接，既能满足深水海洋石油钻井工程需要，又能保证钻井工程的安全性和效益性。

第三节　海洋采油工程与装备

一、自升式平台相关工程技术

（一）船体升降装置型式选择

船体升降装置的型式主要有：电动机械驱动升降、液缸或液马达驱动升降、液压-机械组合升降、船体升降装置的型式选择。

对用于较浅水深（如≤35m）的自升式平台或主要用于近海工程地质钻探作业，通常多选用液缸升降方式。

对用于水深≥35m的自升式平台，多采用电动机械大速比齿轮减速驱动齿轮齿条机构升降。

对用于水深≥90m的自升式平台，除采用电动机械大速比齿轮减速驱动齿轮齿条机构升降外，也可采用液缸 - 机械组合方式升降。

综上所述，由于电动机械驱动升降运行可靠，可实现连续升降作业，并在平台下降时可向平台电网反馈送电而具有节能的优点，故在水深 ≥ 30m 的自升式平台，多采用此种方式升降。

（二）升降船体用桩腿长度的影响因素

由于自升式平台在拖航或自航过程中，桩腿需要全部缩回船体底部而伸出船体上甲板平面至最长的长度，将船体重心明显提高而增大船体的倾覆力矩。而影响升降船体用桩腿长度的因素主要有：设计工作水深；桩靴结构与高度；海平面与船体下平面间的空气隙；船体型深；升降机构占用空间高度；桩腿顶部预留量。故在设计时要综合考虑这些因素并在确保设计工作水深的前提下而尽可能缩短桩腿长度。

1. 压载

为防止在钻井过程中因平台负荷增加造成桩腿下陷的严重事故与损失，故在平台插桩后未升至设计高度前必须进行预压载作业。预压载通常采用向平台压载容器内泵入海水，故在平台设计时应考虑各桩腿均匀压载的容器并使其能借用某些容器（如泥浆箱、水箱等）以减少压载容器所占用不必要的空间与质量；选择预压载的数据更为重要，它必须大于平台在整个作业过程中对每个桩腿施加的最大实际载荷；预压载作业时船体不能离水面过高，以防某个桩腿突然下限造成平台的歪斜甚至倾翻。

2. 悬臂式钻井

在近代自升式平台的设计中，几乎全部采用悬臂式钻井的结构设计（即将平台用悬臂结构，使钻机连底座等靠液压或机械滑移、能远伸出平台船体结构之外），以便应用于骑在井口平台之上进行井口平台的生产井钻井，待完成井口平台的生产井钻井和完井后，钻机移回自升式平台后平台撤离，另作其他井口平台的生产井钻井，从而节约了每个井口平台必须装备全套钻机模块所花费的昂贵投资。

冲桩自升式平台插桩就位后在海上钻井作业，一般需要 20 天以上。由于桩腿插桩的桩靴长期处在海床泥底中，增加了桩靴与泥底平面接触的吸附力和桩靴径向周边的摩阻力。为减少平台移位前拔桩的困难，必须采用高压水冲刷桩靴的底平面与周边，以降低乃至消除吸附力与降低摩阻力。故在平台设计建造时，必须增加冲桩设计及其相应设备（电动高压泵、管线、喷嘴和阀门等）。

二、浮动式平台（船）相关工程技术

（一）平台（船）的井架及火炬臂

平台（船）上的钻井井架和火炬臂由于平台（船）受风、浪、流产生的运动、特别是摆动，将对这种位置较高的钢结构产生较大的惯性力，因此，在设计钻井井架和火炬臂及计算平台的稳性时，均要将这一因素考虑进去；为便于钻井平台（船）的运移，往往将火炬臂设计成为可折叠伸缩的结构，当平台（船）运移时，可将伸出远离船舷的火炬燃烧头及火炬臂结构折叠和缩回至船舷一侧。

（二）平台（船）特殊钻井甲板

平台（船）上的钻井甲板，由于要适应装设水下钻井设备和水面钻柱升沉运动补偿器（游车型或天车型）和立管等张紧器及其因应的绞车、高压容器、管路及辅助设施，钻井甲板上要设计布设、安装和支撑这些特殊的设备，致使成为与众不同的特殊钻井甲板，在设计和建造时均要认真对待。

（三）平台（船）船井（Moon pool）及 BOP 行车

为适应水下 BOP 组、井口盘（基板）、永久导向架等的下放、回收、运移、放置和固定，需要设计特殊的船井（Moon pool）。普通工作水深的平台（船），该船井上具有一个靠液压或机械驱动的沿钻井孔中心对开的活动门；活动门用来承托水下 BOP 组及其上部的下立管组等；从活动门上平面至承托钻台转盘结构下平面的净空高度应能满足 BOP 组总高加上转盘结构下平面 BOP 组行车起吊移运的足够空间；该空间还应满足由 BOP 组行车起吊移运下立管组至船井中心与 BOP 组上接头用液压联结器对接的空间高度；为降低活动门上平面至转盘结构下平面之间的净空高度，可在 BOP 组防碰框架外侧的中部设计能用活动门承托 BOP 组和下立管组总重量的支撑结构；船井的矩形开孔应能完全满足整组水下 BOP 组（含防碰框架、BOP 组支撑结构和水下蓄能器组等）顺利从船井起下的足够空间，同时，船井四周应加设固定或可移式牢固的安全防护栏栅。对于深水或超深水平台（船），为适应双井架起下钻井水下设备等需要，船井设计成长方形结构。

（四）平台（船）立管储存与吊运

为满足深水、特别是超深水立管迅速安全存储和吊运至井口与 BOP 组安装对接的要求，常常将单根长 15.24m（50ft）~18.29m（60ft）的立管竖直放置存储于专门的立管存储舱（可使平台的重心降低并减少占用甲板平面面积，但缺点是检查维修不方便）；但一般水深的半潜式平台均为水平放置，其优缺点正好与前者相反。因此，深水、超深水半潜式钻井平台往往将立管部分竖直放置、部分水平放置，并设计专门的行车或吊机以便将立管起吊运移至井口。

（五）平台（船）仓容能力

平台的仓储能力是可变载荷重要组成部分之一。由于浮式钻井或采油平台（船）一般离岸较远，必须具有较长时间的自持能力。参照已建造平台（船）对各项钻井器材仓储能力的统计，作为设计佐见（注：对于离岸较近、钻井工作水深较浅、钻井深度较浅并便于补给的海区作业，选仓储能力的较小值；对于离岸较远、钻井工作水深较深、钻井深度较深且不便于补给的海区作业，则选仓储能力的较大值）。

（六）其他应关注的问题

如平台（船）管架储藏量的设计和应留有 12%~16% 的储藏余量问题；不同类型平台（船）在不同工况下容许的运动极限选择等问题。

第四节　海洋石油工程中的特殊问题

一、深海油气采集问题

海洋，对于我们来说，正可谓是"高深莫测，难以捉摸"，它埋藏着无尽的财宝，对此，人类是相当的手痒痒，碍于当前的技术，只能"远观而不可亵玩焉"。随着陆地资源的枯竭，人们把目光投向了海洋。深海里除了可燃冰，还有一样宝贝，那就是油气。陆地上的石油正在枯竭，石油是世界宝贵的能源，是不可再生资源，也是因为石油，引发了不少战争。在这样的背景下，深海中的油气引起了人们的目光。但是，相对于陆地石油来说，对于深海油气的开采是相当困难的，技术和财力都是必不可少的。

当前，对于深海油气的研究，最有价值的是 GE 成都钻井控制实验室。GE 主要负责深海防喷器等设备提供与安装调试。防喷器在钻井平台上，它的作用近似"定海神针"。当深海压力骤升，容易发生井喷现象，平台主要使用的压力控制装置和井口安全控制设备，即是防喷器。深海钻井平台远离大陆架，救援不便，一旦出现问题，难以及时现场维修，而防喷器又是承担着"锁井"重任的最后防线，所以对产品品质的要求几近严苛。

而在深海油气开采过程中，除了产品质量的支持，数据的支持也是重要的一环。油气井产能试井提供的数据，对确定气井的合理产量、油气藏开发的规模、开发井数、油管和集输管网尺寸、压气机站的规模和分析井底污染程度等方面，都是不可缺少的基础数据。同时，也为生产预测和气藏数值模拟提供了必要参数。

二、深水海上浮式结构物

随着时代科技、经济和社会的迅猛发展，世界各国对石油、天然气等能源的需求越来越大，相应地，世界范围内的油气勘探与开发从陆上转向广阔的海洋，目前更是从近海浅水区域向世界各地更为复杂、危险的深海区域发展，并逐渐形成投资高、风险大、高新技术密集的能源工业新领域。海洋平台作为海洋资源开发的基础性设施，是海上生产和生活的基地。自 20 世纪 40 年代后期第一座海洋石油钻采平台在墨西哥湾建成投产以来，在世界不同海域已建成不同形式的海洋平台 10000 余座。

海洋平台结构复杂、体积庞大、造价昂贵，特别是与陆地结构相比，它所处的海洋环境十分复杂和恶劣，承受着多种随时间和空间变化的随机载荷，包括风、海浪、海流、海冰和潮汐作用于结构，同时还受到地震作用的威胁。在此恶劣的环境条件下，环境腐蚀、海生物附着、地基土冲刷和基础动力软化、材料老化、构件缺陷和机械损伤以及疲劳和裂纹扩展的损伤积累等不利因素都将导致平台结构构件和整体抗力的衰减、影响结构的服役安全度和耐久性。由于对海洋环境的复杂性和随机性以及平台结构的损伤积累和服役安全度认识不充分，历史上曾有多次海洋平台的事故，造成了重大的经济损失和不良的社会影响。例如，1965 年英国北海"iDamond"号钻井平台支柱拉杆脆性断裂导致平台沉没；1968 年"oRwlandhorn"号钻井平台事故；1969 年中国渤海 2 号平台被海冰推倒；1980 年英国北海 Ekoifsk 油田"AlexanderL.Kielland"号五腿钻井平台发生倾覆，导致 122 人死亡。由于要求在深水、急流、恶劣的波浪条件下建造经济的构筑物，于是便需要进行构筑物的动力分析。首先要求得到设计荷载的临界估算；当构筑物建造在深水时，其固有频率减小了，更容易被水流和波浪所激发；当油田的开发要求海洋结构物在深水中进行时，涡流脱落就可能产生显著的振动反应。

第五节　海底管道工程和管缆工程

一、海底管道工程管材选择

海底管道后期检修维护较困难，供水的安全性能要求较高，故供水管道应选择施工难度低、运行安全性好、可靠度高、抗腐蚀性能较好、投资省、管理方便的管材。

（一）管材选择原则

1. 具有优良的力学、物理性能、耐腐蚀性能和耐久性，确保供水安全和具有较长的使用寿命。

2. 具有良好的水力性能，以减少水头损失，从而减少工程投资。

3. 管配件质量好，加工方便，规格齐全，施工方便。

4. 便于运输和施工，以减少施工难度，缩短施工周期。

5. 根据管道沿线地形地质条件和管材来源，因地制宜，采用合适管材。

6. 管材性价比较优，在保证质量的前提下，以减少工程投资。

（二）管道管材比选

供水管道材质选择应考虑经久耐用、施工方便，综合建设费用较低等因素，可供选择的管材有球墨铸铁管（DIP 管）、钢管（SP 管）、高密度聚乙烯实壁管（PE 管）、钢丝网骨架聚乙烯复合管（复合 PE 管）和玻璃夹砂钢管（HOBAS 管）等五种。

1. 球墨铸铁管：球墨铸铁管具有较好的机械和力学性能（高强度、高延伸率），耐高压，供水安全可靠性高，在陆上得到广泛使用。其缺点是水泥砂浆衬里防腐质量欠佳，影响供水水质；水力糙率系数较大，单位长度的水头损失较非金属管大，在相同供水情况下，能耗相应提高。管道使用年限一般为 40 年。

2. 钢管：钢管是一种在各行业广泛应用的管材，具有长久的应用历史和丰富的使用经验，技术成熟，具有良好的韧性，强度高，重量较轻，管材和管件易加工，安装方便，维修简单，运行安全可靠，价格适中。但防腐要求高，施工工期较长。使用年限一般为 40 年。

3. PE 管：PE 管耐腐蚀、不结垢、水头损失小、使用寿命长、重量轻，运输、施工方便。在相同的条件下 PE 管的过水能力是钢管的 1.5 倍，其缺点是价格较贵。管道使用年限一般为 50 年。

4. 复合 PE 管：复合 PE 管除了具有 PE 管的优点外，相比 PE 管具有更好的强度、抗冲击性，克服了塑料管的快速应力开裂现象。缺点主要后期检修维护困难。管道使用年限一般为 50 年。

5. HOBAS 管：HOBAS 管主要优点是内壁光滑，水力学特性好，糙率低，供水能力大；无毒性、不积垢、耐磨性能好、对管网水质无任何影响；耐腐蚀性能好、管道使用寿命长；高强质轻，供水安全可靠性较高，运输安装方便；价格相对较低，为球墨铸铁管 70% 左右。其缺点是管件需人工加工，无定型产品。

二、海底管道施工技术

（一）施工工艺技术综合比较

海底管线的铺设方法主要有两种：一种是拖管法，一种是铺管船法，其中铺管船法适合于水深 5 米以上海域作业，且需要有一整套施工机具和船舶与之相配合；拖管法是采用陆岸预制成段、轨道小车发送、拖轮拖至指定海域沉管就位的施工方法。而辽河油田为滩海油田，特别是近岩海域，水深小于 2m，铺管船无法进入，根据辽河滩海海域满潮为水、落潮为滩的这一特性，确定海底管线在海上运输采用拖管法，采用吃水浅、分体式作业船担任海底管道在海上拖航和焊接任务。

（二）施工工艺主要内容

1. 海底管道陆地预制

针对现场 600 米 ×14 米的狭长预制场地研究并确定了每 500 米段的预制方法。将单管组对焊接，确定 100m 最佳穿入长度，将 100m 工作管穿入 100m 套管之中，再实现 5 个 100m 管段与锚固件的整体焊接，再经试压通球。试压合格后的 500m 管段进行整体吊装到发送轨道的发送小车上。现场管线整体吊装采用 5 台吊装设备从管段一端吊起并分段交替将管段放置到小车上。500m 管段发送入海采用吊管机通过吊带，吊拉管段前部缓慢前行，通过前置导向器发送入海，在管段尾部通过钢丝绳和卷扬机调解发送速度。小车在导向器前与管线脱离后掉入小车回收装置回收小车。

2. 海底管道海上焊接

在 500m 管段上均布绑扎一定数量的浮桶利用涨潮时进行拖航，到达预定位置后，将管道固定在临时固定桩上并解除浮桶，使管道下沉至泥面。焊接作业船将两根管段对接端头吊起后再进行焊接，经探伤检测并防腐后再次沉至泥面，整体后，采用后挖沟、自然回淤方式埋设管道，进行海底管道试压吹扫工序，最后注入氮气等待其投产运行。

（三）施工新工艺技术

1. 100m 管段穿管工艺

在陆上预制 100m 管段穿管这个环节，由于工程预制场地较为狭小，海上管道施工还需要集中拖管，采取两个 100m 管段的内、外管在预制平台上互换位置焊接预制，待 4 个100m 单层管段全部预制完毕即可同时穿管。

2. 防腐层在穿管过程防护技术

穿管过程中，100m 管段内、外管环缝没有采用传统所使用的扶正块，而是在内管管端多圈单层缠绕 8# 铁丝，保护内管前进端的防水帽及防腐保温层，在外管管端设置引入管，然后在每根内管管材中间部位再缠绕 8# 铁丝，避免因管线重力自然弯曲造成下部保温层划伤或划破，并在穿入过程不断涂抹适量黄油于内外管易摩擦部位，利用这种方法，既加快了穿管速度又保证了穿管质量。

3. 外管死口焊接无半瓦工艺

实际预制过程发现，将 5 个 100m 内管所有焊接死口焊接完毕后，采用机械依次纵向移动 5 个 100m 外管，便可实现外管与外管的单道环缝焊接，而不存在半瓦焊接。

4. 500m 管段吊装工艺

经技术人员对管线弯曲允许值计算和经验丰富的起重工对吊装工序深入研究后，制订了由 5 台吊装设备吊装的《500m 管段吊装方案》，即管线吊装分 5 次进行，吊点间距 ≤ 20m，吊高 ≤ 1m，从 500m 管线一端吊起上发送轨道，轨道与管线过渡的接触部位采用软体保护，5 台设备再顺序前移至第二处吊装段，依次类推完成 500m 管段吊装上发送轨道。

5. 导向器新结构应用技术

陆上预制场地建设在双台子河口西航道西侧，河道内涨、落潮流速最大可达 5~6 节，在管道下水过程中，由于水流的作用将使处于水中的管道弯曲变形较大，直接影响到管道发送下水。为了保证管道发送下水安全，经施工技术人员多次研究，决定对导向器结构进行改造，即保持三组承重充气轮胎结构不变，在导向器前段和后段分别安装横向导向轮和侧向导向轮，同时对导向器基础及侧向受力部位进行改造，在实际使用中效果很好。

6. 导向器没入水中发送管道工艺

此海域水涨、落速度均约为 0.6m/h，在管线发送下水的过程中，保证管线的安全是至关重要的。根据潮位和潮速，制订了管线发送下水方案，即在涨潮水位半浸没导向器时开始发送管线下水，以管线 8m/min 下水速度计算，约 1 小时即可把 500m 管线发送完毕，此时导向器也将全部浸没于潮水中。

7. 海管发送小车回收工艺

海管发送时小车均布于发送轨道上每 10 米 1 个，小车行至发送轨道端部进入与发送轨道成 30 度角的回收轨道后与管段脱离，靠下滑力延回收轨道滑入回收坑的回收平台，靠弧形导向挡板改变方向，滑向管段一侧。进入导向轨道前，人工挂好回收钢丝绳，用吊车从小车回收坑内吊出。

8. 管道快速浮拖

从三道沟至海南 8 的拖管途中还要经过一处约 2km 的浅滩，只能在高潮位时的 3 个小时完成管线下水、拖航，否则管线将搁浅于浅滩，但在再次涨潮继续拖航时又可能遭遇大风大浪，将严重威胁管道、船只及人员的安全。必须确定并掌握拖航当天及次日的天气和潮汐变化情况，才可以将牵引船、护航船和拖尾及工作人员提前就位，并保证待下水管道一切就绪。潮位合适时拖动海管下水，各船只全力协作，按照预定航线（航线经 GPS 测定）快速前进，1 小时以后便可抵达就位海域。

9. 海上管线潮沟处水平口连接工艺

海上管线横跨该海域两处潮沟，最低潮时沟深可达 4~5m，根据涨、落潮时间计算，一个潮时允许作业时间只有 4~5 个小时，而完成一道焊口的作业需要 7~8 个小时，如果潮位较高时焊接，吊起的管线弯曲过大，将对管线不利。经过多次潮汐观察和水位测量，最后确定小潮期进行潮沟位置管线作业。小潮期落潮作业允许时间可达 6 个小时，在高潮位时综合作业平台就位、端头管线起吊及各工序作业准备，潮落至允许作业水位时进行切头、打磨、组对、焊接、无损检测和防腐工序。借此作业经验，顺利完成了处于潮沟内 4 道焊口的作业，不但保证了焊接质量，而且为海上管道后续施工赢得了时间。

10. 独特的海底管道挖沟工艺

海上管道连接完毕之后，进行管道挖沟。在高潮位和潮沟位置均可以采用作业船拖动液动潜水挖沟机，形成高压喷射水流在滩面上管道位置垂直开沟并且实现不间断前行。对于滩面较高位置还可以在退潮露滩时，利用陆地挖沟机在滩面上直接进行挖沟，形成陆地挖沟机可以海用的特点，其挖沟质量和效果优于潜水挖沟机。

（四）新工艺技术应用效果

百米穿管、防腐层防护、无半瓦焊接、整体吊装、导向器改造、快速拖航、潮沟焊接以及陆地挖沟机海用等新工艺技术在陆地预制海上敷设中得以成功的应用。既加快了工程进度，又保证了施工质量和作业安全，为后续工序的稳定进行赢得了宝贵的时间。目前，集气管道和混输管道均已投入海南 8 块试投产使用中。

三、海底管缆探测技术

对海底管缆进行探测的技术方法是有多种的，但是研究的主要路线大部分还是这种：首先使用平台的位置进行测量，然后利用声呐对平台附近暴露的管道与电缆进行探测；而对于深埋的海底管缆则使用极浅层剖面追踪仪进行探测，最终形成平台周边的管道与电缆位置的影像图。

（一）平台位置测量

不论是海底的电缆还是石油管道，所服务的对象都是一个，就是海上采油平台，管缆的作用就是对平台进行连接，从而形成一个采输的系统。采油平台就是这些海底管缆的源头以及重点，因此在对海底管缆进行探测的时候首先就是需要确定采油平台的大小以及位置。对采油平台的测量可以使用 RTKGPS，对采油平台的立管桩、栈桥、火炬桩的各个角点以及高程进行测量，根据结果绘制位置图，并在图上对海底管缆的位置以及数量进行明确的标注，这也是为海底管缆的探测进行一个准备工作。

（二）海底管道与电缆的探测

海底的管道与电缆根据暴露的位置主要分为两种，一种是暴露在海底的管缆，一种是埋藏在海底的管缆。

1. 对暴露在海底的管缆进行探测

前文介绍过，对暴露在海底的管缆进行探测可以说还用旁侧声纳，这种设备可以对海底的地貌进行探测，也能够对悬空或者暴露在海底的管缆进行探测。国内外的一些实验对此也早已有了明证，旁侧声纳对暴露在海底的管缆进行探测是最有效的办法之一，旁侧声纳可以将探测结果形成一个线状图形，并将探测到的海底的管缆与采油平台的位置图进行连接，从而构成了对海底管缆追踪探测的一个基础。

在对暴露在海底的管缆进行探测的时候，要保证拖鱼拖曳于船舷，保证拖鱼在 GPS 的下方，探测的时候可以使用高频与低频进行探测，为了保证精度，除了 GPS 的精度得到保证之外，还需要特别注意的是，进行探测的时候必须在海况比较好的情况下，如果海况恶劣，海流以及浑浊的海水会造成图像的清晰度降低；其次是保证拖鱼在水中的姿态与航行的方向一致；第三需要注意的是对菜单要设置高度计，并对拖鱼的工作状态进行及时的修正；第四是声呐的单侧扫描的宽度要保证在 50m 之内，对于同一条管缆的认定之时要进行多个防线、多个记录的比较，力求位置的精确。

2.对埋藏在海底的管缆进行探测

这项工作是对海底光缆进行探测项目中最困难的工作之一。对这项工作的实施，通常使用的是 Tins ley 探测系统，这是专门研制的对海底管缆进行探测的仪器。这项仪器主要由两部分组成，一是水下探头，二是显示系统。其中水下探头有两种，一是三传感器探头，二是单传感器探头。三传感器探头由两个垂向分布的水平传感器与一个垂直传感器组成，这种探头可以对海底管缆的平面位置以及深埋进行探测，单传感器探头则只能对平面位置进行探测。

对海底管缆的探测最主要的一项是对水下三维位置的探测，这项工作必须通过潜水员来携带三传感器的探头进行探测。潜水员在工作的时候需要从平台的桩腿处下水，并将探头置于探测的电缆上，根据管缆的走向进行探测，如果在探测的过程中，探测器在管缆之上之时，海面船上的主机就会发出反应极强的信号，同时会有蜂鸣声出现，潜水员就会根据这种蜂鸣声的强弱来对管缆进行探测。潜水员的位置可以根据 GPS 来进行定位，在实际的工作过程中，潜水员需要与定位人员保持时刻的联系，如果水下潜水员探测出管缆出现了拐弯或者是交叉的问题时，需要对当前的位置及时地向定位人员发回信号。

第六节　海洋石油的安全系统工程

一、海洋环境对海洋石油工业作业的影响

制约海洋石油作业的海洋环境因子主要包括：温度、湿度、风场、降水、雷暴、雾以及大气波等海洋气象要素和海温、盐度、密度、声速、水色、透明度、海发光、潮汐、海流、海浪、海况、海冰等海洋水文要素。但是，对海上安全作业影响较大且随时空变化明显的海洋气象、水文要素主要为气温、降水、能见度、海浪、雷电以及灾害天气等。故侧重选取气温、降水、浪高、雾（能见度）、雷暴可能性、寒潮可能性、海啸台风可能性等作为评估因子，对海洋石油工业海洋环境进行风险评估。

（一）寒潮

一般发生在 11 月至翌年 2 月，是一种恶劣天气，影响范围很大，几乎绝大部分都能侵袭到南海北部，气温骤降，风大浪高。冬季大风和剧烈降温会给海上平台正常生产作业带来一定的威胁，各种设备和管道中的生产液体具有潜在的凝固风险。长时间在大风和低温环境下作业还可能对作业人员造成伤害。同时，海冰会对平台造成结构安全威胁。

（二）热带气旋（台风）

我国是世界上受热带气旋影响最为严重的国家之一，热带气旋登陆十分频繁，平均每

年我国登陆台风 7~8 个，是世界上台风登陆最多、灾害最重的国家。登陆台风除带来洪涝灾害外，还带来严重的风灾和暴潮灾害热带气旋是一种极其严重的恶劣天气，它带来狂风、暴雨、巨浪、大潮，且有骇人的破坏力，对海上作业影响极大，飞机不能起飞，海上作业活动陷于停顿。

（三）雾

春夏多雾，使能见度降低。雾对设备的使用影响很大，主要影响海上直升机作业、船舶运输、提油及海洋工程钻探和施工等方面的影响。恶劣能见度使作业发生困难，雾对海上各工种之间的协同作业影响很大。

（四）海浪

海浪使平台难于保持平衡，巨浪使平台产生摇摆，不仅影响平台自身安全，还会使员工晕船呕吐，难以安眠，直接削弱员工体力，平台上的设备也难以发挥作用。

二、安全生产事故特点

（一）安全生产事故的随机性特点

生产的理想目标是尽量保持人机环系统的正常运行状态。然而，实际运行中，人机环组成的系统往往会由于系统中事故的发生，而使系统状态突然改变，从而使生产系统受到影响。

通过对随机事故分析，安全管理人员能够知道人—机—环境哪些状态发生事故可能性比较高，管理人员增强关注的针对性。一旦事故有加重的趋势，安全管理人员能够在有所准备的情况下，采取措施来避免或减小人机环系统可能受到的损失。

安全生产事故的发生是随机的。但是这更需要从偶然事故中找出事故发生的必然性，使用工程数学的手段，挖掘出事故发生的规律，锁定影响事故发生的关键因子，从而对事故进行准确预测和有效控制。

（二）安全生产事故的相关性特点

安全生产事故是随机事件，其原因也是错综复杂的，既有主观原因，也有客观原因，有直接原因，也有间接原因。造成安全生产事故的原因是多方面的，总的来说，组成作业系统的三个要素，即人、机、环境都有可能成为导致事故的原因。通常是在特定的作业环境影响下，由于人、机、环境所构成的动态作业系统的某个环节失调所引起的。同时，安全生产事故是低概率的随机事件，它的现象千变万化，事故原因异常复杂，每起事故均具有特殊性，但如果对安全生产事故进行统计研究，其在整体上又表现出一定的规律性。

对安全生产事故进行相关性分析，有利于分析事故现象及成因、特点，找出其共性和规律性，以达到对安全生产事故及其规律的科学认识，为某一时期的安全生产状况及发展趋势提供判断依据，同时，为某项改善措施实施后的效果评价提供佐证，安全生产事故的统计分析，可以使安全管理部门针对事故特点和规律，制定安全生产对策和预防安全生产事故的措施方案加以顺利实施成为可能。

三、项目安全生产管理

（一）概述

国外学者几十年来在项目安全生产管理理论方面进行了细致的研究，提出了很多值得项目安全生产管理研究借鉴的理论成果。1976 年，Levitt 和 Parker 研究了企业管理的最高决策层对减少安全事故所起的作用，认为公司经理对安全问题的认识具有十分重要的意义，安全应通过安全水平评价。研究发现对新员工进行正式安全培训的公司比未对新员工进行正式安全培训的公司的整体安全素质要高，如果项目经理在施工开始前要求进行详细的安全计划，工人在施工过程中就会干得既快又好又安全。1981 年，Hinze 和 Harrison 研究了在大公司中安全计划对降低事故率的重要影响，认为现场安全员主要应该负责培训其下级的工人，现场安全员应具有直接向总经理汇报重大安全问题的权力。1982 年，Samelson 和 Levitt 对业主如何选择安全的承包商进行了研究，发现主动仔细挑选安全水平高的承包商的业主的工程项目更加安全；注重安全的业主通常会采取一些措施：要求承包商在现场管理人员中指定安全监理，检查现场安全会议，参与事故调查。1988 年，Hinze 和 Raboud 研究了在项目建设过程中保持良好安全水平的方法，论述了设置全时的公司安全经理的必要性，公司领导对安全工作大力支持以及安全监理召开现场安全会议、监控承包商的安全状况的重要性，讨论了工作压力（尤其是由于经济原因造成的）会对项目的安全造成负面影响。

1988 年，Hinze 与 Figone 研究了中小型工程中总承包商对分包商的安全状况的影响，得出与进度计划相吻合的工程项目的安全状况能够得到更好的保障，仅仅追求利润最大的承包商的安全状况比其他企业明显要差一些。在对大型工程中总承包商对分包商的安全状况的影响研究中，他们认为以下两个因素与项目安全状况有密切关系：总包是否专门召开现场安全会议，总包是否雇用专职的安全管理人员。为了保证安全生产运行的有效性，应该进行定期和不定期的检查，它是识别和发现不安全因素，揭示和消除事故隐患，加强防护的重要手段，主要内容包括：检查企业和施工现场安全制度的建立和执行情况；检查职工三级安全教育的落实情况；检查施工现场安全隐患和落实整改情况；检查安全事故的处理和防范工作。在项目建设过程中，不仅要追求经济利益，还要兼顾企业员工、消费者、社会公众乃至国家的利益，并对此承担一定的责任。

项目的安全管理是由人、社会、技术、环境、经济等构成的系统工程。项目工程安全管理不仅要依靠安全技术、安全工程设施等硬件，还要依靠安全法制、安全管理和安全教育等软件。所有这些的总和就构成了项目管理的安全文化。也就是说，项目的安全管理的基础就是项目安全文化的建设。

（二）项目安全生产管理的特点

工程项目一般投资大，工期长，工序繁杂，交叉流动作业，机械和人工混杂，并且多为一次性作业，影响安全的因素众多且难以掌握，这就决定了工程施工项目必须强化安全管理。工程项目施工现场属于高危险的作业环境，安全管理的特点有：

施工环境十分复杂。工程项目施工是由沉重的建筑材料，不同功用的大小施工机具，多工种密集的操作人员，在地下、地表、高空多层次作业面上每时每刻都在变更作业结构，全方位时空立体交叉运作系统。

施工环境难以全面控制。地理位置、地质、气象、交通情况、卫生条件，现场周围居民及社会生活条件对施工作业的限制，民族风俗的差异，社会治安的干扰等构成一个多因素相互影响的复杂环境。对上述高危险性作业的管理本身已是十分复杂的工程。然而，在工程组织体系上又有许多复杂的组织因素。

复杂的承包关系。工程项目施工实行多层次、多行业、多部门承包的管理体制，多种承包商同时进入现场又各自组织作业，而每次施工地点变化时承包商也有变化，这就造成难以协调的不稳定的管理体系。

复杂的施工队伍。首先是各大工程施工企业本身的技术队伍质量不稳定，流动性很大，这就构成了建筑施工基础管理上的先天缺陷；同时又有不同地区、较低文化技术品质、甚至是完全没有现代化安全生产观念的又未受到必要培训的临时工大量涌入高危险性施工现场。

施工质量直接影响结构物的安全。由于施工质量引发的建筑物部分坍塌或整体倒塌的恶性事故已发生很多，既造成施工过程中伤亡，也曾造成用户及周围人员伤亡。因此建筑施工安全管理与施工质量管理密切相关，这就扩大了安全管理的职责范围，同时也使安全管理需要与材料品质、工艺方法、工序组织等管理相衔接。从而提高了安全管理的技术难度。

四、海洋石油工程项目安全文化建设

（一）目前项目安全管理中存在的主要问题

目前，我国工程项目生产安全问题的成因主要有以下几点：

一是缺乏适合市场经济的项目安全管理体制。一直由政府主导的安全管理出现了很多管理漏洞，再加上有关安全的法律法规不健全，政府监管效率低，社会监督体系不完善，致使安全管理不到位。适合市场经济规律的、法律手段与经济手段并行的安全管理体制尚未形成。

二是安全管理手段治标不治本。多年来，项目安全管理工作一直是发现一个问题解决一个问题，重事后教育处罚、轻事前教育预防，由于缺乏科学的理论指导，管理手段粗放、易表面化，导致无法从事故发生的源头入手，结果自然是事倍功半。预防和控制施工伤亡事故的关键在于找出事故发生的规律，识别潜在风险，发现并且消除导致事故发生的必然原因，最终使事故发生的可能性降到最小。在国际项目安全管理领域，事故致因理论被广泛运用，该理论指出事故的发生是多个未果事件，也就是由本来会造成损失但由于种种原因而没有造成损失的事件积累的结果。项目施工伤亡事故风险的致害因素中偶然性原因较少，往往是一些未果事件积累的必然结果，伤亡事故有其自身的规律性。项目的安全管理只有从减少未果事件的发生入手，才能有效预防和控制施工伤亡事故。

三是项目安全管理缺乏科学的理论指导。目前，发达国家安全理论研究活跃、应用广泛，已经形成了较为完善的安全理论体系。如安全系统论、安全控制论、事故致因理论、统计论、能量意外释放理论、安全评价理论等，为预防和控制事故发挥了重要作用。而我国的项目安全理论研究非常薄弱，致使项目安全管理不科学、随意性大、成效低。而且，缺乏理论指导也是我国项目安全研究工作进展缓慢的重要原因。因此，必须尽快加强安全理论的研究，指导安全管理的有效进行。

四是事故成本低导致企业对安全缺乏重视。项目安全生产管理具有系统性、复杂性、连续性的特点，这种特点要求为了安全生产的目的，必须大量投入人力、物力和财力。而某些项目发生施工事故之后，对项目和企业的信用影响不大，对受伤害人员的赔偿费也很低，我国的项目施工伤亡事故中 90% 的受害者是农民工，死者家属获得的赔偿仅几万元，最多不过二三十万元。发生事故的成本如此之低，再加上安全事故从表面上看具有一定的偶然性，侥幸心理使某些项目必然不愿为偶然的、很小的损失，而对安全管理有大量投入，最终导致施工伤亡事故得不到根本的预防和控制。

由于我国项目安全管理工作中这些深层次问题的存在，除了要继续加强项目安全管理，提高监督力度之外，还要有的放矢地从事故源头入手。针对事故发生的根本原因，采取更有力的改革措施。需要加强全民安全教育，提高国民整体安全意识和安全素质，在全社会形成良好的安全文化氛围。

（二）项目安全文化建设的目的

将目前项目安全管理中存在的主要问题结合海洋石油开发项目的具体实际，项目安全管理要解决的问题有：

1. 履行安全监管职责。在社会监督体系不完善的今天，企业要担负起社会责任，项目组要主动承担起项目安全监管的责任，为项目的整体安全负责。

2. 建立起标本兼治的管理手段。由于我国的整体安全管理水平较低，必须注重学习借鉴优秀的管理经验和方法。良好的文化建设是做好健康安全环保工作的必要条件。HSE 文化的内涵来源于公司健康安全环保管理理念。通过培训及宣传，把理念的内涵传播给每个员工。建立体系化的管理制度固然重要，但管理制度得到认真执行落实更重要。为此，在健康安全环保工作的检查、审核、绩效考核及文化建设过程中，要更加强调"执行"。

3. 建立科学的管理体系。中国海油坚持健康安全环保（简称HSE）工作实施体系化管理，在认真识别分析企业重大安全和环境风险的基础上，建立科学严格的管理体系，将安全环保、防范事故发生贯彻到每个员工的具体操作行为之中。体系的核心是企业的管理者通过程序化的管理来贯彻管理的意图。通过持续改进不断提高管理水平，要求企业的各级管理人员以系统化的思路来计划、实施、审核、改进（PDCA），并将这种思路制度化、程序化、文件化，从而达到持续改进 HSE 管理水平的目的。通过体系化管理为项目安全奠定良好基础，为项目的安全业绩保持稳定提供保证。

4.对安全投入的保障。只有坚持"以人为本"理念，坚持把员工的安全和利益放在第一位，才有安全投入的保障。

上面提到的这些问题，有的可能通过传统的项目安全管理手段来实现，但有的问题更需要在项目中建设安全文化，通过安全文化建设来弥补传统项目管理手段和方法中的不足，使项目安全真正地得到有效保障。

项目安全文化建设的目的就是：通过安全文化建设，确立项目所有成员共同遵守的安全核心价值观和安全理念，通过开展相关的活动和项目管理组的有意识引导，培育和创造良好、健康积极的安全氛围，使安全工作与项目其他工作和谐统一，使安全工作有机融入日常工作程序中，使安全理念在项目全过程中得到有效贯彻、各项安全管理规定得到有效执行，同时使项目员工的安全素质得到提高，使其职业生涯从项目中受益。用安全文化建设来弥补传统安全管理手段的不足，真正使安全成为项目全体参与者共同的目标并转化为工作中的实际行动，将项目安全风险降至最低，和谐地实现项目安全目标。

第七章　海外油田工程项目施工管理实例

第一节　海外工程项目概述

一、油田概况

蓬莱 19-3 油田 1/3/8/9 区综合调整共拟建 2 座井口平台（蓬莱 19-3 WHPV 平台、蓬莱 19-3 WHPG 平台）和 1 座中心平台（蓬莱 19-3 CEPB 平台），以下分别称为 PL19-3WHPV，PL19-3 WHPG 和 PL19-3 CEPB。

新建两座井口平台均为 8 腿导管架平台，设置 40 个井槽，部分井槽为一筒双井，可实施的总井数为 62 口，设置模块钻机，单井计量系统与生活楼和公用系统，生活楼定员为 100 人。

新建一座中心处理平台 CEPB 与已建井口平台 WHPB 栈桥相连，负责接收新建井口平台来液，CEPB 平台设置段塞流捕集器、一级分离器将来液脱水至油中含水 50%~60%（v），经栈桥送至 WHPB 平台再送至 RUP 平台，与其他已建井口平台来液汇合后送至蓬勃号 FPSO 进行进一步处理；CEPB 平台设有生产污水处理系统和注水系统，脱出的水在本平台处理达到注水标准后，通过海底管线送至井口平台回注，平台还设有电站、公用系统和生活楼，生活楼的定员为 80 人。CEPB 平台上主电站采用燃气透平发电机组，新建电站考虑与油田原有电站进行区域组网。

新建井口平台（WHPV，WHPG）、中心平台（CEPB）和老平台（RUP）之间需新建两条混输管道、两条注水管道和四条海底电缆，包括：新建一条从 WHPV 平台至 RUP 平台长约 1.6km 的 24″ 混输管线；新建一条从 WHPG 平台至 CEPB 平台长约 4.3km 的 20″ 混输管线；新建一条从 RUP 平台至 WHPV 平台长约 1.6km 的 16″ 注水管线；新建一条从 CEPB 平台至 WHPG 平台长约 4.3km 的 14″ 注水管线；新建 2 条从 RUP 平台至 WHPV 平台长约 1.6km 的海底电缆；新建 2 条从 CEPB 平台至 WHPG 平台长约 4.3km 的海底电缆。

二、合同介绍

2016 年 10 月 20 日收到市场部下发的项目立项书（WBS：C-0816008），在市场开发部的主导下开始进行项目前期规划，工程项目组配合市场开发部及分子公司与业主进行项目合同工作范围及技术支持等界面、技术澄清。并开展项目的技术投标、商务投标等投标报价工作。至今本项目正在进行合同价格谈判阶段，蓬莱 19-3 油田 1/3/8/9 区综合调整项目与业主进行工作范围及技术要求的澄清及工期的沟通已经基本结束，EPC 工总包合同未签订，总包合同预计 2017 年 5 月签订完成。

三、项目岗位职责

（一）项目经理

1. 负责按合同规定的工作范围和约定的建设工期、经济指标、质量标准、安全规范全面完成项目建设任务。

2. 全权负责项目的执行，包括设计、采办、建造、安装和调试所有作业的管理，以达到合同的要求和预算的目标。

3. 项目风险管理。

4. 项目运行策略、方案的制定、执行。

5. 负责工程重大技术问题的协调、处理。

6. 负责项目人力资源的调配以及人员资质审查。

7. 负责项目质量、健康、安全、环境保护目标的实现。

8. 项目的进度计划和进度控制管理。

9. 项目的沟通管理，主持项目开工会，与业主保持积极的联系。

10. 负责项目组队伍建设，人才培养以及对项目组各成员的考核，并组织实施对其他单位的考评。

11. 项目的范围（变更）管理。

12. 项目的费用管理。

13. 项目的分包管理。

14. 项目的采购管理。

15. 严格执行公司管理体系。

（二）项目副经理 1

1. 负责协助项目经理进行日常管理。

2. 侧重项目陆地建造及海上连接调试管理和协调。

3. 严格执行公司管理体系。

（三）项目副经理 2

1. 负责协助项目经理进行日常管理。

2. 侧重项目设计及采办管理和协调。

3. 负责项目日常技术文件处理。

4. 严格执行公司管理体系。

（四）项目工程师

1. 协助项目日常技术文件处理。

2. 负责工程技术问题的协调处理。

3. 负责组织技术方案审查。

4. 侧重塘沽建造现场的建造管理。

5. 负责安装、维修板块管理和协调。

6. 严格执行公司管理体系。

（五）青岛现场首席

1. 驻青岛现场，为项目组驻青岛现场小组负责人。

2. 对青岛现场建造的安全、质量、进度负责。

3. 负责组织协调青岛现场各分包商工作。

4. 负责组织协调装船及海上连接调试工作。

5. 负责安装、维修板块的协调管理。

（六）控制经理

1. 负责项目预算的审核报批。

2. 负责工程计划的总体控制。

3. 负责与公司进行项目公司及资源计划协调。

4. 负责费用支出的总体控制，并使之与工程进度相匹配。

5. 负责项目合同收款，保证项目现金流的良好状况。

6. 负责分解公司批准的预算到各分包合同及 WBS 中。

7. 负责根据项目执行预算编制年度预算。

8. 负责编制资金计划。

9. 负责项目节能减排统计管理。

（七）协调经理

1. 责工程项目组内外的界面协调和管理。

2. 负责组织项目技术文件、方案审查。

3. 协调项目总体工作推进，对项目运行过程中出现的问题进行跟踪、协调、解决。

4. 侧重特种设备公司相关事宜管理和协调。

（八）安全工程师

1. 负责健康安全环保策略和程序的编制并确保其在项目的运行中的实施。

2. 编写项目 HSE 文件。

3. 监督项目严格执行公司管理体系文件；开展 HSE 管理检查工作。

4. 根据已建立的 HSE 程序收集、监测、报告有关数据，确保健康、安全、环保工作的正确与实施。

5. 负责对整个工程项目的施工安全工作进行监督和检查，严格按照国家有关法律、法规以及公司管理体系文件进行管理，把好各个生产环节，消除事故隐患，防止各类事故的发生。

6. 当发生严重的事故和有危害的活动时，立即报告项目经理，并采取及时措施处理事故。

7. 负责审核分包商的 HSE 体系，并监督其执行。

8. 负责项目内部 HSE 体系自查工作。

9. 常驻施工现场，负责组织日常 HSE 检查、演习工作。

严格执行公司管理体系文件规定。

（九）质量工程师

1. 负责质量计划的编制并确保其在项目的运行中的实施。

2. 监督项目严格执行公司管理体系文件；开展质量管理检查工作。

3. 负责对整个工程项目的施工质量进行监督和检查，严格按照国家有关法律、法规以及公司管理体系文件进行管理，把好各个生产环节，消除事故 / 事件隐患，防止各类事故的发生。

4. 当发生质量事故 / 事件时，立即报告项目经理，并采取及时措施处理事故。

5. 负责项目质量管理工作，保证项目在实施的整个过程中，所有质量控制环节符合业主和公司的质量管理要求。

6. 制定并实施项目质量体系内部审核计划。

7. 负责处理项目发生的质量事故及纠正预防措施的跟踪验证。

8. 负责审核分包商的质量管理体系，并监督其执行。

9. 向项目经理汇报工作并与业主质量代表进行沟通。

10. 负责每周 / 每月质量报告的整理。

11. 监督 NCR 整改处理状态，并跟踪闭合。

12. 严格执行公司管理体系文件规定。

参加项目风险识别、实施项目质量风险分析、预测，控制措施的制定、监控与落实。

（十）计划工程师

1.建立项目的计划控制体系。

2.编制总体计划、里程碑计划、采办计划，实现"关键路径"控制。

3.绘制"S"曲线，人力直方图，估算人力投入。

4.编制周、月报告（表），汇总日报，将安全报告（表）、质量报告（表），采办进度报告（表）汇入周、月报（表）中。

5.绘制计划进度报表的标准格式，审核施工单位、分包商施工计划，报业主审批并下发执行单位。

6.实际进度与计划进度落后较多时，应及时汇报，提出整改和调整方案，在得到认可后及时做出计划调整，并编制赶工计划。

7.审查施工分包单位的施工进度情况，检查计划的执行情况，对存在的问题及时向项目经理报告。

8.严格执行公司管理体系文件规定。

（十一）合同／费用工程师

对项目经理负责，负责项目费用管理与成本核算工作。

1.项目费用／合同管理

（1）根据合同工作范围和施工方案及施工计划，按照公司下达的概算分解、下发分公司施工费用，并按公司相关管理规定划拨相关费用。

（2）根据项目统计报表核算项目实际费用，编制项目费用月报，并提交项目经理审核、批准。

（3）根据公司《合同管理程序》《预算管理程序》和《分包管理程序》，在项目经理的指导下，编制项目组的分包文件。

（4）负责项目内部变更及外部变更费用的预算、澄清、谈判。

（5）按照项目经理的要求，提交项目阶段及项目竣工成本分析资料。

（6）编制月分包费资金计划，并提交付款申请。

（7）跟踪合同收款里程碑计划执行情况。

（8）每月提交项目实际费用报告。

（9）项目经理临时安排的合同／费用相关工作。

2.成本核算管理

（1）建立项目的成本管理体系，结合 WBS 建立预算及费用科目。

（2）汇总数据，计算项目的支出。

（3）合同支付条款的审核，确定分供方的发票支付。

（4）内部变更确认及分包合同款支付。

（5）审核分公司出海费用。

（6）完成月度成本分析、成本月报。

（7）项目经理临时安排的费用核算相关工作。

（十二）采办代表

1. 负责根据公司有关采办的方针政策编制与采办有关的所有程序，并达到业主要求。

2. 负责项目的材料与设备采办的评审工作以及采办合同的管理，确保所有采办活动和最终成果满足业主与项目组的要求。

3. 负责提交采办计划，并与材料控制主管、计划／进度控制主管共同商讨是否满足总体计划，如有影响需及时调整。

4. 负责编制采办策略。

5. 负责组织催货和工厂验货。

6. 负责提供分供商清单及资格预审供业主审查。

7. 负责组织并保证材料供应服务工作满足现场要求。

8. 严格执行公司管理体系文件规定。

9. 负责供方和供方不合格品／材料的处理工作，满足项目要求。

10. 跟踪已采办的设备、材料的到货状态。

11. 组织验货，并对验货中存在的问题进行跟踪、落实。

12. 及时依据采购合同办理设备、材料的付款手续。

13. 根据施工需要依据合同联系供货商现场服务。

14. 对设备、材料质保期间存在的问题联系解决。

15. 及时汇总材料费发生及付款状态。

（十三）协调工程师

1. 负责公司生产资源的具体协调和管理工作。

2. 做好项目中各版块的协调工作，确保项目正常运行。

3. 配合项目经理做好与业主的沟通、协调工作，确保项目正常运行。

4. 配合项目经理协调、跟踪、落实项目运行过程中出现的各类问题。

5. 配合项目经理协调解决项目中各版块间界面存在问题。

6. 负责工程项目完工后总结材料的组织工作。

7. 完成上级领导交办的临时工作。

（十四）材料工程师

1. 跟踪已采办的设备、材料的到货状态。

2. 组织验货，并对验货中存在的问题进行跟踪、落实。

3. 根据施工需要依据合同联系供货商现场服务。

4. 对设备、材料质保期间存在的问题联系解决。

5. 及时汇总材料费发生及付款状态。

（十五）行政经理

1. 项目的文档管理及行政事务管理，包括工程资料存档管理，项目来往收发登记。

2. 车辆协调与安排。

3. 考勤的统计及提交工程项目管理中心。

4. 复印费、出车任务单、快件费、订餐费、办公室租赁费等费用的核算。

5. 网上项目人员工时填报。

6. 大型会务的组织。

7. 周、月报的催要、整理与提交。

8. 护照签证的办理。

9. 机票、火车票的预定，出差任务单的办理。

10. 各种费用的报销（如手机费、车费、餐费、差旅费等费用的报销）及统计。

11. 办公用品、劳保用品及设备的采购申请，办公用品、劳保用品管理及发放登记。

12. 汇报材料的编写、排版。

（十六）项目文控／秘书

1. 详细设计文件／加工设计文件的报批、下发及存档。

2. 日常备忘录、传送单、验货通知单等文件的打印及发放。

3. 收发各单位技术文件的存档。

4. 发业主及第三方报批文件的邮寄。

第二节　海外工程总包项目合同风险评估

一、总体评价

本合同由海工（以下简称"总包商"）与卡塔尔石油公司（Qatar Petroleum，以下简称"业主"或"QP"）于 2016 年 11 月 2 日签署，双方约定于 2016 年 6 月 23 日生效。本合同由合同协议书、合同条件与附件三部分组成，主要约定了总包商的工作范围，总包商提供的人员、材料、设备与设施，业主提供的材料、设备与设施，工程的检验、调试与批准，实施计划、竣工与接收，违约金，合同价格与支付，担保，变更，合同转让与分包，不可抗力，停工与终止，责任与保障，保险，税收承担，保密，适用法律与争议解决和其他一般性条款。

本合同对业主及总包商的权利、义务以及责任做出了较为详细的约定，总体说来，基本符合国际 EPC 总承包项目的一般实践，同时，本合同的某些具体规定对业主较为有利、对总包商比较严格，保护总包商利益的某些重要合同条款，如迟付罚息条款、停工权条款和后续法律变更条款等缺失。对总包商作为总包商而言，主要风险如下。

二、主要风险分析

（一）合同价格调整

根据合同协议书第（3）条以及合同条件第 1.10 条、第 11.2 条与附件 B 的规定，合同价格分为三部分，即固定总价部分（fixed lump sum portion）、按量计价部分（re-measurable portion，相当于暂定金额）和选项部分（optional portion），但三部分的合价不能超过合同价格（CONTRACT PRICE）。合同价格不因总包商成本的增加而上调，除根据第 14 条（变更）或合同所规定的需重新测算金额的工作（re-measurable work）外，合同价格不得调整。

在国际工程实践中，除了某些工期非常长的项目，EPC/EPCI 合同采用固定价格模式较为常规。在国际工程一般实践中，除工程变更外，如发生项目所在国后续法律变更的情况，特别是税法变更，总包商也有权要求调整合同价格，而本合同缺失后续法律变更条款。因此，本合同规定的总包商有权调整合同价格的情形非常有限，特别是，在合同执行过程中面临发生后续法律变更而不能调价的风险。

（二）工作范围的界定

根据合同条件第 3.1 条，总包商应按合同及附件 A 的规定，或按合同整体目的可以合理推断的要求履行全部工作。根据本条规定，除合同及附件 A 明确规定的范围外，通过合同整体目的可以合理推断的工作范围，如实现工程性能所需的某些漏项工程等，也属于总包商的工作范围。

该规定是符合国际 EPC/EPCI 总承包项目的一般实践的：EPC/EPCI 总承包项目的特点就是 EPC/EPCI 总包商负责整个工程的勘察、设计、采购、施工、安装、调试等全部工程，最终交付给业主一个"交钥匙即可用"的完整工程，故 EPC/EPCI 总包商应在履行合同工作的基础上保证所交付的工程能够满足项目的预期使用目的。因此，根据本合同的规定及国际 EPC/EPCI 总承包项目的惯常实践，尽管某些工作未明确规定于合同之中，但如果是为满足技术规范要求、实现工程性能要求或合同目的的常规工作，也属于总包商的工作范围。在该机制下，总包商存在报价时未考虑的遗漏或隐含工程量的风险。

（三）业主提供信息的准确性与完整性

根据合同条件第 1.24 条、第 3.2 条、第 3.3 条与第 4.8 条的规定，业主并不保证其所提供的设计、数据、设计标准、图纸、技术规范、指示以及其他信息（以下统称"信息"）的准确性与完整性，总包商应遵循合同意图与目的实施工程，不得以业主提供的信息中存在错误或遗漏为由拒绝正常实施工程。如果业主提供的信息中存在遗漏，但通过合同可以合理推断的内容，视为已包括在合同总价之中，总包商不得就此提出变更，不得以业主提供的信息不准确、不完整为由主张任何免责。

根据国际 EPC 项目的惯常实践，尽管业主通常不对其所提供信息的准确性与完整性负责，但其一般仍应对以下内容负责：

1. 合同规定的不可变信息与数据；

2. 工程的预定目的；

3. 工程的试验与性能标准等。

因此，本合同规定的对业主提供的数据信息的责任机制对总包商而言是比较严格的，总包商很难以业主提供的信息不准确、不完整为由向业主主张免责，或主张变更或索赔。

（四）与业主雇佣的其他总包商的协作

根据合同条件第 4.17 条，总包商应与项目现场业主雇佣的其他总包商共同协作，总包商应保证实施计划（Execution Programme）已充分考虑了因与其他总包商协作而可能出现的停工或妨碍的时间，总包商不得因上述停工或妨碍免除本合同项下义务，亦不得因此提出额外费用或工期延长的索赔。

同时，根据附件 A 第 1.9.2 条第 45（b）款和第 2.16 条第 2 款、第 3 款的规定，总包商负责工程有关接口（与业主 JV 公司及业主董事会和其他部门的内部接口除外）的管理和协调，这些接口包括工程在任何方面需要接口或信息的或其他公司 / 总包商直接介入的设计、采购和 / 或施工活动；总包商应识别可能影响工程的业主其他合同的信息要求并通知业主，以确保工程不发生延误，通过业主关键点（focal point）协调相关方获取所需信息是总包商的责任，并特别提到了采油树（Christmas Trees）事宜。在操作方式上，由总包商填写接口要求格式（Interface Request Form），然后由业主进行批复。

在国际工程一般实践中，常规实践是由业主负责协调其所雇佣的其他总包商与总包商的关系；但是，由总包商负责协调与业主其他总包商的关系的做法也较为常见，具体做法是，由总包商就接口事项向业主提出协调要求，然后业主提供支持函或授权，由总包商以业主名义协调与业主其他总包商接口问题。但由总包商负责与业主其他总包商的协调和合作，确实加大了总包商的风险，特别是工期拖延风险以及工作接口不清时的责任风险。

（五）业主审查总包商文件的时间

根据合同条件第 8.2 条的规定，总包商应给予业主充足的时间审阅总包商提交的文件，且总包商不得延误实施工程；附件 A 的附录 01（EXHIBIT-01）第 2 条规定，对于业主审批总包商文件的期限，一类（Class 1）文件必须获得业主批准，没有审批期限规定，二类（Class 2）文件的审批期限为 21 天，三类（Class 3）文件无须审批。

在国际工程项目实践中，业主审查总包商文件不及时是造成工期延误的主要原因之一，为避免工期延误风险，承包合同中通常会设置业主审查总包商文件的期限，如果业主未在该期限内给出审批时间，将视为业主批准了总包商的文件。由于对业主审批一类文件的时限没有做出规定，总包商约束业主及时批图的合同依据缺乏，总包商难以以业主审查一类文件延误为由向业主主张索赔，由此给总包商带来的成本控制压力及工期风险可能比较大。

（六）工程税负承担

合同条件第 11.2 条和第 22.1 条规定，合同价格应包括工程实施有关的所有成本、收费、税收、关税和其他费用。据此，本合同价格为含税价，总包商因实施工程所发生的所有税收和关税都由总包商承担和缴纳，除非总包商能获得税务主管部门的税收或关税减免；总包商在本合同项下无权就税收或关税的报价漏项向业主索赔。因此，总包商在本合同下存在税收漏项的报价风险。

（七）付款方式

1. 付款方式

合同条件第 12 条及附件 B 规定了支付条款，附件 B 第 1.25 条规定，所有款项以美元付至总包商指定的银行账户，所以我们理解，本合同项下的付款方式为电汇付款。

在国际工程一般实践中，对于离岸部分的合同价款，除预付款外，通常以信用证方式支付，以保障总包商及时获得合同款项，防控业主支付风险。但本合同并未采用信用证的付款方式，所以总包商从业主处收取合同款项的风险较高。

2. 付款迟延的责任

附件 B 第 1.25 条规定，业主无责任就迟延付款向总包商支付迟付利息。根据国际工程的一般实践，如果业主迟延支付到期款项，应向总包商支付迟付利息，以补偿总包商的融资费用。本合同的上述规定，一方面使总包商的融资费用无法获得补偿，另一方面，更重要的是，总包商不能以支付迟付利息为由，约束和督促业主按时支付合同款项，致使业主付款的风险加大。

（八）保函

1. 预付款保函

根据合同附件 B 第 2.5.4 条的规定，在总包商提出要求后，预付款保函的担保金额可以随着预付款的返还而按季度扣减。但是，根据附件 B 第 2.2 条与第 2.5.3 条，业主的付款方式为月度付款，预付款将随着业主的付款而按比例返还。

通常而言，预付款保函的担保金额应随着预付款的返还而相应扣减，以确保预付款余额与预付款保函的剩余担保金额相同。由于本合同规定的是预付款按月度返还，但预付款保函的担保金额按季度扣减，因此，总包商在一定程度上存在预付款保函的担保金额高于预付款余额的保函风险。

2. 支付保函

根据合同附件 B 第 4 条的规定，总包商应就其在卡塔尔境外采购和制造的货物，在向业主申请付款时，向业主提交相应的付款保函（Payment Guarantee Bond），付款保函有效期至货物到达现场经业主验收后的 45 天，其担保金额随总包商每月开票金额增加，随货到现场的进度而递减。

根据国际工程项目的一般实践，总包商向业主提交的保函通常只包括预付款保函、履约保函与质保函等，该类支付保函比较少见。本合同要求总包商提交支付保函的机制不常规，它增加了总包商的保函费用与保函风险。

（九）业主质保风险

根据合同条件第 13.1.3 条的规定，业主有权自主判断总包商履行的质保工作（修正、替换或重新履行）侵害了业主的利益，在此情况下，业主可以决定自行完成质保工作，此时总包商应补偿业主因履行该质保工作所遭受的全部费用。

根据国际工程的惯常实践，通常只有总包商在合理期限内不能履行质保义务时，业主才拥有自行或雇佣第三方履行质保工作的权利。在本条规定的机制下，存在业主滥用质保权利，增加总包商质保费用的风险。

（十）总包商的变更建议权

尽管合同条件第 14 条（变更）中未赋予总包商提出变更建议的权利，但是根据合同条件第 29.3 条的规定，如果总包商认为业主的指示影响了合同价格和 / 或实施计划，总包商应在开始执行该指示之前，且在收到业主指示后 15 天内，向业主提交争议通知（Dispute Notice），该争议通知中应包括以下内容：

1. 写明业主的指示影响总包商工作的详细原因；
2. 写明总包商认为有权获得额外赔偿和 / 或延长实施计划的合同依据；
3. 写明总包商预估的对合同价格和 / 或实施计划的影响。

如果业主同意总包商的争议通知，业主应根据合同条件第 14 条给予变更，如果业主全部或部分拒绝总包商的争议通知，则适用第 29.4 条（友好协商）与第 29.5 条（卡塔尔法院诉讼）规定的争议解决机制。

综上，总包商就业主超出合同范围、技术标准等提出的要求，向业主建议变更的机制是存在合同依据的，但总包商应按合同所规定的时间和要求提交正式的争议通知，否则总包商可能因不符合合同规定的时限要求而丧失要求业主变更的权利。

此外，合同条件第 29.6 条规定，尽管有上述变更机制，但对于合同规定的业主保留（reserved）事项，业主有权单独做出决定。因此，总包商有必要核实有无业主保留事项。同时，即使合同规定业主有权就保留事项单独做出决定，总包商仍有权就业主超出合同范围、技术标准的要求向业主索赔，通过索赔途径维护总包商合同权益。

（十一）分包

根据合同条件第 16.2.1 条与第 16.2.2 条的规定，非经业主事先批准，总包商不得将合同项下的工程全部分包或部分分包。如果总包商希望签署分包合同，则其应在签署分包合同之前，提交业主审阅，业主有权审阅分包合同格式、分包商的选择、分包工程范围、分包合同金额、分包成本以及总包商获得的分包报价。

在国际工程一般实践中，通常非关键部分工程的分包，总包商一般无须取得业主的同意。而根据本合同的规定，总包商的所有分包行为都需事先获得业主批准。本合同规定的分包机制将导致：一方面，业主的审查在时间上具有不确定性，可能对项目工期造成不利影响。同时，业主对分包事项的审查内容十分宽泛，不利于总包商保护自己的商业秘密。

（十二）停工

1. 缺失工期延长机制

合同条件第 18 条规定了业主指令停工的机制，包括在停工情况下业主须赔偿总包商停工期间的成本费用。通常而言，业主除赔偿总包商停工期间的成本费用外，还应授予总包商相应的工期延长。本合同未规定在业主指令停工的情况下对总包商的工期补偿。但本合同也未明确规定不给予总包商工期补偿，所以按照合同的常规解释，在业主非因总包商原因而指令总包商停工的情况下，总包商应仍有权向业主索赔工期。

2. 缺失总包商有权停工的机制

根据国际工程项目的一般实践，如果业主严重延误支付合同款项并持续一段较长的时间，总包商通常有权停工。本合同中缺乏该机制，不利于总包商约束业主按时支付合同款项，对总包商来说加大了业主付款风险。

（十三）不可抗力

1. 不可抗力事件的界定

根据合同条件第 17.1 条规定，如因不可抗力所致，任何一方延误或未能全部或部分履行合同义务，都不能构成违约、暂停或终止，或赋予损害赔偿的索赔权。不可抗力是指在合同生效日之前不能合理预见的、超出受影响方的合理控制的且无法通过适当的谨慎克服的事件。

不可抗力界定的前提是，事件应是对相关当事方造成实际影响的，即虽然事件实际发生，但尚未对当事方造成影响，即使将来很可能对当事方造成影响，对当事方来说也还未构成不可抗力事件。

2. 缺失合同因不可抗力导致终止时的结算机制

合同条件第 17.3 条规定，如果不可抗力累计超过 120 天，任何一方有权终止合同。但是，本合同并未规定此种情况下合同终止后的结算机制，导致在不可抗力导致合同终止的情况下，业主对总包商的结算和补偿范围不明。根据国际工程的一般实践，如果合同因不可抗力终止，业主应向总包商支付以下费用，供总包商参考：

（1）总包商已完成的工程所对应的价值；

（2）总包商为工程订购的，已交付给总包商或总包商有责任接受交付的生产设备和材料的费用；

（3）在总包商原预期要完成工程的情况下，合理的任何其他费用或债务；

（4）设备的车场费；

（5）人员的遣散费。

（十四）合同终止

1. 业主方便终止的结算机制不明确

合同条件第 19.5 条规定，如果业主方便终止合同，总包商有权获得的付款金额限于附件 B 中的规定，而附件 B 规定的是合同价格及分解，即在业主方便终止合同的情况下，业主支付总包商已完成的工程价值。

根据国际工程的一般实践，上述补偿范围是不够的，常规说来，在业主方便终止合同的情况下，业主除应向总包商支付已完成工程部分的合同价款外，还应补偿总包商已订购、有义务接收但尚未交付的设备材料费、人员设备撤场费以及为实施工程而发生的其他费用（特别是分包合同终止费）。

2. 未规定总包商有权终止合同的权利

合同条件第 19 条仅规定了业主具有终止合同的权利，而未规定总包商在业主严重违约时的合同终止权。根据国际工程的一般实践，在业主严重延误付款或出现其他重大违约且在合理期限内未补救，或业主破产时，总包商应有终止合同的权利，并有权就遭受的损失向业主提出索赔。由于本合同并未赋予总包商在业主违约时的合同终止权，所以在业主违约时总包商可能无法依据合同向业主主张终止合同并提出相关索赔。

同时，本合同适用卡塔尔法律，合同虽未明确规定总包商在业主严重违约情况下的合同终止权，但也没有禁止总包商在业主严重违约情况下终止合同的权利，所以并不妨碍总包商援引总包商在卡塔尔法律项下享有的合同终止权。根据卡塔尔法律，总包商在下述情形下享有合同终止权：（1）业主对合同严重违约；（2）合同已无执行的可能性（impossibility），如发生政治事件等不可抗力事件导致合同无法再执行等。

（十五）违约赔偿原则及总包商责任上限

合同条件第 20 条规定了责任与保障条款，但并未规定总包商总责任的上限。根据国际工程项目的一般实践，总包商的总责任上限通常为合同总价的 100%（当然，总包商存在重大过失、故意行为、欺诈、第三方侵权等情形时除外）。由于本合同并未设置总包商总责任的上限，在总包商存在严重违约的情况下，特别是工程质量存在严重问题及因总包商违约被业主终止合同时，总包商将面临过高的赔偿责任风险（总包商的误期责任有明确规定，即支付误期违约金，上限为合同价的 10%）。

在卡塔尔法律下，如果合同当事方对其他当事方违约，给其他当事方造成损失或损害，那么违约方对守约方的赔偿原则是赔偿实际损失，即赔偿责任限额为守约方遭受的实际损失额，包括直接损失和利润等间接损失。当然，合同条件第 20.7 条已规定双方都不负责赔偿收入、预期利润等间接损失，所以在总包商违约情况下，总包商在本合同项下对业主的赔偿责任限额为给业主实际造成的直接损失总额。

（十六）保险

合同条件第 21 条与附件 C 规定了保险条款，其中要求总包商所购买的保险须覆盖至释放证书（Discharge Certificate）。根据合同条件第 1.12 条，释放证书指业主在质保期（Guarantee Period）结束后向总包商签发的证书。因此，合同规定总包商所购买的保险应至少覆盖项目的质保期。

根据国际工程项目的一般实践，项目在完工并移交给业主后风险转移给业主，由业主购买相关保险。总包商除了工程一切险的维修条款外，在质保期内一般不再为工程购买或维持保险。因此，总包商在本合同项下的保险责任较重。

（十七）工程实施过程中的发明的所有权

根据合同条件第 24.1 条和第 25.1 条的规定，在工程实施过程中，总包商或其分包商创造的发明及图纸文件、计算机软件等的版权，所有权应归属于业主或其指定人。在国际工程一般实践中，总包商或其分包商创造的发明、版权等知识产权，所有权应归属于总包商或其分包商，总包商只需授予业主用于合同工程建造和运营维护的使用许可权。本合同规定的发明和版权归属机制对总包商很不利，同时，也不利于总包商履行分包/供货合同，因为分包商或供货商可能要求就其创造的发明和版权等知识产权拥有所有权。

为此，总包商在为工程的设备材料和服务进行分包时，与分包商、供货商谈定，其在工程实施过程中创造的发明和版权等知识产权属于总包商，以便于总包商向业主转让，否则可能导致总包商对本合同的违约。

（十八）许可和批文的获得

合同条件第 28.4 条规定，总包商应负责根据适用的法律、法规和规章获得工程实施所需所有许可和批文。在国际工程一般实践中，许可和批文一般分为两大类，即以业主名义获得的许可和批文与以总包商名义获得的许可和批文，前者须由业主负责获得，或者至少由业主向总包商提供协助以便总包商获得。本合同的上述规定对总包商不利，一方面，总包商可能无权向政府主管部门申请获得须以业主名义获得的许可与批文；另一方面，即使业主向总包商提供了支持函/申请函等协助，获得上述许可与批文的费用也须由总包商承担，更大的风险是，政府主管部门审批许可和批文缓慢带来的工期拖延风险由总包商承担。

（十九）适用法律

合同条件第 28 条规定本合同适用卡塔尔法律。从法律查明和合同解释角度及公平角度而言，适用业主所在国法律可能对总包商不利。根据国际商事领域的一般实践，通常适用成熟第三国法律，如英国法、新加坡法等对双方而言更公平合理。但在国际工程领域，承包合同适用项目所在国法律也较为常见。

（二十）争议解决

1. 争议通知权的灭失

根据合同条件第 29.2 条与第 29.3 条，如果出现以下情形，任何一方无权提出争议通知（Dispute Notice）：

（1）发现争议事件的 90 天后；

（2）根据第 13 条（质保工作与银行保函）与总包商应承担的潜在缺陷责任，在相关的质保期结束后发出现的争议事件。

此外，合同条件第 29.3 条还规定，对于涉及影响合同价格或实施计划的业主指令的争议，总包商应在收到业主指令后 15 个工作日内向业主发出争议通知。

根据上述规定，对于总包商持有异议的业主指令，或者总包商认为的其他可索赔事项，总包商可以根据上述期限的要求向业主发出争议通知，错过期限总包商可能丧失本合同项下的索赔权。

2. 争议最终解决方式

根据合同条件第 29.5 条，在提出争议通知之日起 90 天后，如果双方未能通过友好协商解决争议，提出争议的一方可将争议提交至卡塔尔有管辖权的法院解决争议，由卡塔尔有管辖权的法院专属管辖。

在国际工程一般实践中，承包合同争议的法律解决方式一般选择在中立第三国通过国际仲裁解决，以便获得对双方相对公平的解决结果。考虑到项目所在国法院对本国企业的保护，本合同规定的卡塔尔法院诉讼解决的争议解决方式对总包商而言十分不利，如非确需，应尽量通过谈判协商解决与业主的争议，避免将争议诉诸法律程序；当然，如业主严重违反合同而严重损害总包商利益，总包商应将争议诉诸卡塔尔法院诉讼解决。

1. 目特点及挑战

卡塔尔石油公司是中东区域对于项目执行规格和标准最高的业主之一，较传统国内总包项目，本项目面临的挑战如下：

（1）作为总包项目，工作范围和内容比较完整，工作界面较多，会形成大量分包项；

（2）项目运行的各个阶段，实施地点均不同，且多数在海外，出于工期成本以及业主审批的考虑，将会大量采取工作实施所在地资源；

（3）业主为卡塔尔石油公司，要求对分包工作的各个工作节点均进行审批，除了海工内部的分包审批程序以外，还形成了对业主的外部分包程序，造成了分包工作审批节点增多、审批过程时间增加，对项目组来说是一个挑战；

（4）同业主的主合同约定（GTC Article 6.9），海工在分包商的选取上，要优先考虑卡塔尔当地的分包商，此过程受业主监督。

卡塔尔或者其他中东区域分包商绝大多数未曾进入海工的供应商名单，这些分包商均须按照海工的程序——进行入网。而绝大多数的分包，业主并没有指定的分包商名单，需要按照主合同要求的分包商入网程序，向业主申请对其进行入网，这两套入网程序（海工内部和业主方）直接增加了分包工作前期的准备周期；

从分包商资格预审、招评标、技术及商务澄清、必要的场地调研、合同签订以及最后的分包实施，海外分包商较国内分包商，沟通的便利性大打折扣。

相较国内传统总包项目，本项目需要承担，传统总包工作以外的一部分工作内容，这部分工作是海工所不熟悉并且缺少经验的；

中东地区的分包商，在宗教信仰、国家文化、节假日安排、甚至在时差上都与中国地区有重大差异，因此，在分包商的选取、审核和评估上，项目组需要投入更多的精力和时间，来建立稳定的分包渠道；

若中国内地企业作为主体与卡塔尔或者其他中东国家直接签署分包合同，较卡塔尔分支机构作为主体签署合同，将会额外增加一笔税负；

按照投标约定，该项目需按照国际化流程进行采办，相关采办程序、采办方式都将按照国际标准执行，并采用符合业主要求的全新采办管理文件进行日常采办工作；

2. 合同风险

（1）银行保函开立和担保风险

除常规的项目预付款和履约保函以外，对于发生在卡塔尔以外的采办和建造工作的收款，还需要开立付款保函，增加了海工的成本、付款周期、保障代价。

引用条款：

APPENDIX B PART I Article 4.0 PAYMENT GUARANTEE BOND

CONTRACTOR shall provide a Payment Guarantee Bond in the format required as per Annexure 1 of this Appendix B for the total invoiced value of cost of procurement and fabrication works outside Qatar, in respect of all payments to be effected against CONTRACTOR's invoices for cost of procurement and fabrication works outside Qatar as detailed below:

a）The Payment Guarantee Bond shall be from a bank in Qatar and shall be valid for a period not less than 45 days after the date of receipt of the procured and fabricated items at WORKSITE（s）and subject to inspection and acceptance of the items by QP.Its amount can be increased every month with respect to amount of procurement and fabrication costs invoiced for that month.This bond shall be valid until all procured and fabricated items arrive at offshore WORKSITE.

b）In the same manner，based on the arrival of procured and fabricated items at WORKSITE，this Payment Guarantee Bond value to be progressively decreased accordingly.

银行保函被业主指定为卡塔尔银行，相较于符合一定等级的中国银行（常规要求），不仅增加了成本、开立保函的周期，海工保护自己的保函更为困难。

引用条款：

GCOC Article 13.2.2 BANK GUARANTEE

The bank guarantee shall be issued by a bank operating in Qatar, shall be in the specific form set out in Appendix D, and shall be valid for a period of not less than forty-five（45）calendar days after the expiry of the GUARANTEE PERIOD.

APPENDIX C Article 3.1 CONDITIONS PERTAINING TO INSURANCE PLACED BY CONTRACTOR

Regardless of any insurance that may have been taken outside Qatar with respect to this CONTRACT, local insurance in Qatar shall be arranged and effected with any one of the following five accredited national insurance companies offering the most favorable cover and premiums：

-Al Khaleej Insurance Company

-Qatar General Insurance&Reinsurance Company

-Qatar Insurance Company

-Qatar Islamic Insurance Company

-Doha Insurance Company

-Al Koot Insurance and Reinsurance company

项目履约保函的到期时间要求为项目交付后 1 年加 45 天（不考虑出现任何缺陷的情况下），项目并没有要求质保函，这就是变相的将质保代价由合同额度的 5%（常规项目）提升至 10%，增加了海工的成本、保障代价。此外，无论预付款保函、履约保函，均未明确：① 递减条款；② 失效条件（存在失效日期）；③ 甲方的指定取保函代表；④ 作废条件；⑤ 适用法律和争端解决办法；⑥ 符合 UNIFORM RULE。

（2）PVL

合同明确约定在选取供货商时，海工应遵循合同中的 PVL 的名单及产地要求，同时提出中国的材料供货商是不可被接受的，这将导致材料供货成本、供货周期较同类国内项目更加难以控制。

APPENDIX A 4.6.8 Preferred Vendor List

CONTRACTOR shall adhere to PVL vendors including their location as mentioned in PVL for fabrication&raw material sourcing.Raw material sourcing&fabrication from china is not acceptable.

（3）部分分包内容要求指定卡塔尔分包商

除了 TPC、TPI、Helideck Design Certification 以外，EIA 虽然在合同中并没有指定要求卡塔尔当地分包商，但实际要求分包商必须具备当地环境局的注册资质，间接指定了当地要求。同时，根据合同：

① 海工在分包商的选取上，要优先考虑卡塔尔当地的分包商，同样的分包工作内容，

卡塔尔当地分包商回标价格若是不超过其他分包商回标价格的 110%，均优先选取卡塔尔当地分包商；

② 海工在供应商的选取上，要优先考虑卡塔尔当地的供应商，同样的采办工作内容，卡塔尔国内供货商的产品价格若是不超过国外供货商回标价格的 110%，卡塔尔本地出产的产品价格若是不超过国外供货商价格的 105%，均优先选取卡塔尔当地供货商；

上述本地化要求，限制了采办和分包的询价范围，提升了成本增加的风险；

引用条款：

APPENDIX A Article 4.5 QUALITY REQUIREMENTS

55 All service TPCs agreement and Certification liability shall be with the TPC ' s QATAR office.

APPENDIX A Article 4.5 QUALITY REQUIREMENTS

67 All service TPIs agreement and Inspection liability shall be with the TPI ' s QATAR office.

1.9.2 CONTRACTOR Responsibilities

b.CONTRACTOR shall obtain the approval from Aviation Authorities in Qatar through "Gulf Helicopters" as air operator for the Helideck design.Changes due to their requirements such as but is not limited to the Computerized Flow Dynamic（CFD）and comments made on FEED document "3804-NFA56-0-17-0017 Gulf Helicopter Helideck Design Report" by M/s Gulf Helicopter and any further subsequent comments and its related impact shall be absorbed by CONTRACTOR with no additional cost and schedule impact to QP.CAP 437，Latest revision to be followed in the design of the helideck.Fees for obtaining Aviation Authorities approval shall be part of the lump sum CONTRACT price.

GCOC Article 6 MATERIALS，EQUIPMENT AND FACILITIES PROVIDED BY CONTRACTOR

6.2 CONTRACTOR，in purchasing materials，goods and equipment required for the WORK，shall abide by and comply，and cause compliance by its SUBCONTRACTORS with the provisions of Qatari Law No.（6）for the year 1987 concerning priorities given to National Products and Products of National Origin.Subject to additional preferences（if any）stated in Appendix A，and without prejudice to the quality and technical specifications of material and equipment，and terms of delivery，CONTRACTOR shall give preference to National Products up to a value of ten percent（10%）against cost of similar foreign products and five percent（5%）in the case of Products of National Origin，and if a National Product is not available，Products of National Origin shall be given preference up to a value of ten percent（10%）against cost of similar foreign products.CONTRACTOR shall purchase materials and equipment accordingly.

6.3 In selecting SUBCONTRACTORS for the provision of any services under the

CONTRACT, subject to additional preferences（if any）stated in Appendix A and provided that CONTRACTOR is reasonably satisfied（on the basis of demonstrated ability, quality, timely performance, workmanship and other relevant criteria）with their ability to properly perform the services entrusted to them, CONTRACTOR shall give preference to Qatari contractors provided that;（a）the cost of such services does not exceed one hundred ten percent（110%）of the cost of equivalent or similar services offered by or otherwise available from non-Qatari contractors; and（b）the other terms and conditions applicable to such services are otherwise competitive with those available from non-Qatari contractors.

（4）传统总包工作范围以外的工作内容

如 Environmental Impact Assessment（EIA），这通常是由业主在 FEED 阶段完成的前期调查、研究工作，本项目归属到了总包商的工作范围，主合同一经生效，海工即面临着紧迫的时间压力来完成上述工作，才能开展后续相关的详细设计工作，无形中缩短了项目的实施周期；以及 PERFORMANCE TEST&START-UP 的工作，上述工作通常为作业方主导完成，本次归属总包方的工作范围，海工不具备主导并实施上述工作的必要经验和能力，必然会涉及寻求分包商来完成，不仅增加了分包招标工作量，同时，在招标文件当中项目组对于上述工作的范围、技术要求和工作量的识别和制定，对项目组来说，不仅时间上是挑战，还存在专业管理方面的风险；

（5）合同并没有设定 FEED VERIFICATION WINDOW

合同约定自生效期起，海工被视为检查、校验和审核过甲方提供的 FEED 文件，即使 FEED 文件在以后被发现出现错误、疏忽、冲突、不完整等情况，海工要在不增加合同价格和工期的前提下，仍然满足项目的设定目标。也就意味着，即使海工发现 FEED 文件出现缺陷，无权向甲方索取变更。

GCOC Article 4.8

CONTRACTOR shall be deemed to have scrutinised, prior to the EFFECTIVE DATE, the Scope of WORK（including design and engineering criteria and calculations, if any）. CONTRACTOR shall be responsible for the design and engineering of the WORK and for the accuracy of such Scope of WORK（including design and engineering criteria and calculations）. QP shall not be liable for any error, inaccuracy or insufficiency in the information available or used by CONTRACTOR which affects the performance of the WORK.QP shall not be deemed to have given any representation of accuracy or completeness of any data or information.Any data or information received by the CONTRACTOR, from QP or otherwise, shall not relieve CONTRACTOR from its responsibilities for the design, engineering and execution of the WORK.

SOW Article 4.4.1.2

CONTRACTOR shall check, review and verify the design and engineering information contained in the CONTRACT including all aspects of the FEED supplied by QP to satisfy himself that they are adequate for the purpose in accordance with the CONTRACT.CONTRACTOR shall also check for errors, omissions, conflicts and technical accuracy.Any additional scope required to achieve the CONTRACT Objectives shall be carried out by CONTRACTOR without any adjustment to the CONTRACT PRICE as well as no time impact to the CONTRACT duration.

第三节 海外工程总包项目的采办

一、采办原则

1. 采办工作必须遵循《中华人民共和国招投标法》《中华人民共和国合同法》等国家法律和中国海洋石油总公司及海油工程股份有限公司采办管理有关规定。

2. 一切国内国外采办合同均应以公司的最大利益为出发点，符合国际及国内惯例，公正，公开，公平合理的进行。

3. 在满足合同要求的情况下要坚持货比三家，先国内，后国外，先本地，后外埠的原则。

4. 公平竞争，应给予一切厂商、代理商、供应商平等竞争的机会，不以任何借口或关系为由进行歧视或特殊照顾。

5. 合理转移和降低采办风险。

6. 对于所采办设备、材料，以满足合同要求为出发点。

二、采办界面划分

（一）外部采办界面的划分

外部采办界面是指业主采购设备，包括中控系统、中压配电盘、海管、应急发电机、燃气透平发电机、海缆、通信系统、机采设备、钻修机系统等，共计51项物资。

（二）内部采办界面的划分

内部采办界面是指承包方，即海工采购物资，包括中心采办部采购、执行物资（我采我办）、分子公司采购、执行物资（他采他办）以及由中心采购、分子公司执行的物资（我采他办）。

三、采办管理过程

（一）技术标书的编制

设计公司负责技术标书的编制，并按照采办计划的要求按时提供。要求技术标书在技术角度上已经完全满足本项目要求，满足海洋石油平台相关规定及标准、规范的要求。并具备实际采办的设计深度要求，供货范围准确、关键参数清晰、证书要求明确，对于需要佩戴特殊工具、备件等的物资，应在招标文件中定量描述。同时，对于协议物资，应避免出现协议外规格，并按照采办提供的打包原则确保采办包划分准确。

设计招标文件及相关采办配合工作出口为设计项目组负责采办的项目工程师。

（二）资格预审工作

对于由业主指定的，不属于我公司合格供应商的，将作为投标供应商加入到我公司合格供应商库内，具体工作由采办经办人提报，负责办理入网工作专员进行操作。

（三）发标工作

为了保证物资按时到货，确保工程需要。根据批复的发标名单，按照项目组基设 0 版文件的发标要求，完成发标、评标，并在合同签订前由技术提供 0 版文件作为合同签署条件。为了保证投标文件质量、提高评标效率，在发标邀请时附带"关于加强投标文件质量及澄清要求的通知"，用于要求供应商认真编制投标文件并按时、有效地参与澄清。

（四）技术、商务澄清

为了缩短技术评标澄清环节时间，采用澄清与评标相结合的形式，即根据技术判定结果，对可以进行澄清的厂家，在澄清后一并提供评标结论。具体澄清时间由设计项目组提出需求，由采办部负责组织厂家准时参加技术澄清会。如需业主参与的，请设计项目组提出要求。对于能够通过邮件、电话完成的澄清，应尽量采用该方式。

要求在完成全部技术澄清后的 2 个工作日内提供最终评标表格附带澄清纪要，并正式发采办部，如出现由于厂家签署不及时，请及时通知采办部催办。

商务澄清工作在技术澄清的同时进行，澄清完毕后签署商务澄清纪要。

（五）公司内部授标审批及报批业主

商务、技术澄清完毕后，采办部将厂家报价按照公司程序进行授标审批，在公司内部的进行批准。

（六）合同签订及执行

授标审批批准后采办部完成商务合同签署（不包括青岛公司、特种设备工作范围）并通知设计项目组组织技术合同。

（七）应急采办

在工程项目建设过程中发生紧急事件，所需物资按照正常采办程序将严重影响工程项目进度时，为了确保工程项目能按计划有序进行，保证工程按期投产，需启动应急采办程序进行应急采办，应急采办物资包括：由于业主要求导致技术变更所需物资；工程项目技术方案调整所需物资，且该物资按照正常采办程序不能满足项目施工需求；项目建设中出现其他紧急突发事件，需要紧急采办的物资。应急采办的实施：

1. 由工程项目组根据物资紧急程度提出应急采办物资需求，说明应急采办原因，各岗位根据权限予以批准或向上级管理岗位汇报，直至批准。汇报可采用书面或口头方式。

2. 中心采办部根据物资属性及供方以往业绩，推荐询价供方。各岗位根据权限予以批准或向上级管理岗位汇报，直至批准。汇报可采用书面或口头方式。

3. 由中心采办部负责应急采办的询价及组织评标工作，询价可采用传真方式，并根据报价情况与项目组协商推荐供方。各岗位根据权限予以批准或向上级管理岗位汇报，直至批准。汇报需采用书面或短信方式。

如选择非最低报价方供货、单一来源供货或竞争性谈判供货，需通过手机短信向上级管理岗位汇报物资名称、交货期的差距、价格的差距、总金额和供应商名称等信息，各岗位根据权限予以批准或向上级管理岗位汇报，直至批准。

4. 由中心采办部负责应急采办物资的生产状态、交货状态跟踪、协调到货物资的现场接收。

5. 应急物资在完成订货后，按照公司采办管理规定，补办各项采办审批手续。

（八）执行管理

1. 送审图纸的批准

首先，由设计在技术招标文件中明确送审图纸内容要求。

其次，对于关键设备（由设计与采办共同判定），要求在第一批送审图纸提交后，进行技术人员的面对面图纸审查会（或电话开工会）。其中，厂家参会人员由中心采办部负责组织，相关专业技术人员由设计项目组负责组织。图纸审查会要求，将图纸问题直接提出、修改，直到批准。

对于无法组织图纸审查的物资，可以进行电话、邮件确认，所有技术问题沟通完毕后，再进行纸文件的提交或批准。并建议设计项目组设立专门的审图管理人员（项目工程师），负责送审图纸的组织协调工作。

2. 生产情况的催办

首先，在中标通知发出时，附带"产品质量保证、交货期保证承诺书"，用于警示供方对产品质量的严格要求。

其次，要求关键设备厂家在每周五发送生产周报，提供排产情况、生产进度、问题，并提供设备生产情况的照片。采办部将根据物资重要程度、生产进度，不定期安排设计 / 检验 / 项目组 / 业主人员到各厂进行现场检查、催办。一旦出现进度落后，中心采办部将启动催办执行机制。催办机制包括联合催货、高层领导催货、派驻人员驻厂等方式。

3. 工厂验收（FAT）

工厂验收作为产品检验的第一道关口，是问题发现与整改的最佳时机。

首先，要求在技术招标文件中明确 FAT 范围，并通过 FAT 计划的形式反映。要求厂家发出生产完毕或第三方检验的时间计划，由采办人员通报项目组。

其次，由项目组组织相关专业的技术人员、检验人员、业主等到场见证出厂试验。特别要求对于图纸意见较多、较复杂设备，要求主专业技术人员必须参加。

最后，FAT 后应由主专业技术人员主笔，围绕整改问题形成 FAT 记录。由中心采办负责落实整改进度。

4. 设备、材料的到货

设备、材料发货前 2~3 天，厂家应书面通知采办部预计到达时间。中心采办将"到货通知"转发至项目组、仓储中心。项目组材料工程师、仓储中心应及时安排人员机具，做好收货、卸货、入库准备。

5. 设备、材料的到货验收

设备、材料到货后 5 个工作日内，应由项目组材料工程师负责组织技术、检验人员、业主进行现场验收，如需要厂家人员在场时，由项目组提出要求，由中心采办负责协调厂家。

验收时发现的问题应由提出方（包括设计、检验、项目组、业主）提出整改意见，由中心采办负责整改问题落实。最终整改问题验收是否合格由技术人员签字确认。

采办人员应搜集相关证书原件，并转交项目组材料工程师。

6. 调试配合、陆地及海上服务

在调试阶段及后续陆地、海上服务配合方面，如确实需设备厂家配合现场指导的，项目组须提前 7 个工作日提出服务需求，并明确具体服务内容、人员要求、携带工具要求等。由中心采办部负责落实厂家派驻，并根据合同约定进行服务费履行或服务费合同签订。

第四节　海外工程总包项目的实施战略与经验

一、海洋石油平台钢结构的焊接

（一）海洋石油平台用钢要求及焊接特点

由于长期处于恶劣的环境下，海洋上服役的石油平台对钢结构的要求与普通建筑的钢结构截然不同，在焊缝等方面要求更高，在钢结构焊接中要保证刚才具备较强的可焊性。同时为了保证机械性能比较好，在钢材成分上也有着严格规定。在焊接时需要严格按照建造规范执行。

（二）海洋石油平台钢结构的焊接工艺

1. 卷管作业焊接工艺

卷管焊接时海上石油平台建设中非常关键的一部分，在平台结构中，结构钢管主要有钢桩、隔水套管、导管、拉筋等几种。其中导管、大壁厚钢管以及钢桩等采用的通常是 X 型的坡口。而拉筋以及隔水套管是直径较小的钢管，所以使用的坡口通常是 V 型。

2. 主体结构焊接工艺

焊条电弧焊通常是在导管架节点以及组块的环节上起到作用，而封底焊接则是焊条电弧焊与气体保护焊结合起来，气体保护焊主要用于填充面以及盖面的焊接，这种焊接工艺在使用中有一项注意事项，就是抗风能力有限，在施工中一定要做到有效防风。

（三）海洋石油平台钢结构的焊接质量控制

1. 材料质量控制

在正式焊接前需要对钢结构的搭建材料进行详细检查，保证钢结构本身的质量。另外就是焊接材料的质量需要得到保证。材料是影响焊接质量最关键的一项因素。若是在钢结构焊接中出现材料质量不合格的情况，各方面都要受到影响，施工质量也就无法保证，其中需要注意的是严格控制材料的进货渠道，保证所用的材料与焊接要求符合。因此在材料选择上一定要加强管理和监督。在焊接中涉及很多种不同类型的材料，分别对应不同的施工环节，质量要求上也是有所区别，所以在材料使用上一定要严格安装图纸上的设计要求执行。

2. 人员操作控制

焊接质量终究主要是依靠人员精准操作，对人员素质要求非常高，由于钢结构焊接本身是比较复杂的施工过程，所以在焊接中受到的影响也是非常多的，一定要保证焊接人员具备足够的专业水平，对焊接人员要加强资质管理。在人员选拔的环节需要严格进行监督。并建立专业的培训机制。焊接人员在正式进入工作前一定要经过严格的技术培训以及安全教育，要尽可能提升焊接人员的技能水平以及责任意识。

3. 设备检修控制

在钢结构焊接中需要使用大量的工具和设备，这些设备也是影响焊接质量的重要条件，对这些设备的检查和维修一定要尽可能完善。尤其是焊接设备，直接影响着焊接的质量。若是在施工中不具备性能优良的焊接设备，即便是焊接人员具备极强的技能水平，也无法取得理想中的焊接效果，这与技术是否娴熟无关，主要是因为焊接设备本身也是施工的基本条件。因此在平台焊接中一定要重视对设备的检查和维护，定期要对设备进行维修，保证设备处于良好的工作状态。

4. 施工环境控制

焊接工作本身就是对施工环境要求非常严格的，其他的建设技术往往可以在恶劣环境中坚持施工，但焊接则是不同，与焊接技术的类型也是息息相关的。例如一些焊接技术在防风方面的要求并不苛刻，但是一些焊接技术防风能力非常弱，一定要在现场做好防风措施。通常来说平台焊接一定要避免在风雨天气进行。除了风雨天气外，现场的温度以及湿度都会影响焊接施工的质量，一定要避免高温对焊接的影响。

5. 焊接条的保存

在焊接中焊接条是使用最多的一种材料。焊接条的特点是非常鲜明的，就是很容易受潮，一旦焊接条受潮，基本上也就失效了。因此一定要注重对焊接条的保存，避免焊接条处于潮湿的环境中，也要避免焊接条受损。

6. 过程监控

在平台焊接中，管理人员需要对整个焊接过程实施严格的监控。首先是作业检查，参与施工的焊接人员是否全部满足资质要求是要进行检查的，另外就是检查焊接人员在焊接中是否有违反质量要求的行为，若是焊接人员的操作违规，一定要进行制止。其次是对施工具体情况的检查，管理人员要对一些重点结构的焊接情况进行详细检查，同时在检查中要充分利用各类仪器，提升检查的准确性。

7. 外观质量控制

对外观进行检查是为了检查焊缝、焊道等是否与设计中的标准符合，外观检验中可以焊接的主要质量问题检查出来，同时在对施工工艺进行对比后，可以检查是否在焊接中出现缺陷，若是发现外观上的缺陷，监管方可以要求施工方进行弥补，经过修复并检查合格后才能确定整个项目是合格的。

（四）海洋石油平台钢结构的组对检验

1.尺寸核对

平台上的港机构需要进行尺寸检查，需要用施工图纸进行对比，在核对中需要了解，卷管等组件是需要进行核对的重点，在核对中一定要加强对这些重点部分的测量。在钢尺寸的核对上需要严格参考图纸，对钢结构的具体定位进行复核，一定要与国家上的施工标准符合，保证施工的质量是合格的。

2.坡口检验

在对钢结构进行焊接的过程中，通常坡口的焊接用的是全熔透的方式，在正式进行焊接前，需要保证坡口的具体情况与预期制定好的标准符合。坡口焊接是非常有难度的焊接内容，在焊接中非常容易出现钝边过厚的情况，导致不容易焊接透彻，但钝边需要适中，若是钝边太薄，非常容易焊接穿透，这就会出现质量问题。因此坡口的检查是非常重要的工作内容，管理人员也要对焊接的具体工艺有足够的了解，这样在组对检验中才能避免失误，杜绝焊接缺陷的出现，保证钢结构焊接的整体质量。

3.坡口预热检验

坡口预热是非常关键的一项工序，有效的预热可以让接头的冷却速度减小，这样可以避免在其中出现淬硬组织，也能让焊接中的应力以及变形得到降低。一些部位的钢结构焊接性比较差，在焊接时难免遇到非常大的阻力，这就需要让焊接中的缺陷尽可能减少，而预热是非常有效的有种方法，在石油平台的建设中进行钢结构焊接时，需要将质量控制的要点放在坡口预热的环节，要严格保证预热的温度以及方式符合相关规定，避免在坡口预热的环节出现质量问题，那样造成的损失是非常大的。

二、海洋平台组块的安装

组块的安装主要包括安装设计、组块的装船固定、海上拖航、组块吊装就位和附件的安装。

（一）安装设计

为保证安装过程的安全系数足够高，需要对安装过程中的重要步骤进行计算校核，并制订详细的施工程序和布置图。在装船固定过程中，要制订施工程序、布置图，并对锚泊、固定及调载进行计算。在拖航过程中，要制订运输程序，并进行稳性分析。由于同时装载3个组块，因此，除了对装载的每个组块进行稳性分析外，还要对整体稳性进行分析。吊装是安装过程中最重要的一步，不仅要进行整体的吊装分析，还要对各个部分，包括钢丝绳、卡扣、吊点等进行强度的校核。

（二）组块的装船固定

组块建造完成后，要通过驳船将其运输到安装位置与导管架连接。现在，组块的装船一般采用拖拉的方法。拖拉工作是由拖拉系统完成的。拖拉系统包括绞车、千斤顶、钢丝绳、卡扣、滑轮等。所有设备准备就绪后，根据码头的潮汐变化，选择适合的时间，开始组块的拖拉装船。拖拉装船时，首先是驳船的就位，使驳船上的滑道与码头滑道相接，并通过调载使驳船上的滑道与码头上的滑道平直。然后开始设备的连接，主要进行钢丝绳的缠绕和卡扣的连接。一切准备就绪后，拖拉工作正式开始。一开始要用千斤顶协助，给组块一个初动力，然后控制好 2 个绞车，使其保持同步。在拖拉过程中，要根据潮水情况以及导管架在移动过程中质量和重心对驳船的影响调整压载水，使驳船滑道在任何时候都能够与码头滑道水平对正。组块拖拉至设计位置后，要拆除拖拉装置。调整驳船位置，然后按照设计图纸固定组块。由于涠洲的 3 个组块都要通过重任 1501 来运输，每个组块的装船都要重复上面的过程。

（三）海上拖航

组块装船固定后，要托运至安装位置与导管架连接。在拖航之前，要保证所有的海上用料、设备都已经带上，并记录它们存放的位置。为保证船舶和组块的安全，确定拖航时间时要保证自拖航时起未来 48h 内天气较好，满足拖航要求，按照设计的航线拖运。

（四）组块吊装就位

组块拖航至安装位置后，可以开始准备吊装工作。吊装时，首先是浮吊的就位。浮吊在导管架附近，按照设计方案的位置就位，由拖轮辅助抛锚。浮吊就位位置要远离导管架一定的距离，以保证安全。然后通过绞锚缆靠近导管架，为组块吊装的准备工作提供支持。在吊装之前，要进行桩头的切割和过渡段的安装。吊装作业对天气条件要求较高，整个吊装过程需要较长的时间。因此，要根据未来几天的天气预报确定具体吊装的时间。不仅要保证吊装的过程中有较好的天气，还要有足够的时间对插入的部位进行初步焊接。吊装前，浮吊要向远离导管架方向绞出一定的距离。然后拖轮协助驳船靠浮吊。靠上后，开始进行索具的连接。为了争取时间，在索具连接过程中，可以同时对组块的部分固定进行切割，但不要全部切割掉。等索具全部连接好，并检查无误后，再对剩余的固定切割。全部固定切割完后，吊机控制组块缓慢升起。达到一定高度后，用拖轮把驳船拖走，浮吊开始通过绞锚缆靠近导管架。用水平方向的两根缆绳控制方向，使组块的插件插入过渡段。插好后，工人登上导管架进行焊接和索具的拆除工作。焊接工作需要比较长的时间。焊接完成后要检验，不合格的要返工。检验合格后，还要补底漆、面漆。

（五）附件的安装

由于海上施工受天气影响很大，因此，没有必要等组块所有的焊接工作完成后再进行附件的吊装。在天气条件好的情况下可以先进行附件的吊装，比如火炬臂、栈桥等。吊装的过程与组块吊装基本相同。吊起后，装配在组块的既定位置即可，对焊接位置同样要进行检验及防腐工作。

三、项目的施工技术难点及措施

（一）海管

1. 焊接问题：海管为 3mm 镍基合金内衬加 X65 碳钢的材质，QP 业主提出焊接未融合 0 缺陷要求，对于该要求需要做 ECA 腐蚀疲劳性能测试试验，来放宽缺陷程度，弥补焊接缺陷减少返修率。而该实验海工首次接触，且各家公司反馈未参与过，没有经验并不接受该工作。只能由技术能力薄弱的项目组做分包完成，增加了项目推进的难度。

同时，如果做出 ECA 性能测试缺陷长度能放宽何种程度，对于现场施工指导是一种未知，增加了项目风险度（返修率高，船舶使用时间过长）。

2. 海管材料采办问题：为了保证焊接未融合 0 缺陷，防止错皮焊接，建造公司要求海管管端内径精度需要达到 ±0.3mm。咨询业主 PVL 厂商及其他国内外厂家只能做到 ±1mm，都不能满足该要求。现咨询厂家是否可以管端堆焊然后机加工，满足精度要求，但厂家反馈该材质海管无管端堆焊焊接程序，无法完成。

3. 海管焊材采办问题：QP 业主要求海管焊接接头性能屈服强度要求不小于 530MPa，而咨询业主 PVL 厂商及其他国内外厂家焊材性能只能满足 480~490MPa，无法满足焊材要求。目前项目也在寻求其他厂家是否能满足。

4. 海管焊接后检验问题：QP 业主要求对于海管焊接未融合 0 缺陷的检验，需要做焊缝根部 1 遍 RT，焊后 1 遍 RT+MUT，势必降低了"蓝疆"铺管效率，增加了船天。

5. 海管试验件较多问题：根据主合同要求，海管需要做的焊接性能测试较多，需要大约 23 根 12 米海管做性能试验，很大程度上增加了项目的成本。

（二）海缆

海缆稳定增加项目成本问题：业主提出需要对海缆稳定性分析，而设计对于 FEED 文件的海缆进行计算时，发现需要对海缆做出一定措施才能保证海缆稳定性。详设提出三种措施并做出可行性及经济性对比，确定增加海缆自重满足稳定性，但相对费用增加了 10%~20% 左右。

（三）组块

1. 青岛场地无 API 2B 资质无法完成组块卷管问题：根据业主技术要求，如果不小于 406mm 的钢管卷制，需要青岛公司具备 API 2B 资质，并在钢管上打上该字母。目前，项目组咨询海工具备该资质的建造公司，由于设备卷制能力问题，只能卷制很少部分，且业主方对于海工再次分包卷制存在疑义。项目组策略是塘沽卷制一部分，青岛外协分包一部分（与业主沟通同意分包）。同时，督促青岛尽快申请 API 2B 资质，以便减少焊评、焊工考试及运输的费用。

2.每种管径及壁厚的卷制钢管需要一定性能测试：（1）卷制完成后需要做机械性能测试；（2）焊接完成后需要做环纵缝的冲击试验。如果卷制完成后的性能试验通不过，会出现需要卷制的全部钢管做整体热处理的风险。性能测试工作量很大，费用较高。

3. 组块焊接检验问题：

对于目前详设根据业主要求编辑的结构焊接规格书，青岛公司提出如下难点：

（1）气体保护焊使用受限制，药芯焊不准用于主结构施工。

（2）STT焊接无法使用。

（3）重要节点可能要求GTAW封底。

（4）40mm以上需要做热处理，存在45mm的拉筋管，即肯定现场TKY的热处理焊口。

（5）陆地施工不允许CTOD工艺，只准用于海上施工，而且要求和试验的钢板为同一批号（需要寻到和组块连接的导管架过渡段的同批号材料做试验）。

（6）预热、热处理要求较高，对特殊节点有后热要求。

（7）板对接必须使用10mm以上的钢板做引弧板和熄弧板。

（8）制管封底之后换埋弧焊工艺时不准吊装。

（9）小于10mm的全熔透主结构焊缝需要100%RT检验（结构即使拍片，比如YAMAL项目，只是主结构有5%RT的要求）。

（10）焊脚大于20mm的角焊缝，需要做UT检验。

（11）所有的管纵缝和环缝对接处，需要100%RT。

（12）所有的SAW焊缝，需要100%进行横向裂纹的超声波检测。

这些特殊的要求及庞大工作量，以往项目基本是没有，整个建造的实施将会对项目的预制和总装的进度计划产生一定影响。

（四）老平台改造

1、施工生活支持问题：由于QP业主要求，在老平台改造期间不提供任何POB、吊机及风水电。而海工租用施工生活支持船在老平台侧就位难度较大。项目组计划租用Juck-up船舶靠近进行吊装及生活支持。

2、停产时间较短：业主合同提出给出海工10天停产时间进行施工，该时间还包括了业主停产后对于管线的清理及吹扫。所以海工的施工净时间也就8天左右的时间，需要完成老平台改造及新老平台之间的联调工作，时间非常紧迫，存在恢复生产前无法完成改造工作的风险。

项目组策略：项目组改造前进行多方面细化停产前做什么，停产后做什么，停产后做什么。停产前和业主协商沟通，提前完成房间内的外冷作业及房间外允许范围内的热工作业（使用焊接保护罩）。停产时争取5天时间完成热工作业，3天完成单机调试及新老平台之间的联调。

第五节　海外工程总包项目降本增利的措施

一、概述

由于项目投标阶段，对于重大技术方案的制定和重大资源的选取上考虑欠完善，项目施工方案和工期计划的制定上过于理想化，忽略了项目在不同阶段的各种不利因素，包括政治、经济、外交、自然环境的种种限制，造成投标的各种施工、资源方案（包括合同中方案）同项目执行阶段的实际需求有较大偏差，对后续项目执行阶段的费用控制和预算管理造成不利的影响。例如：

1. 海管和海缆铺设的实际方案为"分开铺设"，而不是投标方案中的"Piggyback"（海缆绑在海管上一起铺设）。因此在项目执行时，需要为海缆铺设工作额外布置一个作业船队；同时选取资源时需综合考虑立管安装、海缆铺设对船舶的能力要求，项目不得不从中国动用自有船舶 HYSY289 投入，最终导致增加船舶施工周期，增加船舶的动复员费用。

2. 在投标方案中仅考虑一条生活支持船，想法是用该生活支持船同时支持新平台 HUC 和老平台的改造工作。但实际情况是，由于印度洋季风的存在（影响新平台的海上安装），新平台 HUC 工作和老平台的改造工作不能安排在同一时期。因此，在执行时需增加一条生活支持船，导致实际使用的生活支持船船天（2 条）远远超出了投标方案的计划天数。

上面仅是 2 个比较有代表性的例子。项目启动至今，发现的这类问题很多很多。项目组面对项目执行过程中这种极大的不确定性及复杂性，始终积极努力，想方设法克服各种困难和不利因素，通过从"开源""节流"两个方面，采取了多种积极措施开展各项减亏工作，以满足项目及公司的控制要求，达到项目降本增利的目的。

二、"开源"

（一）合同变更

在主合同中并没有提供"总包商发起变更申请"的渠道，仅约定了"业主发起变更申请"的流程，且在合同中反复明确此流程为调整合同金额的唯一方式。在双方出现争议时，合同中仅对总包商的提出争议权利有着非常模糊的描述。这意味着，合同极大地限制了总包商发起变更的渠道和方式，即使事实支持，总包商在合同中也并没有正当的权利来申请费用补偿或者工期延长。

总包项目组在识别出这个风险以后，主动地采取各种措施尝试改变主合同中在收入变更方面对于我们的不利限制，比如：在报批《项目变更管理程序》时，同时考虑并制定"总包商发起变更申请"的流程供业主一并批准；不断的尝试通过不同的方式来提出变更诉求为了跟业主建立起"变更申请的渠道"，即使在合同中没有出现这方面条款的情况下。

在经过不断的磨合和讨论之后，总包商逐渐建立起了"变更通知、变更发起、变更谈判和变更确认"的渠道，并且通过具体的变更事项，同业主进行磨合并实施，为申诉海工的正当索赔权利建立了渠道。项目通过上述渠道，将变更进行整合，共向业主发起25项变更，变更已同业主进行多轮澄清沟通，暂未取得最终结果。

（二）项目激励计划

在合同价格变更条件极为苛刻的条件下（如上所述，并没有总包商主动申请变更的权利），在总包方没有增加额外的工作范围或者提升合同执行要求的情况下，总包项目组于2018年7月3日与业主签订了收入变更协议-VTC#1，包含对总包方完全有利的条款：增加项目变更收入2000万美元（带有条件），以及延长了项目的目标完工日期约100天。其中，总包方已经实现里程碑点#0，已经成功实现并收款1000万美元。

另总包方进一步寻求费用补偿，同样在没有增加合同责任和义务的前提下，于2018年12月13日与业主签订了收入变更协议-VTC#2，增加项目变更收入700万美元（带有条件），总包方已经成功实现其中两个里程碑点，已经成功实现并收款400万美元。

（三）组块卡塔尔进口关税

根据主合同，永久性进口卡塔尔的设施及物资的关税属于总包商的工作范围之一，考虑到此项关税属于项目投标的报价漏项，在合同中并没有对应的收入来源。总包项目组多次牵头与业主商讨和争取，以寻求减少总包商的损失，历时近一年的时间。最终，业主以其名义正式致函给卡塔尔海关申请该部分关税的豁免，总包商得到了卡塔尔海关针对WIIP-3组块的卡塔尔进口关税豁免，减少了项目实际的对外成本支出约310万美元。

（四）项目后续进一步"开源"方案

通过对卡塔尔项目合同条款分析，及与业主的多次澄清争取，并不具备合理索要变更及补偿的情况，业主对于不合理的补偿要求可能性也极低。但项目组仍将继续努力，争取业主的补偿。

三、"节流"

（一）项目内部控制管理要求

项目组织论证多种方案，最终说服业主就老平台改造的前期工作，采用平台POB进行施工（合同中业主不提供任何设施），以达到减少生活支持船投入时间，减少生活支持船船天至少一个半月。同时，说服业主同意使用非DP的生活支持船投入项目（合同要求生活支持船需配备DP功能），船舶单价由5万美元降低至2万美元，船舶单价降低至少60%，较原DP方案至少降低3670万元。

项目严格制定项目执行策略，报批公司论证并得到批准同意，要求各二级单位，按照项目下发的控制成本要求执行，原则上按照该控制目标对各二级单位进行考核，对于重大资源的调整需谨慎考虑，原则上需遵循项目投标的资源进行费用核算；及时跟踪项目分摊的比例录入，并反馈公司。

同时在过程中，要求各二级单位按月提交项目费用月报，跟踪项目外取资源成本及内部成本，控制方向以控制外部成本为主，控制内部成本为辅的费用控制方向。

（二）项目具体的优化措施

1. 设计方面

20 寸管汇管径不满足压降要求，设计优化取消 2 个 20 寸阀门。由于 FEED 阶段方案有缺陷，未核算后几年低压、低产量时的压降情况，导致 FEED 阶段选择的 20 寸管汇管径不满足压降要求，需要增加管径。本项目的管汇是按 CL2500 全压进行设计，20 寸管线的壁厚是 CS 79.5+3mm 625 CLADING。如果增加管径到 24 寸或 28 寸变化是巨大的，管线壁厚将达到 95.8mm，相关费用增加约 200 万美金；重量增加约 90 吨，经核算组块将超过主作业船的吊装能力；24 寸阀门的重量约 20 吨，目前平台吊机能力不能满足，需要增加。但业主能否确认变更不能确定，对海工的风险很大。最终提出另外解决方案，取消两个 20 寸球阀来解决这个问题，避免了项目成本增加的风险。

2. 采办方面

（1）中控系统

包括两部分工作量：新平台对应的新建中控系统，以及老平台对应的改造中控系统；由于合同要求，老平台改造的中控系统，要求沿用前期中标厂家的品牌；实际招标过程中，考虑到设备的兼容性，如果能统一新、老平台的品牌，有利于后续施工以及调试，也会降低整体成本；在此基础上，项目组确认了将新老平台统一授标的基本思路；按照上述统一授标的思路，同时根据新平台中控系统的竞争性谈判招标结果，组织和 ABB 进行了 7 轮价格谈判，授标金额从第一轮报价的 639 万美元，通过 7 轮价格谈判，最终授标金额为 330 万美元；降低授标金额 309 万美元；通过公司管理层，项目组管理层以及各级领导的多次价格谈判，最终实现了统一授标的采办方案，减少了不同设备品牌之间的公国界面，有利于减低整体的施工、调试等费用，同时在授标价格上，也实现了低价授标的最优授标结果。直接采办费用减低 309 万美元，同时减少工作界面，减低整体施工、调试费用。

（2）阀门

在整个项目的费用预算中占有比较大的比例，其中球阀预算 8900 万元；大尺寸 DBB 阀门，预算约 2200 万元，MOV 阀门，预算约 1000 万元；合计约 1.2 亿元人民币；为提高对应招标的竞争性，招标过程中，采取了增加投标厂家，以及采用竞争性谈判的方式，通过扩大投标厂家范围，以及增加竞标次数，提高竞争性。对应标段的发标，突破常规的 3 家竞标的做法，邀请了 9 家以上厂家参与投标，同时采取二次竞谈的方法，对价格进行了充分的竞争，对应球阀授标金额为 367 万美元（合 2495 万人民币）；大尺寸 DBB 阀门授标金额为 111 万美元（合 755 万人民币）；MOV 授标金额约 70 万美元（合 476 万人民币），合计 3725 万元。直接采购费用减低 8275 万元。

（3）吊机

卡塔尔项目大部分材料都需要循序业主指定的 AVL 供应商名单，其中吊机设备，业主名单中的厂家数量较少，根据业主名单中的厂家招标后，只有一家品牌满足要求，对于价格控制难度较大。针对只有一家的招标结果，通过项目组和业主积极争取，增加 3 家名单外的吊机品牌，最终业主接受了名单外品牌中标；与前期单一资源厂家价格比较，吊机授标金额减低约 20 万美元，同时交货期减少 3 个月。

（四）项目钢材类散料国产化

卡塔尔项目所有物资产地要求不能在中国，对各专业杂散料的采购价格以及交货期控制难度增大，影响后续项目建造施工进度。针对各专业散料，与业主进行了多次沟通，争取到了部分材料在业主批准后在国内采购，不但降低了采购成本，交货期的缩短，对项目施工进度起到保障作用，国产物资包括：钢格栅，结构、电仪散钢，各专业散料，舫装专业材料，以及部分试压试验用料。与国外厂家价格对比，节约成本约 100 万元，交货期缩短 50%。

结束语

　　伴随着我国与世界经济一体化进程进一步加快,油田企业受国家保护的程度越来越小,参与国际市场竞争的力度进一步加大,加上金融危机、油价下跌使得石油企业亟需降本增效,走低成本、绿色环保可持续发展道路。本书研究海内外油田开发过程中的施工与管理技巧,不断寻求新技术与科学管理方式,以期为我国油田开发与能源工程的发展做出突出贡献。